중소상공인을 위한

생성형 AI 챗GPT 홍보마케팅

공 저 최재용 강성희 김정인 김태연 김현아 이도혜
이애경 이화선 정옥선 최재향 황인정

감 수 김진선

미디어북

중소상공인을 위한 생성형 AI 챗GPT 홍보마케팅

초판인쇄 2024년 3월 20일
초판발행 2024년 3월 28일

공 저 자 최재용 강성희 김정인 김태연 김현아 이도혜 이애경 이화선 정옥선 최재향 황인정
감 수 김진선

발 행 인 정상훈
디 자 인 신아름
펴 낸 곳 미디어북
서울특별시 관악구 봉천로 472
코업레지던스 B1층 102호 고시계사

대 표 02-817-2400 팩 스 02-817-8998
考試界 · 고시계사 · 미디어북 02-817-0419
www.gosi-law.com
E-mail : goshigye@chollian.net

판 매 처 미디어북 · 고시계사
주문전화 817-2400
주문팩스 817-8998

정가 18,000원 ISBN 979-11-89888-79-4 13560

미디어북은 고시계사 자매회사입니다

중소상공인을 위한
생성형 AI 챗GPT 홍보마케팅

Preface

우리가 살고 있는 디지털 시대에는 기술이 끊임없이 발전하고 있으며, 이러한 변화의 물결은 중소상공인들에게도 새로운 기회의 문을 열어주고 있다. 디지털융합교육원 신간 '중소상공인을 위한 생성형 AI 챗GPT 홍보마케팅'은 바로 이러한 기회를 포착하고, 중소상공인들이 AI 기술을 활용해 자신들의 비즈니스를 성장시킬 수 있는 방법을 탐색하는 데 중점을 두고 있다.

'중소상공인을 위한 생성형 AI 챗GPT 홍보마케팅'은 AI와 마케팅 전문가들이 집필한 다양한 장으로 구성돼 있다. 각 장은 중소상공인들이 AI를 이해하고 이를 활용해 마케팅 전략을 수립하고 실행하는 데 필요한 실질적인 지식과 사례를 제공한다.

최재용 원장은 '중소상공인의 생성형 AI 활용', 황인정 저자는 '중소상공인을 위한 AI 마케팅 전략', 김현아 저자는 '챗GPT의 개념 이해와 기능', 김정인 저자는 '소셜 미디어 마케팅과 챗GPT의 활용', 이애경 저자는 'GPTs 챗봇 활용 데이터 분석을 통한 마케팅 전략 최적화', 강성희 저자는 '중소상공인 사장님만을 위한 챗GPT 맞춤형 설계'를 기획했다.

이어 김태연 저자는 '챗GPT를 활용한 효율적인 학원 운영', 최재향 저자는 'AI 챗GPT를 이용해 챗봇 만들기', 이도혜 저자는 '지속가능한 AI 홍보마케팅을 위한 전략과 계획(틱톡)', 정옥선 저자는 '챗GPT를 활용한 홍보영상 Vrew', 이화선 저자는 '챗GPT를 활용한 D-ID 영상 만들기'를 소개하고 있다.

이처럼 저자들은 AI 기술의 기본 개념부터 시작해, 챗GPT와 같은 도구를 활용한 소셜 미디어 마케팅, 데이터 분석, 고객 경험 설계에 이르기까지 폭넓은 주제를 다뤘다. 특히 이 책은 챗GPT를 활용한 실제 사례를 통해 독자들이 이론적 지식을 실제 비즈니스 상황에 적용할 수 있도록 안내한다.

그 외 저자들은 학원 홍보, 챗봇 제작, 틱톡을 통한 마케팅 전략, 홍보영상 제작 등 다양한 방면에서 챗GPT의 활용 방안을 제시하며, 이를 통해 중소상공인들이 디지털 마케팅의 새로운 지평을 열어갈 수 있도록 돕고 있다.

이 책은 단순히 정보를 전달하는 것을 넘어, 독자들이 AI 기술을 자신의 비즈니스에 통합하고, 이를 통해 경쟁력을 강화하며 지속 가능한 성장을 이뤄 나갈 수 있도록 영감을 주는 안내서가 될 것이다. 중소상공인 여러분, 이제는 이 책을 통해 AI의 무한한 가능성을 탐험하고 여러분의 비즈니스를 한 단계 끌어올릴 준비를 해야 할 때이다.

중소상공인과 함께하는 미래, 그 첫걸음을 이 책과 함께 시작한다.

끝으로 이 책의 감수를 맡아 수고하신 파이낸스투데이 전문위원, 이사이며 현재 한국메타버스연구원 아카데미 원장이신 김진선 교수님께 감사를 드리며 미디어북 임직원 여러분께도 감사의 말씀을 전한다.

2024년 3월

디지털융합교육원 원장 최 재 용

공저자 소개

최 재 용

과학기술정보통신부 인가 사단법인 4차산업 혁명연구원 이사장이며 한성대학교 지식서비스&컨설팅대학원 스마트융합컨설팅학과 겸임교수로 챗GPT와 ESG를 강의 하고 있다.

(mdkorea@naver.com)

강 성 희

독일 하이델베르크 대학 경제학 석사 출신으로 디지털융합교육원 지도교수 및 선임연구원, (사)중소상공인SNS마케팅지원협회 이사로서 챗GPT를 강의하고 있다. 또한 커뮤니티 오카방과 큐리어스에서 인공지능 강의를 하고 있고 파이낸스투데이 안성지국장으로 활동하고 있다. (healingstreet7@gmail.com)

김 정 인

물리학과 졸업 후 약 20년간 중·고등학생들에게 과학을 가르쳐 온 학원 강사, 파이낸스투데이 기자, 디지털융합교육원 지도교수로 챗GPT 강사, CANVA 디지털콘텐츠 강사로 제2의 직업을 준비하고 있다.

(iphonebear@naver.com)

김 태 연

22년간 초등학생부터 고등학생에게 영어와 수학을 가르치며 학원을 운영했고, 논술과 교육용 보드게임 자격증도 다수 보유하고 있다. 현재 수다형리뷰어로 블로그에서 활동중이며, 서울경제진흥원 대한민국 1호 쇼플루언서이다. (happypopmeow@gmail.com)

김 현 아

디지털융합교육원 교수, 선임연구원으로 생성형 AI를 활용한 업무효율화, 챗GPT 강의를 펼치고 있으며 다수의 학교에서 진로 및 취업 강사로도 활동하고 있다.
(zeroth1020@gmail.com)

이 도 혜

한국AI콘텐츠연구소 대표, 디지털융합교육원 지도교수, 한국메타버스ESG연구원 전문위원, 국제컨설턴트협회 부회장, 파이낸스투데이 서초지국장, 틱톡 103K, 현재 공공기관·지자체·공기업·대학 등에서 챗GPT를 활용한 업무효율화, 인공지능으로 영상 제작, AI아트, 보고서 쓰기 기사 쓰기 등 다양한 종류의 글쓰기 강의도 활발하게 하고 있다. (dohye.edu@gmail.com)

공저자 소개

이 애 경

하우투교육 대표, (사)중소상공인SNS마케팅 지원협회 이사, 디지털융합교육원 선임연구원이다. 교육기관, 소상공인과 일반인을 대상으로 인공지능 콘텐츠를 활용한 업무 효율화 강의를 하고 있다.

(howto0353@naver.com)

이 화 선

디지털융합교육원 선임 연구원이자 (사)중소상공인 SNS지원 마케팅 부회장이다. 디지털 배움터 강사, 인공 지능 콘텐츠 강사로 활동 중이다.

(avante61@naver.com)

정 옥 선

한국미래콘텐츠연구소 대표, 디지털융합교육원 연구원, (사)중소상공인SNS마케팅지원협회 부회장, 파이낸스투데이 광주지국장으로 챗GPT·AI 활용 강의를 진행하고 있다.

(okajja5@naver.com)

최 재 향

20년 동안 교육회사에서 교육관리직으로 일을 했다. 농사가 꿈이라는 남편을 따라 귀농했으며 배움의 끈을 놓지 않고 다양한 분야의 수학을 통해 디지털 강사, 인공 지능 강사와 손해평가사의 일을 하고 있다.

(80284@naver.com)

황 인 정

인정컨설팅 대표이며 디지털융합교육원 선임연구원 및 인공 지능 강사로 소상공인 AI 마케팅 강의를 하고 있다

(komayain@naver.com)

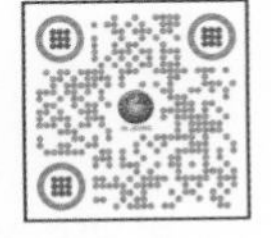

감수자

김 진 선

'i-MBC 하나더 TV 매거진' 발행인, 세종 대학교 세종 CEO 문학포럼 지도교수를 거쳐 현재 한국메타버스연구원아카데미 원장, 파이낸스투데이 전문위원/이사, SNS스토리저널 대표로서 활동 중이다. 30여 년간 기자로서의 활동을 바탕으로 출판 및 뉴스크리에이터 과정을 진행하고 있다. (hisns1004@naver.com)

Contents

챗GPT의 개념 이해와 기능

Contents

Contents

GPTs 챗봇 활용 데이터 분석을 통한 마케팅 전략 최적화

중소상공인 사장님만을 위한 챗GPT 맞춤형 설계

Contents

챗GPT를 활용한 효율적인 학원 운영

AI 챗GPT를 이용해 챗봇 만들기

Contents

지속가능한 AI 홍보마케팅을 위한 전략과 계획(틱톡)

챗GPT를 활용한 홍보영상 'Vrew'

Contents

1

중소상공인의 생성형 AI 활용

최 재 용

AI

제1장
중소상공인의 생성형 AI 활용

Prologue

오늘날의 비즈니스 환경은 끊임없이 변화하고 있으며 중소상공인들은 생존과 성장을 위해 이 변화의 흐름에 능동적으로 대응해야 한다는 것이 점점 더 명확해지고 있다. 이러한 대응 과정에서 디지털 변환은 중추적인 역할을 하며 특히 생성형 인공지능(Artificial Intelligence, AI)은 중소상공인이 시장에서 경쟁력을 유지하고 지속 가능한 성장을 도모하는 데 필수적인 기술로 부상했다. 디지털 변환은 정보기술(IT)을 활용해 비즈니스 모델을 혁신하고 운영 효율성을 개선하며, 고객 경험을 극대화하는 과정이며, 중소상공인에게는 살아남기 위한 필수 조건이 됐다.

생성형 AI는 데이터를 기반으로 새로운 콘텐츠를 생성하거나, 의사결정을 지원하는 인사이트를 제공함으로써 비즈니스 프로세스의 자동화, 고객 맞춤형 경험 제공, 새로운 가치 창출 등 중소상공인에게 구체적인 혜택을 제공한다. 그러나 이 기술을 효과적으로 활용하기 위해서는 기술 도입에 앞서 비즈니스 목표와 요구를 명확히 하고 적합한 AI 솔루션을 선택하며 조직 내부의 기술 역량을 강화하는 등 전략적인 접근이 필요하다.

생성형 AI의 활용은 윤리적 고려 사항을 수반한다. AI가 생성하는 콘텐츠의 저작권, 개인 데이터의 사용과 보호, 그리고 가능한 사회적 영향 등을 심사숙고해야 하며, 중소상공인은 투명성과 공정성을 기반으로 한 AI 사용 정책을 수립해야 한다. 기술적 장벽 역시 중소상공인이 생성형 AI를 도입하는 데 있어 주요한 도전 요소로 고비용, 복잡한 기술 이해도 요구,

적합한 인재의 확보가 어려움을 겪고 있다. 이러한 장벽을 극복하기 위해서는 정부와 업계의 지원이 필수적이며 접근성 높은 AI 솔루션의 개발, 교육 프로그램의 제공, 협력 네트워크 구축이 중요하다.

중소상공인을 위한 생성형 AI의 활용은 비단 기술적인 진보를 넘어서 비즈니스 모델의 혁신, 고객 경험의 개선, 새로운 가치 창출의 가능성을 열어준다. 이러한 잠재력을 실현하기 위해서는 전략적인 접근, 윤리적 고려, 기술적 장벽의 극복이 필요하다.

1. 중소상공인을 위한 생성형 AI의 잠재력과 마케팅 및 광고 콘텐츠 생성

중소상공인들이 시장에서 경쟁력을 유지하고 지속 가능한 성장을 추구하는 현대 비즈니스 환경에서 생성형 인공지능(AI)의 역할은 점점 더 중요해지고 있다. 생성형 AI 기술이 마케팅 및 광고 콘텐츠 생성에 활용될 경우, 이는 중소상공인에게 다양한 방면에서 혁신적인 변화를 가져다준다. 특히 개인화된 콘텐츠 생성에서의 이점은 고객 맞춤형 마케팅을 실현해 고객 관계를 강화하고 전환율을 향상시키는 데 중요한 역할을 한다. 또한 고품질 콘텐츠의 신속한 생산 능력을 통해 시장의 변화에 빠르게 대응하고 경쟁 우위를 확보하는 것이 가능해진다.

생성형 AI는 콘텐츠 최적화와 A/B 테스팅을 자동으로 수행해 마케팅 전략의 효율성을 극대화할 수 있는 능력을 제공한다. 이를 통해 가장 높은 성능을 보이는 콘텐츠를 식별하고 마케팅 활동의 성과를 높일 수 있다. 비주얼 콘텐츠의 창의적 생성 능력 역시 중소상공인에게 큰 이점을 제공한다. 전문 디자이너 없이도 로고, 배너, 소셜 미디어 포스트 등을 디자인할 수 있게 돼 창의적이고 전문적인 비주얼 마케팅 자료 제작이 가능해진다.

이처럼 생성형 AI의 잠재력을 활용함으로써 중소상공인은 자원의 제약을 극복하고 고객과의 깊이 있는 관계를 구축하며 마케팅 및 광고 활동에서 혁신적인 변화를 주도할 수 있다고 평가됐다.

2. 생성형 AI를 활용한 홈페이지 제작

1) 무료로 페이지 만들기

https://slashpage.com를 구글크롬에서 검색해 우측 상단에 '무료로 페이지 만들기'를 누른다.

[그림1] 가입 화면

2) 웹사이트 선택하기

회원가입을 하면 [그림2]와 같은 화면이 나온다. 사이트 유형에서 '웹사이트'를 선택해 누른다.

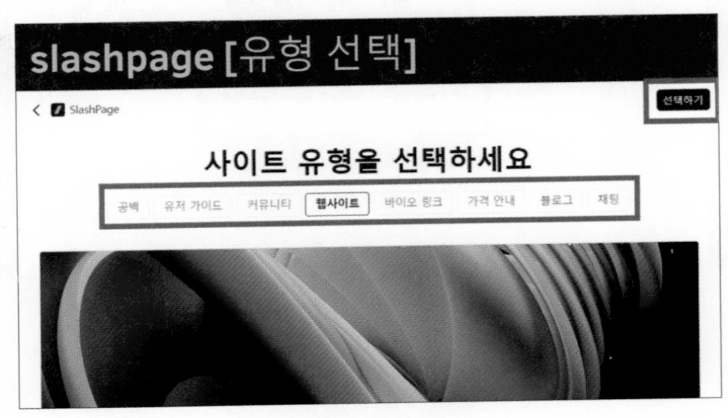

[그림2] 유형 선택

왼쪽 상단에 '사이트 만들기'를 누른다.

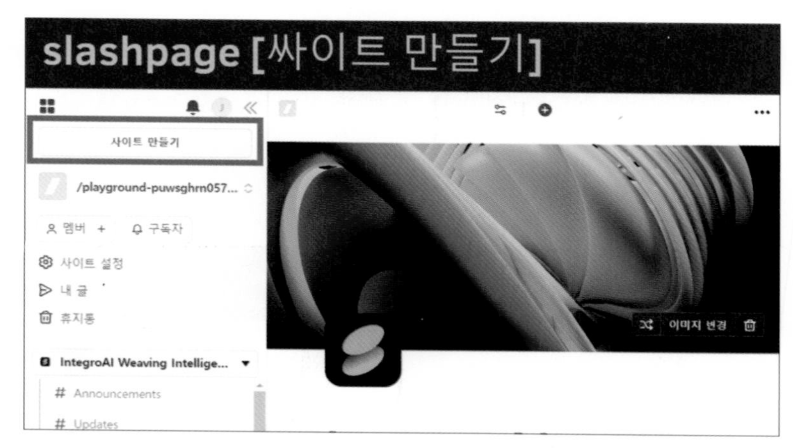

[그림3] 사이트 만들기

3) 회원가입하기

[그림4]와 같이 '회원가입'을 한다. 회원가입은 이메일이나 휴대폰으로 할 수 있고 하단의 기존 구글에 회원가입이 되어 있으면 이를 눌러 가입할 수 있다.

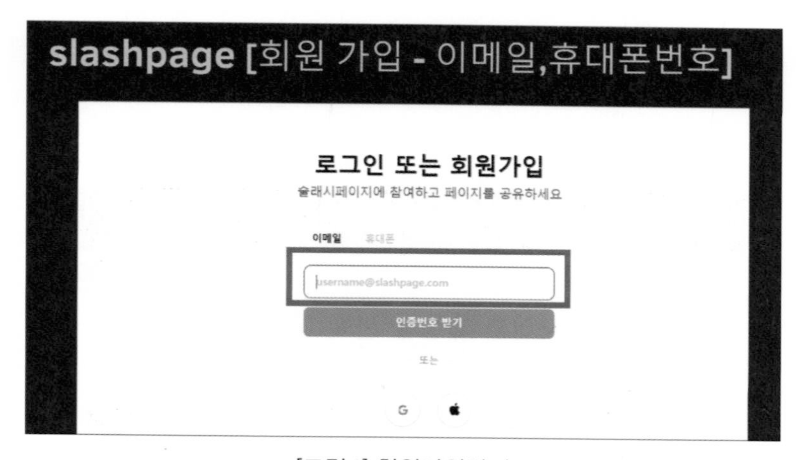

[그림4] 회원가입하기

회원가입이 완료되면 '사이트 이름' 즉 '홈페이지 이름'을 설정하는 화면으로 이동하며 사이트 이름은 '영어'로 만들어 적는다. 'slashpage.com/영어이름'의 형태로 만들어진다.

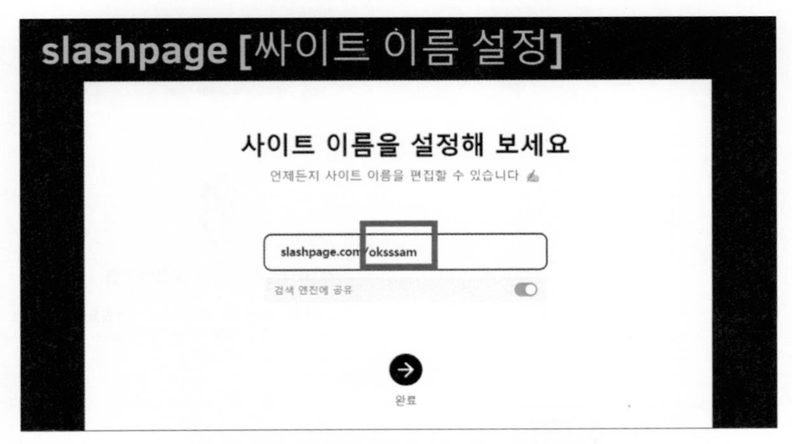

[그림5] 영어 사이트 이름 설정하기

[그림6]과 같이 본인의 사이트가 만들어졌다.

[그림6] 사이트 제작 완료

4) 홈페이지 예시

다음의 Url이나 QR코드에 가면 챗GPT 강사 정옥선 디지털융합교육원 지도교수의 홈페이지에 들어가 볼 수 있다.(https://slashpage.com/okssam1)

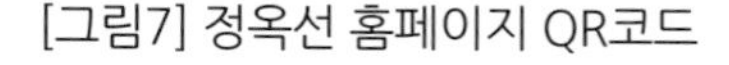
[그림7] 정옥선 홈페이지 QR코드 [그림8] 정옥선 강사 홈페이지 이미지

3. 생성형 AI를 활용한 중소상공인 숏폼 영상 제작

각종 SNS나 아니면 릴스 영상의 1분 이내 짧은 광고를 AI로 만드는 법을 소개해 본다. 직접 이미지를 넣거나, 혹은 홈페이지의 상품 URL만 넣었을 뿐인데 영상을 만들어 주는 사이트가 있다. 바로 '브이캣(VCAT)' 이다. 브이캣은 쉽고, 간편하게 AI 기술 기반 마케팅 영상 제작이 가능한 서비스라고 보면 되겠다.

브이캣 VCAT을 네이버 검색창에서 검색한다.

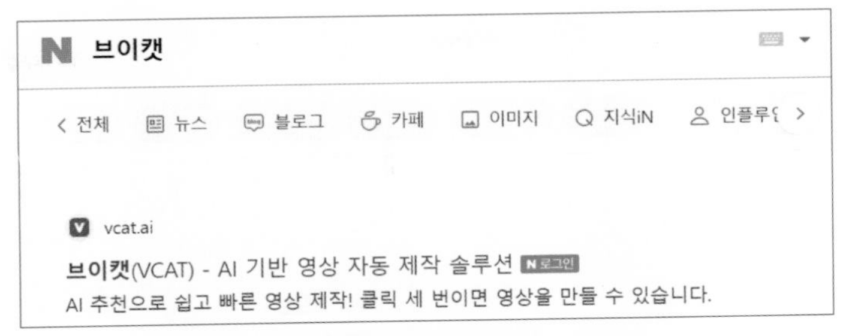

[그림9] 브이캣 검색

[그림10]과 같은 화면이 나오면 회원가입을 한다.

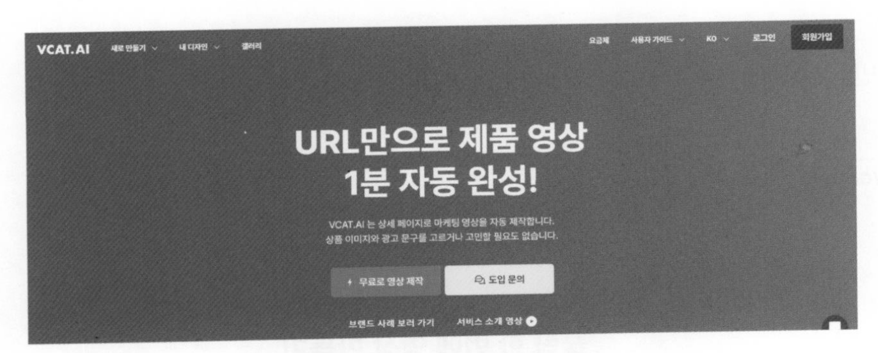

[그림10] 브이캣 회원가입 화면

'영상 만들러 가기'를 누른다.

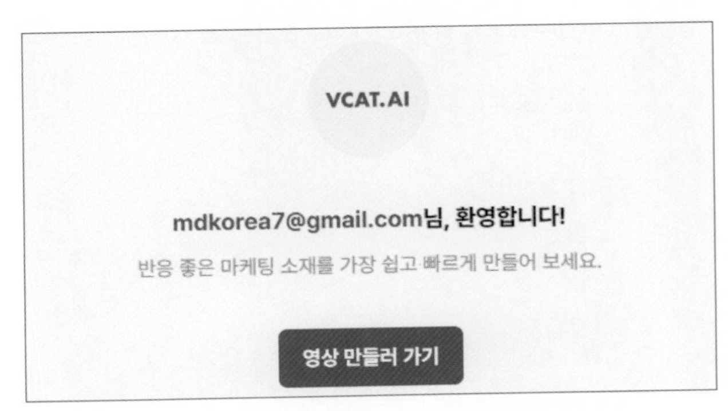

[그림11] 브이캣 영상 만들러 가기

생성AI Url로 영상 만들기를 누른다.

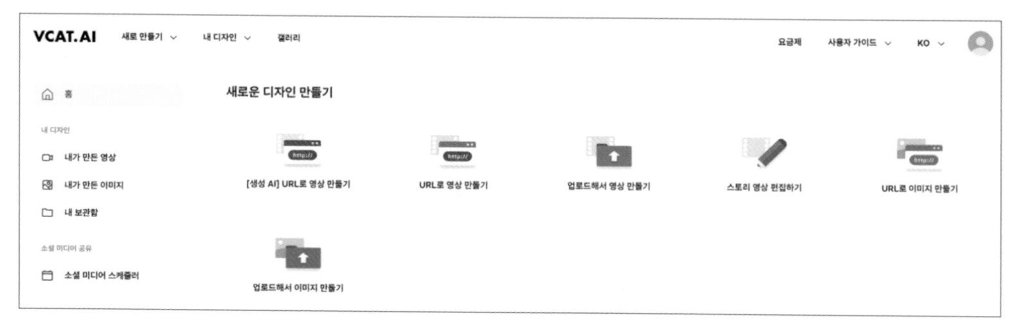

[그림12] 브이캣 생성AI Url로 영상 만들기

중간 빈칸에 홈페이지 url을 넣고 우측 하단의 '시작하기'를 누른다.

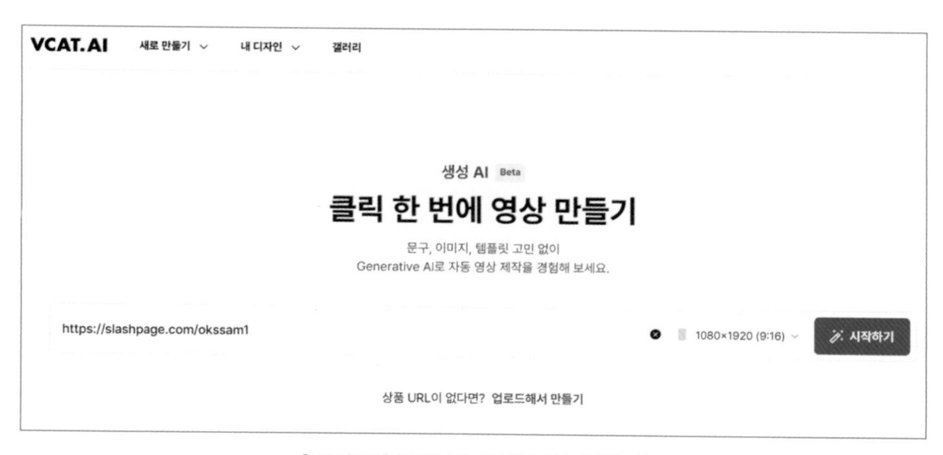

[그림13] 클릭 한 번에 영상 만들기

이렇게 홈페이지 Url을 분석해서 영상을 만들어 준다.

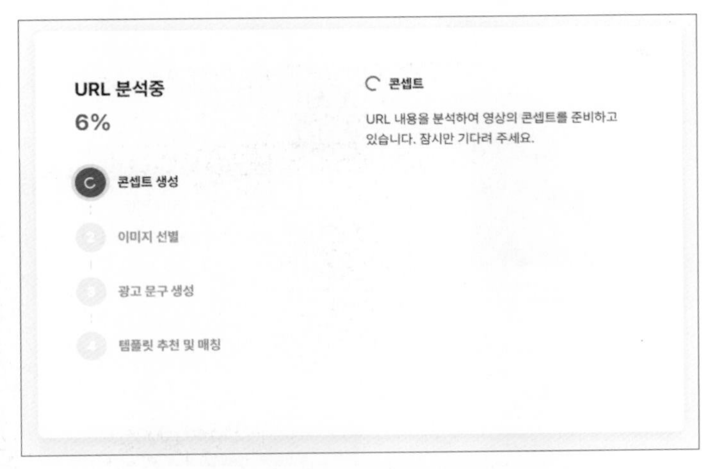

[그림14] Url 분석 영상 만들기

다음처럼 인공지능으로 분석된 것을 보여준다.

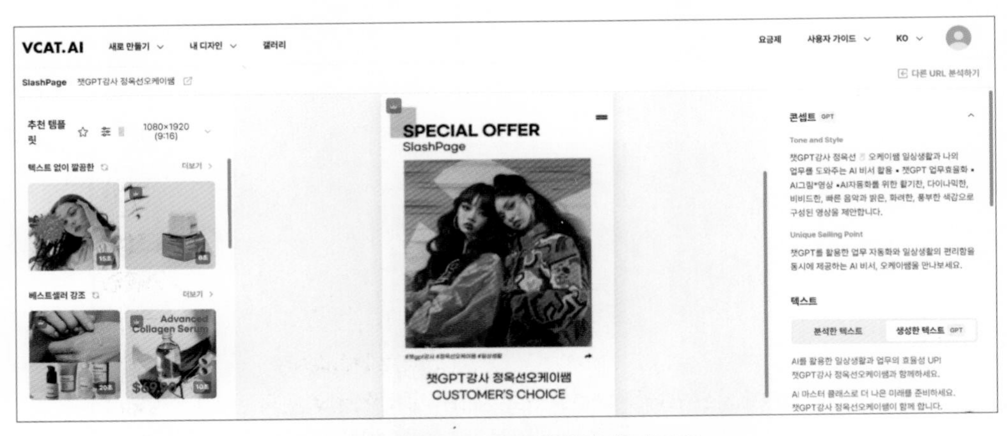

[그림15] 분석된 정옥선 강사 홈페이지

영상 만들기를 누르면 된다.

[그림16] 영상 만들기

[그림17]과 같이 미리보기를 할 수 있다.

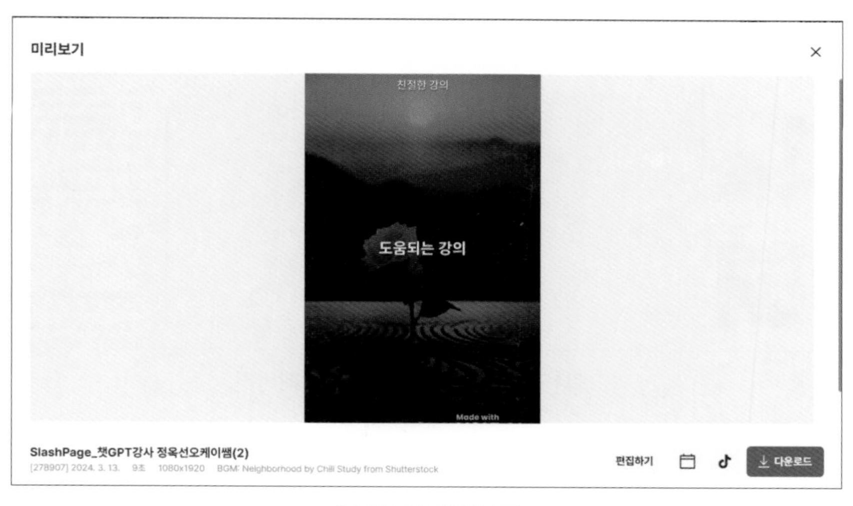

[그림17] 미리보기

[그림18]과 같이 1분 만에 홍보마케팅용 숏폼 영상이 만들어진다.

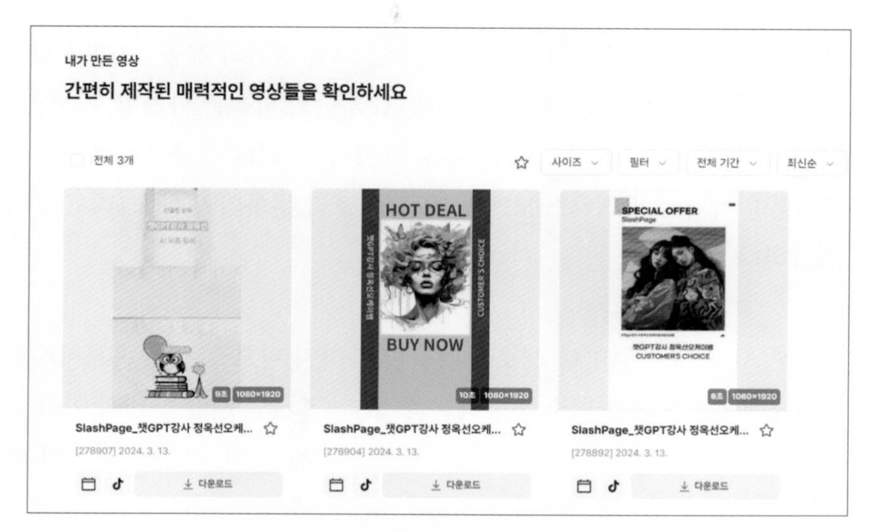

[그림18] 완성된 영상 예시

요금제는 [그림19]와 같다.

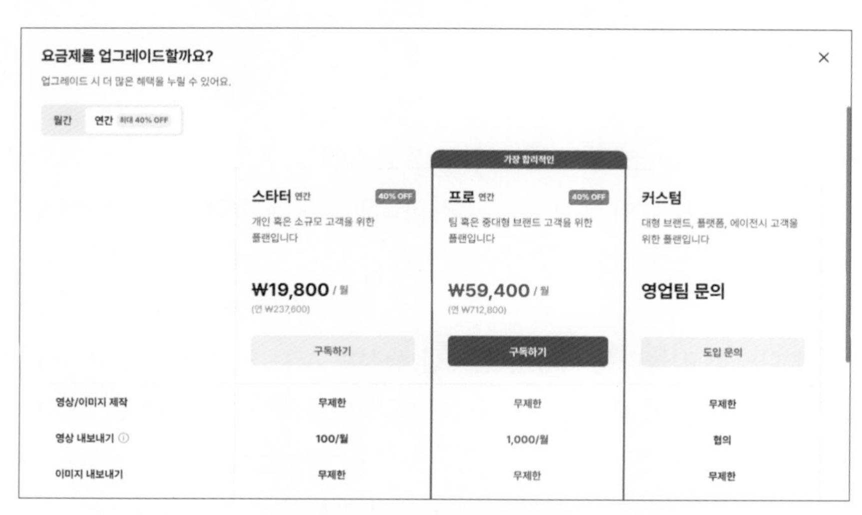

[그림19] 영상 요금제 보기

Epilogue

생성형 AI는 비즈니스 프로세스의 자동화, 맞춤형 고객 경험의 제공, 그리고 새로운 비즈니스 모델 창출에 큰 잠재력을 제공한다. 생성형 AI 기술의 활용은 마케팅, 광고, 고객 서비스, 제품 개발 등 여러 분야에서 혁신을 가져올 수 있다. 그러나 성공적인 활용을 위해서는 기술적인 준비뿐만 아니라 비즈니스 모델의 재구성, 조직 문화의 변화, 그리고 전략적 사고의 전환도 필요하다.

이제는 생성형 AI 시대로 날마다 새로운 것들이 쏟아져 나오고 있어 홍보마케팅이 절실한 중소상공인들에게는 오히려 희소식이 아닐 수 없다. 조금만 시간을 내서 이와 같이 쏟아져 나오는 생성형 AI에 관심을 갖고 하나씩 섭렵해 나가다 보면, 본인도 모르게 생성형 AI를 홍보마케팅의 유능한 비서로 채용하고 있음을 체감하게 될 것이다.

생성형 AI는 먼 미래의 공상과학영화 속에만 나오는 이야기가 아니다. 너무나 우리 생활 속에 밀접히 파고들어 와 있으며 많은 사람이 이에 열광하는 이유도 분명하게 존재하고 있다. 이들의 존재를 그냥 허투루 지나친다거나 무시할 수 없는 시대 속에서 본인들의 비즈니스를 진행하고 있다면 결단코 생성형 AI를 지나치지 말고 이 속에 한 번 빠져보기를 적극 추천한다.

특히 생성형 AI는 홍보마케팅은 물론 업무 효율화에도 크게 유용가치를 보이고 있기에 이제 아날로그, 디지털을 넘어 생성형 AI를 자신들의 업무에 장착하기를 바라며, 이번 본문에 소개한 부분들은 극히 일부분에 속하는 것이다.

따라서 보다 다양하고 놀라운 기능을 탑재한 생성형 AI는 인간의 능력 그 이상의 무궁무진한 가치를 지니고 있기에 특히 중소상공인들에게 이를 적극 활용하기를 권한다. AI 기술이 더욱 발전함에 따라 이를 적극적으로 받아들이고, 자신들의 비즈니스에 효과적으로 적용하는 중소상공인들이 지속 가능한 성장과 경쟁력 확보의 길을 걷게 될 것이다. 이러한 변화를 수용하고 혁신하는 중소상공인들은 생성형 AI 시대의 진정한 승리자가 될 것이다.

2

중소상공인을 위한 AI 마케팅 전략

황 인 정

AI

제2장
중소상공인을 위한 AI 마케팅 전략

Prologue

소상공인들과 기업들이 AI에 대해 어떻게 생각하고 있는지에 대한 데이터를 수집한 결과 AI 도입 및 활용에 대한 긍정적인 경향과 동시에 일부 우려 사항도 확인할 수 있었다.

삼성SDS의 2023 국내 AI 도입 및 활용 현황 조사에 따르면 많은 기업이 AI를 활용하고 있으며 특히 챗GPT와 같은 상용 AI 솔루션의 활용이 주목받고 있다. AI 도입 시 데이터와 인력의 부족이 가장 큰 어려움으로 지적됐으나, 이미 AI를 도입한 기업들은 기대했던 효과를 얻고 있다고 보고했다.[1]

한국리서치의 조사에 따르면 대다수의 사람들이 AI 기술 발전을 실생활에서 체감하고 있으며, 이 기술 발전이 개인의 삶과 사회 전반에 긍정적인 영향을 미칠 것이라고 인식하고 있다. 그러나 일자리 감소와 같은 우려도 동시에 존재한다.

글로벌기업 임원들을 대상으로 한 2021년의 설문조사에서는 AI와 빅데이터에 대한 투자가 증가하고 있으며 기업들이 데이터 중심의 조직으로 변화하기 위한 노력을 계속하고 있

1) SAMSUNG SDS/인사이트 리포트 2023-12-08
https://www.samsungsds.com/kr/insights/2023-ai-survey.html

다고 한다. 이러한 변화에 대해 많은 임원이 낙관적인 입장을 취하고 있으며 데이터 · AI에 대한 진전을 위한 리더로 자신의 회사를 묘사하는 경우도 많았다.[2)]

이 자료들을 종합해 보면 AI에 대한 소상공인 및 기업들의 인식은 대체로 긍정적이며, 특히 AI의 실용적 활용에 대한 기대가 큰 것으로 보인다. 그러나 데이터와 인력 부족, 일자리 감소 등의 우려 사항도 함께 고려돼야 할 것으로 보인다. AI 도입과 관련해 소상공인들에게는 이러한 긍정적인 기대와 함께 도전 과제를 인식하고, 이를 극복하기 위한 전략을 수립하는 것이 중요할 것이다.

이 책에서는 중소상공인이 AI 마케팅을 통해 시장에서 경쟁력을 강화하고 지속 가능한 성장을 이루는 방법에 관해 깊이 탐구한다. 우리는 데이터 분석의 힘을 활용해 고객 행동을 예측하고 이를 기반으로 개인화된 마케팅 전략을 구현하는 방법을 소개하고자 한다. 또한 자동화 기술과 실시간 반응을 활용해 마케팅 효율성을 극대화하는 전략에 대해 논의한다.

AI 기술 도입의 장점을 이해하고, 적절한 도구를 선택해 고객 데이터를 체계적으로 수집 및 분석하는 방법, 유연성과 실험 정신을 바탕으로 한 지속적인 마케팅 전략 개선 방안을 제시한다. 이를 통해 독자들은 AI 마케팅의 기본 원칙을 이해하고 실제 비즈니스 환경에서 이를 적용하는 구체적인 방법을 배울 수 있을 것이다.

이 책에서는 중소상공인을 위한 AI 마케팅의 혁신적인 전략과 실질적인 적용 방법을 알리고자 한다. AI 기술을 활용해 마케팅 과제를 해결하고 비즈니스 성장을 가속화 하는 방법을 소개함으로써, 중소상공인이 시장에서 경쟁력을 강화하고 지속 가능한 발전을 이룰 수 있는 구체적인 가이드라인을 제공한다. AI 마케팅의 기초부터 고급 전략, 성공 사례 분석을 통해 독자들이 AI 마케팅의 힘을 이해하고 자신의 비즈니스에 적용할 수 있는 지식을 얻을 수 있도록 돕는 것이 목표이다.

---

2) 인공 지능신문/FOCUS/리서치 2021-01-05 최창현 기자 aitimes@naver.com
https://www.aitimes.kr/news/articleView.html?idxno=18842

1. 중소상공인의 마케팅 과제와 AI의 필요성

현대 시장 환경에서 중소상공인은 소비자의 변화하는 요구와 치열한 경쟁에 맞서 생존과 번영을 위한 도전에 직면해 있다. 제한된 자원과 예산은 많은 중소상공인이 효과적인 마케팅 전략을 수립하고 실행하는 데 어려움을 겪게 만든다. 이러한 상황에서, 생성형 AI 기술의 등장은 중소상공인에게 효율적이고 개인화된 마케팅 전략을 구현할 수 있는 새로운 기회를 제공한다.

챗GPT와 같은 생성형 AI는 콘텐츠 제작, 고객과의 소통, 데이터 분석을 자동화해 마케팅 효율성을 크게 향상시킬 수 있다. 이는 중소상공인이 제한적인 자원과 인력에도 불구하고 경쟁력을 유지하고 성장할 수 있게 하는 중요한 전략이다. AI 기술을 활용함으로써 중소상공인들은 마케팅 전략을 강화하고 고객과의 상호작용을 개선해 성공적인 비즈니스 운영을 도모할 수 있다.

1) AI 마케팅이란?

AI 마케팅이란 인공 지능 기술을 활용해 마케팅 전략을 개발하고 실행하는 과정이다. 이는 데이터 분석, 고객 행동 예측, 개인화된 광고 생성 등 다양한 방법을 포함할 수 있다. 주요 목적은 고객의 요구와 행동을 더 잘 이해하고, 이를 바탕으로 더 효과적이고 맞춤화된 마케팅 메시지를 전달해 고객 만족도를 높이고, 마케팅 ROI(투자 대비 수익)를 최적화하는 것이다. AI 마케팅의 핵심 요소는 다음과 같다.

(1) 데이터 분석 및 인사이트 도출

AI는 대량의 데이터를 신속하게 분석해 패턴, 트렌드 및 인사이트를 도출할 수 있다. 이는 기업이 시장 동향을 이해하고, 고객 세분화 및 타겟팅 전략을 개선하는 데 도움을 준다.

- 사례 : 고객 세분화를 위해 여러 도구가 있으나 소상공인들이 쉽게 접할 수 있는 '구글 애널리틱스'를 통해 보고서를 작성하고 타겟팅 전략으로 개선할 수 있다.

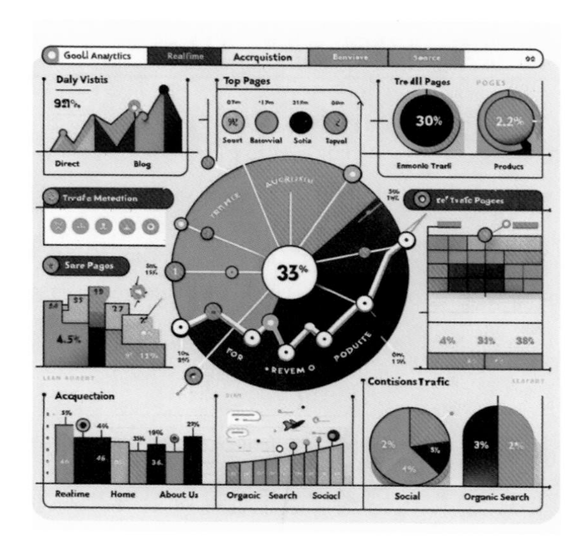

[그림1] 구글 에널리틱스 이미지(출처 : DALL-E 생성)

(2) 고객 행동 예측

과거 데이터를 기반으로 고객의 미래 행동을 예측할 수 있다. 예를 들어 특정 고객이 어떤 유형의 제품에 관심을 가질 가능성이 높은지 예측해 맞춤형 마케팅 메시지를 제공할 수 있다.

- 사례 : 한국전자통신연구원이 인공 지능을 이용해 변화하는 유행을 예측하고 이에 맞춘 상품을 디자인하는 기술을 개발했다. 최근 생산된 옷 600만 장의 디자인이 데이터의 기본이 됐고 모델에게 입혀 사진을 만드는 것까지 AI가 담당해 마케팅에 큰 도움이 됐다.[3]

3) KBS뉴스 IT/과학, 소상공인도 AI로 유행 예측한 디자인 가능 2021-04-02 양민오 기자(yangmino@kbs.co.kr) https://n.news.naver.com/mnews/article/056/0011018319

[그림2] AI가 최근 생산된 옷 분석 후 디자인 개발(출처 : KBS 뉴스 유튜브)

[그림3] AI로 유행할 디자인 예측(출처 : KBS 뉴스 유튜브)

여기에 유명 SNS 이용자들이 게시한 영상과 해시태그를 매일 분석한 자료는 유행의 추세를 예측해 줬다. 이를 통해 인공 지능은 앞으로 유행할 것으로 예상되는 옷을 디자이너 없이 짧은 시간에 무한대에 가깝게 디자인했다.

(3) 개인화된 마케팅

AI는 개인의 취향과 행동에 맞춰 광고, 이메일, 제품 추천 등을 개인화하는 데 사용된다. 이를 통해 고객 경험을 향상시키고 구매 전환율을 높일 수 있다.

(4) 자동화

AI 기술은 반복적인 마케팅 작업을 자동화해 효율성을 높일 수 있다. 예를 들어 캠페인 관리, 고객 문의 응답, 콘텐츠 생성 등을 자동화할 수 있다. 여러 홍보 방법이 있겠지만 앞서 '구글 애널리틱스'를 이용해 고객 세분화를 할 수 있듯이 같은 '구글애즈 캠페인'을 이용할 수 있다.

[그림4] 구글애즈 캠페인 이미지(출처 : DALL-E 생성)

(5) 실시간 반응

AI는 실시간 데이터를 분석해 즉각적인 마케팅 결정을 내릴 수 있도록 한다. 이는 시장 변화에 빠르게 대응하고 적시에 고객과 소통할 수 있는 능력을 의미한다.

중소상공인은 이러한 AI 마케팅 기술을 활용해 소규모 자원으로도 경쟁력을 갖추고 맞춤형 마케팅 전략을 통해 고객과의 관계를 강화할 수 있다. AI 마케팅 도구와 플랫폼은 점점 더 접근하기 쉬워지고 있으며 비용 효율적인 방식으로 고객과의 교류를 극대화할 수 있도록 지원한다.

2) 중소상공인을 위한 AI 기술의 소개

중소상공인을 위한 AI 기술은 비즈니스의 효율성과 성공률을 높이기 위해 설계된 다양한 도구와 알고리즘을 말한다. 이러한 기술은 비용 효율적이며 사용하기 쉬운 형태로 제공돼 자원이 제한된 중소기업도 경쟁 우위를 확보할 수 있도록 돕는다. 여기에는 고객 서비스, 마케팅, 영업, 제품 개발 등 다양한 영역에서 활용할 수 있는 AI 솔루션이 포함된다.

(1) 중소상공인을 위한 AI 기술의 주요 분야

① 고객 서비스 자동화

AI 기반 챗봇이나 가상 어시스턴트[4]를 통해 고객 문의에 신속하게 대응할 수 있다. 이는 고객 만족도를 높이고 인적 자원에 대한 부담을 줄여준다.

② 맞춤형 마케팅

고객 데이터 분석을 통해 개인별 맞춤형 제품 추천이나 광고를 제공할 수 있다. 이는 구매 전환율을 증가시키고 마케팅 캠페인의 효율성을 높여준다.

③ 시장 분석 및 트렌드 예측

AI는 대규모 데이터를 분석해 시장 트렌드, 소비자 선호도 변화, 경쟁 상황 등을 예측할 수 있다. 이 정보를 바탕으로 전략적 결정을 내리고, 미래 기회를 선점할 수 있다.

④ 재고 관리 및 수요 예측

AI를 활용해 판매 데이터와 시장 동향을 분석, 미래의 수요를 예측해 재고를 최적화할 수 있다. 이는 재고 부족이나 과잉 문제를 방지하고 운영 비용을 절감한다.

---

4) 가상 어시스턴트 : 인공 지능(AI) 기술을 활용해 사용자의 명령을 수행하거나 정보를 제공하는 소프트웨어입니다. 이러한 어시스턴트들은 음성인식, 자연어 처리, 기계 학습 등의 기술을 통해 사용자와 상호작용하며 다양한 작업을 도와줍니다.

⑤ 효율적인 영업 전략

AI 기반의 고객 세분화 및 리드 스코어링 기법으로 잠재 고객을 식별하고 가장 유망한 리드에 집중할 수 있다. 이는 영업 효율성을 높이고 매출 성장을 촉진한다.

(2) 중소상공인을 위한 AI 기술 도입의 장점

① 비용 절감

자동화와 효율성 증가로 인한 운영 비용 절감한다.

② 시간 절약

반복적인 작업의 자동화로 시간을 절약하고 핵심 업무에 더 많은 시간을 할애할 수 있다.

③ 맞춤형 서비스 제공

고객의 개별적인 필요와 선호를 이해하고 맞춤형 서비스를 제공한다.

④ 데이터 기반 의사 결정

대량의 데이터 분석을 통해 보다 정확하고 신속한 비즈니스 결정이 가능하다.

중소상공인이 AI 기술을 도입함으로써 자원의 제한을 극복하고 비즈니스의 성장과 혁신을 가속화할 수 있다. AI는 비즈니스 운영의 모든 측면에서 중소기업이 더 스마트하게 작업하고 고객 경험을 향상하며 시장에서의 경쟁력을 강화하는 데 도움을 줄 수 있다.

2. 도구별 활용 전략 및 방안

중소상공인을 위한 AI 마케팅 도구별 활용 전략과 방안을 쉽게 설명하겠다. 여기서는 AI 마케팅의 주요 도구들과 이를 통해 비즈니스 목표를 달성하는 구체적인 전략들을 다룬다.

1) AI 기반 챗봇

- 활용 전략 : 고객 서비스 자동화 및 개선
- 방안 : 24/7 고객 지원 제공, FAQ 자동 응답 구현, 간단한 문의 처리를 자동화해 고객 대응 시간 단축한다. 챗봇을 통해 수집된 데이터로 고객 행동과 선호도를 분석한다.

[그림5] 챗봇으로 수집된 데이터 분석(출처 : DALL-E 생성)

2) AI 기반 이메일 마케팅

- 활용 전략 : 개인화된 이메일 캠페인 실행

– 방안 : 고객 데이터 분석을 통해 맞춤형 이메일 콘텐츠 생성, 최적의 발송 시간 예측, 개방률[5]과 클릭률[6] 개선을 위한 A/B 테스팅을[7] 자동화한다.

[그림6] AI 기반 이메일 마케팅(출처 : DALL-E 생성)

5) 개방률 : 발송된 이메일 중 수신자가 실제로 열어본 이메일의 비율을 나타냅니다. 이 수치는 이메일 캠페인이 얼마나 관심을 끌고 있는지를 보여주는 지표로 사용됩니다. 예를 들어, 100개의 이메일을 보냈을 때 25개의 이메일이 열렸다면 개방률은 25%입니다.

6) 클릭률 : 이메일 내에 있는 링크를 클릭한 수신자의 비율을 의미합니다. 클릭률은 이메일 콘텐츠가 수신자에게 얼마나 행동을 유도하는지를 측정하는 지표로, 이메일 마케팅의 최종 목표인 전환(Conversion)으로 이어지는 중요한 단계입니다. 예를 들어, 열린 25개의 이메일 중에서 5개의 이메일에서 링크 클릭이 발생했다면 클릭률은 20%가 됩니다.

7) A/B 테스팅 : 두 가지 버전의 이메일 캠페인(예: 서로 다른 제목, 콘텐츠, 이미지 등)을 비교해 어느 버전이 더 효과적인지를 평가하는 실험 방법입니다. A/B 테스팅을 통해 마케터는 수신자의 반응을 기반으로 데이터에 근거한 의사 결정을 할 수 있으며, 이를 통해 개인화 전략을 더욱 미세 조정하고 최적화할 수 있습니다. 예를 들어, '제품 할인!'이라는 제목과 '오늘만 특별 할인'이라는 제목의 이메일을 각각 다른 그룹에게 보내어 어느 제목이 더 높은 개방률과 클릭률을 유도하는지를 테스트할 수 있습니다.

3) AI 기반 소셜 미디어 분석

– 활용 전략 : 소셜 미디어 트렌드 및 감성 분석

– 방안 : 소셜 미디어 데이터를 분석해 시장 동향, 고객 감성, 브랜드 언급을 분석한다. 마케팅 전략 조정 및 타깃 고객과의 상호작용을 강화한다.

[그림7] AI 기반 소셜 미디어 분석(출처 : DALL-E 생성)

4) AI 기반 콘텐츠 생성 도구

– 활용 전략 : 맞춤형 콘텐츠 생성 및 최적화

– 방안 : 블로그 포스트, 광고 복사본, 소셜 미디어 포스트 생성을 지원한다. SEO 최적화를 위한 키워드 추천 및 콘텐츠 효율성을 분석한다.

[그림8] AI 기반 콘텐츠 생성 도구(출처 : DALL-E 생성)

5) AI 기반 고객 세분화 및 타겟팅

- 활용 전략 : 고객 맞춤형 타겟팅 및 세분화
- 방안 : 고객 데이터를 분석해 세분화, 맞춤형 마케팅 메시지와 제안을 제공한다. 고객의 구매 이력, 온라인 행동, 선호도를 기반으로 한 타겟팅 광고를 실행한다.

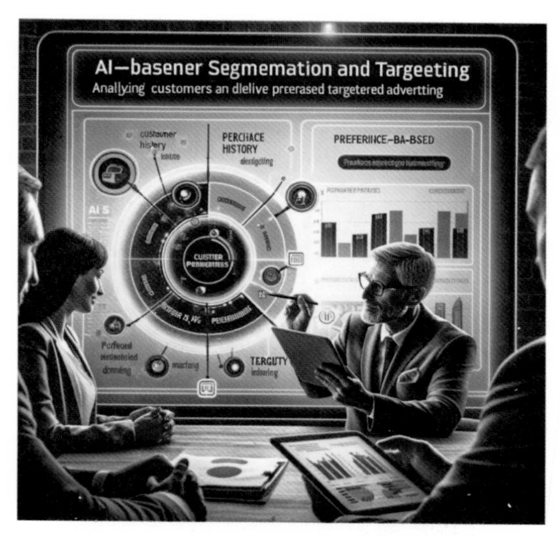

[그림9] AI 기반 고객 세분화 및 타겟팅(출처 : DALL-E 생성)

6) AI 기반 추천 시스템

- 활용 전략 : 개인화된 제품 추천
- 방안 : 고객의 이전 구매, 검색 이력, 상호작용 데이터를 분석해 맞춤형 제품을 추천한다. 구매 전환율 증가 및 크로스셀링[8], 업셀링[9] 기회를 확대한다.

7) 도구별 장단점 비교

지금까지 AI 기반 한 마케팅들 중 다음 도구를 이용한 마케팅이 가능하다. 여러 도구의 기능과 장점, 단점을 파악하고 각 용도에 맞게 제작해 볼 수 있다.

도구	기능	장점	단점
챗GPT	고객 서비스 자동화, 맞춤형 콘텐츠 생성, FAQ, 제품설명	실시간 고객 응대 및 개인화된 콘텐츠 가공 가능	고도화된 쿼리에 대한 대응 한계
캔바	마케팅 자료, 소셜 미디어 포스트, 광고 배너 디자인	사용의 용이성과 다양한 템플릿 제공	독특한 디자인 요구사항에 한계
미리캔버스, 망고보드	인터랙티브한 온라인 콘텐츠 제작(퀴즈, 설문조사, 인포그래픽)	인터랙티브 콘텐츠 제작에 강점	복잡한 기능 구현에 제한
감마 앱	비즈니스용 모바일 앱 개발	높은 가시성 제공	복잡한 앱 개발에 적합하지 않음

8) 크로스셀 :고객이 이미 관심을 보이거나 구매한 제품과 관련된 추가 제품을 제안하는 판매 기법입니다. 예를 들어, 고객이 컴퓨터를 구매할 때 마우스나 키보드와 같은 주변기기를 제안하는 것이 크로스셀링에 해당합니다. 크로스셀링은 고객의 필요를 충족시키고, 고객 경험을 향상시킬 수 있는 방법으로 간주되며, 동시에 기업의 매출을 증대시킬 수 있는 전략입니다.

9) 업셀링 : 고객에게 보다 고급이거나 프리미엄 버전의 제품을 제안함으로써 고객이 더 많은 돈을 지출하도록 유도하는 판매 기법입니다. 예를 들어, 고객이 일반 호텔 방을 예약할 때 스위트룸으로의 업그레이드를 제안하는 것이 업셀링에 해당합니다. 업셀링은 제품의 가치를 높이고 고객에게 더 나은 경험을 제공하는 동시에 회사의 수익을 증가시키는 방법으로 활용됩니다.

네이버 플레이스와 구글 플레이스	비즈니스의 온라인 가시성 향상	높은 가시성 제공	경쟁이 치열한 카테고리에서 상위 노출 어려움
블로그	유용한 정보, 제품 리뷰, 사용 방법 공유	SEO와 고객 관계 구축에 유리	지속적인 콘텐츠 업데이트 필요

[표1] 도구별 장·단점

3. 사례 : 실제 성공 사례 분석

1) AI를 활용한 광고 최적화 전략

AI를 활용한 광고 최적화 전략은 마케팅 효율성을 극대화하고 비즈니스 목표 달성을 지원하는 데 중요한 역할을 한다. 여기에 AI 기술을 활용해 광고 캠페인을 최적화하는 몇 가지 전략을 소개한다.

(1) 타겟 오디언스 세분화

전략 설명 : AI는 대량의 데이터를 분석해 소비자 행동, 선호도 및 구매 패턴을 파악한다. 이 정보를 사용해 보다 정확한 타겟 오디언스[10] 세분화를 실시하고, 각 세그먼트[11]에 맞는 맞춤형 광고 콘텐츠를 제작해 효율성을 높일 수 있다.

(2) 광고 콘텐츠 개인화

전략 설명 : AI 기술을 활용해 개인별 맞춤형 광고 메시지와 콘텐츠를 제작한다. 고객의 이전 상호작용 데이터를 분석해 각 개인의 관심사와 필요에 부합하는 광고를 생성함으로써, 개인화된 경험을 제공하고 전환율을 증가시킬 수 있다.

10) 타겟 오디언스 : 특정 제품이나 서비스를 구매하거나, 특정 메시지에 반응할 것으로 예상되는 구체적인 소비자 그룹입니다. 이들은 특정 연령대, 성별, 소득 수준, 관심사, 지리적 위치 등에 따라 세분화될 수 있습니다.

11) 세그먼트 오디언스 : 타겟 오디언스 내에서 더 세분화된 그룹으로, 특정 행동, 구매 이력, 또는 선호도에 기반한 소그룹입니다. 이를 통해 마케팅 전략을 더욱 개인화하고 맞춤화할 수 있습니다.

(3) 광고 플레이스먼스 최적화

전략 설명 : AI는 다양한 플랫폼과 채널에서의 광고 성과 데이터를 분석해 최적의 광고 위치를 결정한다. 이를 통해 광고 예산의 효율성을 극대화하고 높은 ROI를 달성할 수 있다.

(4) 실시간 입찰(RTB)과 광고 구매 최적화

전략 설명 : AI 기반의 실시간 입찰 시스템을 활용해 광고 공간을 최적의 가격으로 구매한다. 시장 동향과 경쟁 상황을 실시간으로 분석해 광고주에게 가장 가치 있는 광고 공간을 효율적인 비용으로 확보할 수 있도록 한다.

(5) 광고 성과 분석 및 피드백 루프

전략 설명 : AI는 광고 캠페인의 성과를 지속적으로 모니터링하고 분석해 성공적인 요소와 개선이 필요한 부분을 식별한다. 이러한 피드백을 바탕으로 광고 전략을 지속적으로 조정하고 최적화해 캠페인의 효과를 극대화할 수 있다.

이러한 AI 기반 전략을 통해 광고 캠페인의 효율성을 극대화하고, 비즈니스 목표를 효과적으로 달성할 수 있다. AI 기술의 발전으로 광고 마케팅 분야에서의 가능성은 계속 확대되고 있으며 기업들은 이러한 최신 기술을 적극적으로 활용해 경쟁 우위를 확보해야 한다.

2) 다양한 디지털 플랫폼에서의 AI 마케팅 적용 사례

(1) 캔바를 이용한 카페 성공 사례

한 소규모 카페와 A 식당은 각각 챗GPT와 캔바를 활용해 마케팅 밑 운영 효율성을 향상시켰다. 카페는 챗GPT를 사용해 자동화된 고객 응대 시스템을 도입하고, 캔바로 소셜 미디어 캠페인을 실행해 고객 만족도를 높이고, 소셜 미디어 노출 증가를 통해 방문 고객 수를 증가시켰다.

A 식당은 챗GPT를 이용해 챗봇을 구축해 메뉴 추천, 예약 관리, 고객 문의 응답 등을 자동화함으로써 고객 만족도를 높였다. 이외에도 중소상공인이 챗GPT로 불로그 글을 자동 생성하고, 캔바로 광고 이미지를 디자인하는 사례를 통해 시간 절약과 일관된 콘텐츠 유지의 이점을 이용했다.

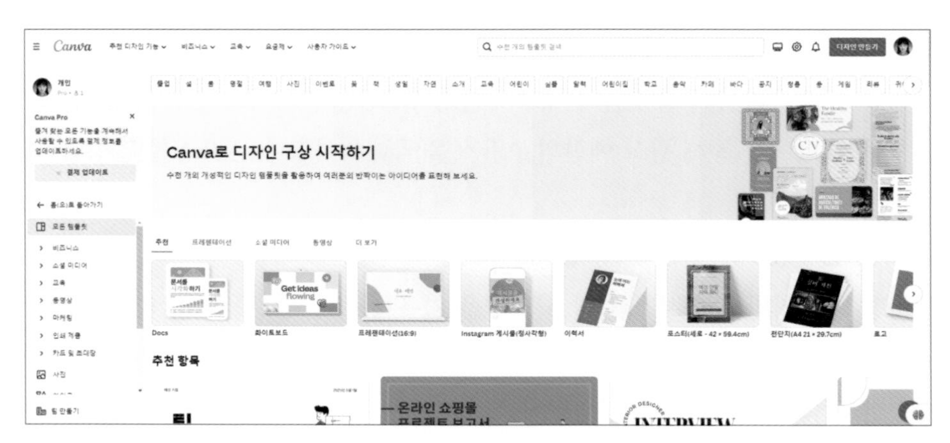

[그림10] 캔바 디자인 구성(출처 : 캔바 홈페이지)

(2) 숏폼 드라마 형식으로 CU(BGF리테일이) 성공 사례

CU는 숏폼 드라마 형식으로 변화한 '씨유튜브' 콘텐츠 마케팅 전략으로 큰 성공을 거두었다. 특히 '편의점 고인물' 시리즈와 '편의점 택배 MBTI' 콘텐츠를 통해 신규 구독자 8만 명 이상을 확보하며 브랜드 인지도를 강화하고 두터운 팬층을 형성했다.[12]

[그림11] CU '편의점 택배 MBTI' 편(출처 : 유튜브)

12) 콘텐츠 마케팅 성공 사례 모음
https://zero-base.co.kr/event/media_insight_contents_cm_contents_markting_success_story

이 사례들은 AI 마케팅뿐만 아니라 다양한 디지털 마케팅 전략이 국내에서 어떻게 성공적으로 구현될 수 있는지 보여주는 것이다. 각 사례는 브랜드의 고유한 가치와 시장 트랜드를 기반으로 창의적인 접근 방식을 통해 소비자와의 관계를 깊게 하고 브랜드 인지도를 높이는 데 기여했다.

3) 소셜 미디어 콘텐츠 마케팅

소셜 미디어 콘텐츠 마케팅은 브랜드의 온라인 존재감을 구축하고 타겟 오디언스와의 관계를 강화하기 위해 소셜 미디어 플랫폼을 활용하는 마케팅 전략이다. 이 전략은 소비자와의 직접적인 소통을 가능하게 해 브랜드 충성도를 높이고 제품이나 서비스에 대한 관심을 증가시키며 최종적으로 판매를 촉진하는 것을 목표로 한다.

(1) 소셜 미디어 콘텐츠 마케팅의 핵심 전략

① 타겟 오디언스 정의하기

성공적인 콘텐츠 마케팅 캠페인은 명확하게 정의된 타겟 오디언스를 바탕으로 한다. 오디언스의 관심사, 행동 패턴, 소셜 미디어 사용 습관을 분석해 콘텐츠를 맞춤화해야 한다.

② 가치 있는 콘텐츠 생성

소비자에게 가치를 제공하는 콘텐츠를 생성해야 한다. 이는 교육적인 정보, 엔터테인먼트, 유용한 팁 등이 될 수 있으며 소비자의 관심을 끌고 참여를 유도하는 데 중점을 둔다.

③ 일관성 있는 브랜딩

모든 콘텐츠는 브랜드의 이미지와 메시지를 일관성 있게 전달해야 한다. 이는 브랜드 인지도를 높이고 소비자가 브랜드를 쉽게 식별하게 한다.

④ 상호작용 및 참여 유도

콘텐츠는 대화를 촉진하고 소비자의 참여를 유도해야 한다. 댓글, 좋아요, 공유 등의 상호작용은 소셜 미디어 알고리즘에 긍정적인 신호를 보내고 더 많은 노출을 생성한다.

⑤ 분석 및 최적화

소셜 미디어 콘텐츠의 성과를 지속적으로 분석하고 이를 바탕으로 전략을 조정해야 한다. 이는 콘텐츠의 효과를 극대화하고 ROI를 향상시키는 데 도움이 된다.

(2) 소셜 미디어 콘텐츠 마케팅의 이점

① **브랜드 인지도 향상** : 소셜 미디어는 브랜드를 널리 알릴 수 있는 효과적인 수단이다.
② **고객 참여 증가** : 쌍방향 소통을 통해 고객과의 관계를 강화하고 참여를 촉진한다.
③ **트래픽 및 전환율 증가** : 흥미로운 콘텐츠는 웹사이트로의 트래픽을 유도하고, 결국 판매로 이어질 수 있다.
④ **시장 통찰력 획득** : 소비자와 고객 간의 소통을 강화한다.
⑤ **경쟁 우위 확보** : 독창적이고 참신한 콘텐츠는 브랜드를 경쟁사와 차별화하고, 시장에서 우위를 점하는 데 기여한다.

(3) 실행 팁

① 플랫폼 선택

타깃 오디언스가 활동하는 소셜 미디어 플랫폼에 초점을 맞춰야 한다. 예를 들어 Z세대는 인스타그램과 틱톡을 선호하는 경향이 있다.

② 비디오 콘텐츠 활용

비디오는 높은 참여율을 유도하고 정보 전달이 효과적이므로 라이브 스트리밍, 스토리, 숏 비디오 등 다양한 형식의 비디오 콘텐츠를 활용해야 한다.

③ 인플루언서와의 협업

브랜드와 잘 맞는 인플루언서와의 파트너십은 오디언스 확장과 신뢰 구축에 도움이 된다.

④ 콘텐츠 일정 관리

일관성 있는 게시를 위해 콘텐츠 캘린더를 생성하고 관리 해야 한다. 정기적인 업데이트는 팔로워들이 브랜드를 기억하게 만든다.

⑤ 참여 유도 콜투액션(CTA) 사용

각 게시물에는 동작을 유도하는 명확한 CTA를 포함시켜라. 예를 들어 '더 알아보기', '지금 구매하기', '댓글로 의견 남기기' 등이 있다.

[그림12] 인스타그램이미지(출처 : 미리캔버스)

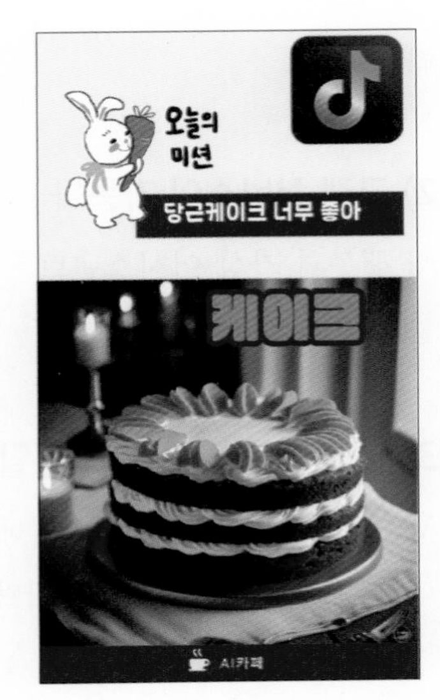

[그림13] 틱톡 이미지(출처 : 미리캔버스)

소셜 미디어 콘텐츠 마케팅은 시간과 노력이 필요한 전략이지만 잘 실행될 경우 브랜드의 성장과 성공에 큰 기여를 할 수 있다. 창의적인 아이디어와 전략적 계획을 바탕으로 효과적인 콘텐츠 마케팅 캠페인을 설계하고 실행해 브랜드의 목표를 달성 해야 한다.

4. 중소상공인을 위한 AI 마케팅의 미래

인공 지능(AI) 시대의 도래는 중소상공인에게 다양한 마케팅 기회를 제공하며 이의 미래 전망은 매우 밝다. AI 기술의 발전으로 인해 중소상공인들은 비용 효율적이고 효과적인 마케팅 전략을 개발해 경쟁력을 강화할 수 있다. 이러한 기술은 고객 데이터 분석, 개인화된 광고 제공, 고객 서비스 자동화 등 다양한 방식으로 활용될 수 있다.

1) 미래 전망

(1) 개인화된 마케팅의 진화

AI는 고객의 구매 이력, 선호도, 행동 패턴을 분석해 맞춤형 광고와 제품 추천을 제공하는 개인화된 마케팅을 가능하게 한다. 이는 고객 만족도를 높이고, 전환율을 증가시킬 것이다.

(2) 고객 서비스의 자동화

AI 챗봇과 가상 어시스턴트는 고객 질문에 실시간으로 응답하고 24/7 고객 서비스를 제공할 수 있다. 이는 고객 경험을 향상시키고 인건비를 절감하는 효과를 가져올 것이다.

(3) 시장 예측 및 분석의 정밀화

AI는 대규모 데이터를 분석해 시장 동향, 소비자 행동의 변화를 예측할 수 있다. 이를 통해 중소상공인은 시장 변화에 신속하게 대응하고 더 효과적인 마케팅 전략을 수립할 수 있다.

(4) 비용 효율적인 마케팅

AI 기술은 중소상공인이 제한된 예산으로도 효과적인 마케팅 활동을 할 수 있게 돕는다. AI 기반 도구는 타겟팅, 광고 최적화, ROI 측정 등을 자동화해 마케팅 비용 대비 높은 수익을 창출할 수 있다.

2) 대처 방안

(1) AI 기술에 대한 교육과 이해

중소상공인은 AI 기술의 기본 원리와 활용 방법에 대해 학습해 이를 자신의 비즈니스에 어떻게 적용할 수 있을지 파악해야 한다.

(2) 적절한 AI 도구 선택

시장에는 다양한 AI 마케팅 도구가 있다. 자신의 비즈니스 목표와 예산에 맞는 도구를 선택해 활용하는 것이 중요하다.

(3) 고객 데이터의 수집 및 분석

AI 마케팅의 성공은 고품질의 고객 데이터에 달려 있다. 중소상공인은 고객 데이터를 체계적으로 수집, 관리, 분석하는 시스템을 구축해야 한다.

(4) 유연성과 실험 정신

AI 마케팅 전략은 지속적인 실험과 최적화 과정이 필요하다. 다양한 접근 방법을 시도하고 결과를 분석해 가장 효과적인 전략을 도출해야 한다.

(5) 전문가와의 협업

필요한 경우 AI 기술의 발전과 함께 중소상공인이 이를 활용한 마케팅 전략을 수립하는 것이 점점 더 중요해지고 있다. AI 마케팅은 효율적인 고객 데이터 분석, 개인화된 광고 캠페인, 고객 서비스 자동화 등 다양한 혜택을 제공할 수 있으며 이는 중소상공인에게 매우 유리한 전략이 될 수 있다.

Epilogue

AI 시대 소상공인들의 마케팅 변화는 크게 두 가지로 나눌 수 있다.

첫째는 개인화된 마케팅이 강화되고 있다는 것이다. AI 기술을 활용해 고객들의 행동 패턴과 관심사를 분석해 개인 맞춤형 마케팅을 제공하는 경우가 늘고 있다. 또한 AI를 활용한 챗봇이나 음성인식 기술을 통해 고객과의 소통을 개선하고 효율적으로 상품 또는 서비스를 홍보하는 경우도 늘고 있다.

둘째는 데이터 기반의 마케팅이 강화되고 있다는 것이다. AI 기술을 활용해 수많은 데이터를 분석하고 예측해 마케팅 전략을 세우는 경우가 늘고 있다. 이를 통해 소상공인들은 더욱 효율적으로 광고 예산을 사용하고 고객들에게 더 많은 가치를 제공할 수 있게 됐다.

소상공인들은 미래의 변화에 대비해 첫째, 새로운 기술과 트렌드에 대해 지속적으로 배우고 적응하는 자세가 필요하다. 둘째, 온라인 마케팅과 소셜 미디어를 활용해 디지털 존재감을 강화해야 한다. 셋째, 고객 데이터를 분석해 맞춤형 서비스를 제공하며 넷째, 다른 사업체 및 전문가와 네트워크를 구축해 지식과 자원을 공유해야 한다. 마지막으로, 시장 변화에 유연하게 대응할 수 있는 전략을 개발하는 것이 중요하다. 이런 준비를 통해 소상공인들은 변화하는 미래에서도 성장할 수 있는 기회를 잡을 수 있다.

이 책을 통해 우리는 중소상공인이 AI 마케팅을 활용해 현대 시장에서의 도전을 어떻게 극복하고, 기회를 어떻게 포착할 수 있는지에 대한 심층적인 이해를 제공하고자 한다. AI 마케팅의 본질, 중소상공인에게 적합한 기술의 소개, 구체적인 활용 전략 및 실제 사례 분석을 통해 독자들은 AI 마케팅이 비즈니스 성장에 어떻게 기여할 수 있는지를 배우게 된다.

또한 이 책은 중소상공인이 마케팅의 미래 변화에 대비하고 AI 기술을 통해 비즈니스 모델을 혁신하며 경쟁력을 강화하는 방법에 대한 실질적인 조언을 제공한다. AI 마케팅을 성공적으로 구현하기 위해 필요한 지식과 도구를 갖추고 지속 가능한 성장을 위한 전략적 계획을 수립하는 것이 중소상공인에게 주어진 과제이다.

3

챗GPT의 개념 이해와 기능

김 현 아

AI

제3장

챗GPT의 개념 이해와 기능

Prologue

인공지능은 이제 우리 삶의 많은 부분에서 중요한 역할을 담당하게 됐다. 그 중심에는 언어와 대화를 이해하고 생성하는 능력을 지닌 챗GPT와 같은 기술이 자리 잡고 있다. 챗GPT의 탄생은 단순히 기술적인 성과를 넘어 정보의 접근성과 활용 방식을 근본적으로 변화시켰다. 인간과 기계 간의 상호 작용이 어떻게 더욱 의미 있고 효율적으로 발전할 수 있는지에 대한 가능성을 제시하며 우리는 이제 이 기술을 일상에서 능숙하게 활용해야 하는 시대에 살고 있다.

본문에서는 챗GPT의 기술적 기반부터 시작해 핵심 기능이 무엇인지 그리고 그것이 사회, 교육, 비즈니스 등 다양한 분야에서 어떻게 활용되고 있는지를 살펴볼 것이다. 또한 챗GPT가 가져올 수 있는 사회적·윤리적 쟁점들을 탐구하며, 이러한 도구를 사용하면서 우리가 직면할 수 있는 도전과 기회에 대해 이야기해 보려고한다.

이 책이 챗GPT를 이해하고자 하는 전문가, 학생, 일반 독자들에게 깊이 있는 지식을 제공하는 것은 물론, 인공지능 시대를 살아가는 우리 모두에게 중요한 통찰을 제공하는 가이드가 되길 바란다. 인공지능과의 공존은 이제 선택이 아닌 필수가 됐고 이 책을 통해 독자 여러분이 그 길을 보다 명확히 이해하고 준비하는 데 도움이 되기를 기대한다.

1. 챗GPT의 기초

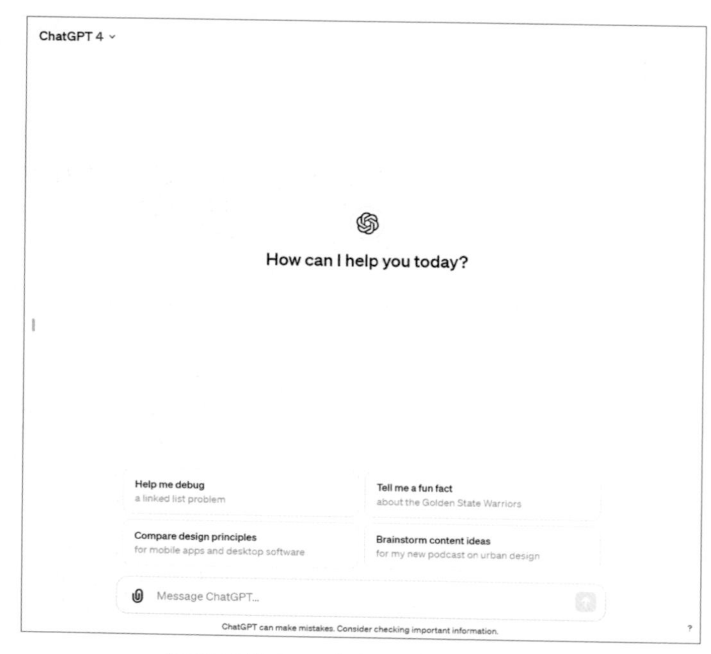

[그림1] 챗GPT 이미지(출처 : Open AI)

1) 챗GPT란 무엇인가?

(1) 정의와 개요

챗GPT는 인공지능 기술을 활용해 자연어 대화를 생성할 수 있는 언어 모델이다. OpenAI에 의해 개발된 이 기술은 Generative Pre-trained Transformer의 약자인 GPT를 기반으로 하며, 사용자와의 인터랙티브한 대화를 가능하게 하는 고도로 진보된 AI 시스템이다.

챗GPT는 대규모 데이터셋에서 학습됐고 다양한 주제에 대한 질문에 답하고, 복잡한 문제를 해결하며 창의적인 텍스트를 생성할 수 있는 능력을 갖추고 있다. 챗GPT의 핵심은 그것이 단순한 정보 검색 도구를 넘어서 사용자와 의미 있는 대화를 나눌 수 있다는 점에 있다. 이는 챗GPT가 특정 질문에 대한 답변을 생성할 뿐만 아니라 문맥을 이해하고 대화의 흐름을 유지하며 심지어 유머나 감정을 표현할 수 있음을 의미한다. 이러한 능력은 챗GPT를 교육, 상담, 창작 지원 등 다양한 분야에서 유용하게 활용할 수 있게 한다.

챗GPT의 발전은 AI와 자연어 처리 기술의 급속한 발전을 반영한다. 기존의 AI 모델들이 특정 작업에 대해 사전에 학습된 반면, 챗GPT는 자기 감독 학습(self-supervised learning) 방식을 통해 대규모의 언어 데이터를 처리하며 스스로를 학습한다. 이 과정에서 모델은 문장 구성, 언어 이해, 문맥 파악 능력을 개발하게 되며 이를 통해 사용자와 자연스러운 대화를 나눌 수 있게 된다.

챗GPT의 개발과 배포는 인공지능이 인간의 삶에 미치는 영향을 새롭게 정의하고 있다. 이 기술은 정보 검색, 학습 지원, 창의적 작업 등의 분야에서 새로운 가능성을 열고 있으며 인간과 기계 간의 상호 작용 방식에 혁명을 가져오고 있다. 챗GPT는 단순히 정보를 제공하는 것을 넘어서 사용자의 요구를 이해하고, 창의적이고 개인화된 대화를 제공함으로써 기술과 인간 사이의 관계를 재정립하고 있다.

(2) 챗GPT의 개발 역사와 버전별 변화

챗GPT의 탄생과 발전은 인공지능 분야에서의 중대한 이정표로 OpenAI의 연구와 혁신의 산물이다. 챗GPT의 개발 역사를 탐구하고 각 버전이 어떻게 인공지능과 자연어 처리 분야를 발전시켜 왔는지 살펴보겠다.

① 초기 개발과 GPT-1

챗GPT의 기반인 GPT(Generative Pre-trained Transformer) 모델은 2018년에 처음 소개됐다. GPT-1은 당시에 이미 자연어 처리(NLP) 분야에 새로운 방향을 제시했다. 이 모델은 단순히 텍스트를 생성하는 것을 넘어 문맥을 이해하고 관련성 있는 내용을 생성할 수 있는 능력을 갖췄다. GPT-1은 1억 1,700만 개의 파라미터를 활용해 다양한 언어 작업에서 뛰어난 성능을 보였다.

② GPT-2와 그 확장

2019년에 발표된 GPT-2는 GPT-1의 후속작으로 15억 개의 파라미터를 사용해 훨씬 더 정교하고 다양한 텍스트를 생성할 수 있었다. GPT-2는 그 성능이 너무 우수해 초기에는 모델의 전체 버전이 공개되지 않았다. 이는 생성된 텍스트가 너무 현실적이어서 잘못 사용할 경우 사회적·윤리적 문제를 일으킬 수 있다는 우려 때문이었다. GPT-2는 기사 작성, 시와 단편 소설 작성, 코드 생성 등 다양한 분야에서 인상적인 결과를 보였다.

③ GPT-3의 등장

2020년, OpenAI는 GPT-3를 발표하며 인공지능 분야에 혁명을 일으켰다. GPT-3는 약 1,750억 개의 파라미터를 사용하며 이전 모델들과 비교할 때 훨씬 더 복잡한 언어 이해와 생성 능력을 보여준다. GPT-3의 가장 큰 특징은 매우 적은 양의 학습 데이터(프롬프트)만으로도 다양한 언어 작업을 수행할 수 있다는 점이다. 이를 통해 사용자는 복잡한 질문에 대한 답변, 글쓰기, 코드 작성, 언어 번역 등 다양한 작업을 수행할 수 있게 됐다.

④ GPT-3 이후의 발전

GPT-3 이후 OpenAI는 모델의 정확성, 다양성, 사용 용이성을 개선하기 위한 여러 업데이트를 발표했다. 이러한 업데이트는 챗GPT와 같은 응용 프로그램을 통해 구체화 됐다. 챗GPT는 특히 대화형 AI 애플리케이션으로서의 가능성을 탐색하며 인간과 AI 간의 상호 작용을 새로운 차원으로 끌어올렸다.

챗GPT의 개발 역사는 AI 기술이 어떻게 급속도로 발전하고 있는지 보여주는 대표적인 사례이다. 각 버전의 변화와 업데이트는 언어 이해와 생성 능력의 획기적인 개선을 가져왔으며 이는 다양한 분야에서 새로운 활용 가능성을 열었다. 챗GPT와 같은 기술의 발전은 우리가 언어와 지식을 처리하고 생성하는 방식을 근본적으로 변화시키고 있으며 앞으로도 이러한 변화는 계속될 것이다.

2) 챗GPT의 기술적 기반

[그림2] 챗GPT의 기술적 기반(출처 : DALL·E)

(1) 자연어 처리(NLP)의 기초

자연어 처리(Natural Language Processing, NLP)는 컴퓨터가 인간의 언어를 이해하고 해석하는 데 필요한 기술의 집합이다. NLP는 텍스트와 음성 데이터를 분석하고 처리해 컴퓨터와 인간 간의 상호 작용을 가능하게 하는 중요한 분야이다. NLP의 궁극적인 목표는 컴퓨터가 인간의 언어를 '이해'하고 그 의미를 추출해 유용한 작업을 수행할 수 있도록 하는 것이다. 이는 컴퓨터가 자연어 텍스트를 읽고 그 내용을 이해하며 질문에 대답하거나 사용자의 요청을 수행할 수 있음을 의미한다. NLP는 다음과 같은 여러 하위 분야로 구성된다.

① 구문 분석(Syntax Analysis)

문장의 구조를 분석해 그 구성 요소(명사, 동사, 형용사 등)를 식별한다.

② 의미 분석(Semantic Analysis)

단어·구·문장의 의미를 이해하고 해석한다.

③ 문맥 이해(Context Understanding)

대화나 텍스트의 문맥을 파악해 의미를 정확하게 해석한다.

④ 감정 분석(Sentiment Analysis)

텍스트에서 감정이나 태도를 분석한다.

⑤ 기계 번역(Machine Translation)

한 언어에서 다른 언어로 텍스트를 자동으로 번역한다.

NLP의 발전은 다양한 기술과 알고리즘에 의해 가능해졌다. 초기에는 규칙 기반의 시스템이 주를 이뤘지만 최근에는 머신러닝, 특히 딥러닝의 발전으로 큰 진보를 이뤘다. 딥러닝 모델, 특히 트랜스포머(Transformer) 모델은 NLP의 혁신을 주도하고 있다. 이들은 대규모 데이터셋에서 문장의 구조와 의미를 학습해 더 정교하고 복잡한 언어 이해와 생성 작업을 수행할 수 있게 됐다.

챗GPT는 NLP의 최신 기술을 기반으로 한다. 특히 트랜스포머 모델을 사용해 대규모 언어 데이터셋에서 사전 학습(pre-training)을 수행하고 이를 통해 언어의 다양한 측면을 이해한다. 챗GPT는 구문 분석, 의미 분석, 문맥 이해 등 NLP의 핵심 기능을 활용해 사용자와 자연스러운 대화를 나눌 수 있다. 또한 이 모델은 감정 분석과 같은 고급 기능을 통해 대화의 뉘앙스를 파악하고 사용자의 의도와 감정에 적절히 반응할 수 있다.

NLP의 발전은 챗GPT와 같은 언어 모델의 가능성을 크게 확장시켰다. 이 기술을 통해 컴퓨터와 인간 간의 소통이 더 자연스럽고 유연하며 효과적인 방식으로 이뤄질 수 있게 됐다. 앞으로도 NLP는 챗GPT의 성능 개선과 새로운 기능 개발에 중요한 역할을 할 것이다.

(2) 트랜스포머 모델과 GPT 아키텍처

트랜스포머 모델은 2017년 'Attention Is All You Need'라는 논문을 통해 처음 소개됐다. 이 모델은 기존의 순환 신경망(RNN)이나 합성곱 신경망(CNN)에 비해 더 효율적으로 대규모 텍스트 데이터를 처리할 수 있는 새로운 방법을 제시했다. 트랜스포머의 가장 큰 혁신은 '어텐션 메커니즘'을 사용해 문장 내의 각 단어 간의 관계를 동시에 모델링 할 수 있다는 점이다. 이를 통해 모델은 문맥을 더욱 정확하게 이해하고 텍스트 생성과 번역과 같은 NLP 작업을 효율적으로 수행할 수 있게 됐다.

어텐션 메커니즘은 트랜스포머 모델의 핵심으로 문장 내에서 각 단어가 다른 단어와 어떻게 상호작용하는지를 학습한다. 이는 모델이 단어의 중요도를 가중치로 계산하고 문장의 전체적인 의미를 파악할 수 있도록 돕는다. 특히 '셀프 어텐션(self-attention)'은 한 문장 내의 모든 단어 사이의 관계를 분석해 각 단어가 문장 내에서 어떤 역할을 하는지 이해하는 데 중요한 역할을 한다.

GPT 아키텍처는 트랜스포머 모델을 기반으로 하는데 특히 대규모 언어 모델을 사전 학습하는 데 초점을 맞추고 있다. GPT는 '사전 학습(pre-training)'과 '미세 조정(fine-tuning)'의 두 단계로 구성된다. 사전 학습 단계에서는 대규모 텍스트 데이터셋을 사용해 언어의 일반적인 패턴과 구조를 학습한다. 이후 미세 조정 단계에서는 특정 작업에 대한 추가 학습을 통해 모델의 성능을 개선한다.

트랜스포머 모델과 GPT 아키텍처는 현대 NLP의 발전에 큰 영향을 미쳤다. 어텐션 메커니즘과 대규모 사전 학습이라는 혁신적인 접근 방식을 통해 이들은 텍스트를 이해하고 생성하는 새로운 가능성을 열었다. 챗GPT와 같은 언어 모델의 발전은 이러한 기술적 기반 위에 구축됐으며 앞으로도 계속해서 언어 처리의 한계를 넓혀갈 것이다.

(3) 대규모 언어 모델의 학습 방법

대규모 언어 모델의 학습은 인공지능(AI) 분야에서 중요한 발전을 이루어 낸 과정이다. 이러한 모델은 인터넷에서 수집된 방대한 양의 텍스트 데이터를 기반으로 학습하며 자연어 이해(NLU) 및 자연어 생성(NLG) 능력을 개발한다.

이제 대규모 언어 모델의 학습 방법과 이 과정에서 사용되는 기술에 대해 설명하고자 한다. 대규모 언어 모델 학습의 첫 단계는 '사전 학습'이다. 이 단계에서 모델은 다양한 유형의 텍스트 데이터를 처리하며 언어의 기본적인 구조와 패턴을 학습한다. 데이터는 웹사이트, 책, 기사, 위키백과 등 다양한 출처에서 수집된다.

사전 학습 과정에서 모델은 문장의 다음 단어를 예측하는 '다음 단어 예측(Next Word Prediction)' 작업을 수행하며 이를 통해 문맥 이해 능력을 개발한다. 사전 학습을 마친 후 모델은 특정 작업에 맞게 '미세 조정'된다. 이 단계에서는 사전 학습된 모델을 기반으로 특정 작업에 최적화된 학습을 진행한다.

예를 들어 질문 응답 시스템, 감정 분석, 기계 번역 등 특정 목적을 가진 데이터셋을 사용해 모델을 추가로 학습시킨다. 미세 조정을 통해 모델은 일반적인 언어 이해에서 나아가 특정 작업을 수행하는 데 필요한 지식과 능력을 갖추게 된다. 대규모 언어 모델 학습에서 중요한 개념 중 하나는 '트랜스퍼 러닝'이다. 이는 이미 학습된 모델을 다른 작업에 재사용하는 방법을 말한다. 트랜스퍼 러닝은 모델이 이미 얻은 지식을 새로운 문제에 적용함으로써 학습 시간을 단축시키고 작은 데이터셋으로도 높은 성능을 달성할 수 있게 한다.

대규모 언어 모델의 경우 사전 학습 과정에서 획득한 방대한 언어 지식을 다양한 NLP 작업에 효과적으로 전이할 수 있다. 대규모 언어 모델의 학습 방법에는 '자기 감독 학습'도 포함된다. 이는 레이블이 없는 데이터를 사용해 모델이 스스로 학습 목표를 생성하고 이를 통해 학습하는 방식이다.

다음 단어 예측과 같은 작업을 통해 모델은 입력된 텍스트의 문맥을 기반으로 출력을 생성하는 방법을 스스로 학습한다. 이 과정은 모델이 더 깊은 언어 이해와 생성 능력을 개발하는 데 도움을 준다.

대규모 언어 모델의 학습 과정은 계산 자원이 많이 필요하며 모델의 최적화와 성능 평가도 중요한 단계이다. 모델의 성능은 다양한 벤치마크와 평가 지표를 통해 측정되며 이를 기반으로 학습 과정이 조정된다. 성능 평가를 통해 모델의 언어 이해와 생성 능력, 특정 작업에 대한 적합성 등이 평가된다.

대규모 언어 모델의 학습 방법은 NLP 분야에서 큰 발전을 이뤘다. 이러한 모델은 다양한 언어 작업에 대해 인상적인 성능을 보여주며 인간과 기계 간의 소통을 더욱 자연스럽고 효율적으로 만들고 있다. 앞으로도 이러한 학습 방법과 기술의 발전은 계속될 것으로 기대된다.

2. 챗GPT의 기능과 활용

1) 챗GPT의 핵심 기능

(1) 문장 생성과 대화 기능

챗GPT의 문장 생성 능력은 인공지능이 주어진 문맥이나 시작 문장을 기반으로 새로운 텍스트를 생성할 수 있음을 의미한다. 이 기능은 다양한 언어 작업에 적용될 수 있으며 창작 글쓰기, 기사 작성, 시나리오 개발 등에서 활용된다. 챗GPT는 사전 학습 단계에서 다양한 주제와 스타일의 텍스트를 학습함으로써 주어진 입력에 대해 응집력 있고 문맥적으로 일관된 문장을 생성할 수 있다. 이러한 능력은 챗GPT가 창의적인 콘텐츠를 생성하거나 특정 주제에 대한 설명을 제공하는 데 유용하게 사용된다.

챗GPT의 대화 기능은 사용자와의 상호 작용을 통해 의미 있는 대화를 이어가는 능력을 말한다. 이는 단순한 질문에 대한 답변뿐만 아니라 문맥을 파악하고 이전 대화 내용을 기억해 대화를 자연스럽게 진행할 수 있음을 의미한다. 챗GPT는 사용자의 질문이나 댓글에 대해 상황에 맞는 응답을 생성하며 필요한 경우 추가 정보를 요구하거나 대화를 확장할 수 있다. 이 대화 기능은 챗GPT를 고객 서비스, 교육, 상담 등 다양한 분야에서 가상 어시스턴트로 활용할 수 있게 한다.

챗GPT는 사용자의 요구를 이해하고 개인화된 정보나 조언을 제공함으로써 사용자 경험을 향상시킬 수 있다. 챗GPT의 문장 생성과 대화 기능은 서로 밀접하게 연결돼 있다. 문장 생성 능력은 챗GPT가 다양한 문맥과 주제에 대해 유연하게 대응할 수 있도록 한다. 한편 대화 기능은 이러한 문장 생성 능력을 바탕으로 사용자와 의미 있는 소통을 구현한다. 챗GPT는 이 두 기능을 결합해 사용자의 입력에 대해 적절하고 맥락에 맞는 응답을 생성하며 이를 통해 사용자와의 지속적인 대화를 유지할 수 있다.

(2) 지식 질의응답

챗GPT의 또 다른 중요한 핵심 기능은 지식 질의응답이다. 이 기능은 사용자가 제시한 질문에 대해 정확하고 신뢰할 수 있는 답변을 제공하는 데 중점을 둔다. 챗GPT는 광범위한 주제에 관한 질문에 답할 수 있는 능력이 있으며 이는 고도로 발달 된 자연어 이해(NLU) 능력과 방대한 지식 베이스에 기반한다.

챗GPT의 지식 질의응답 기능은 대규모 데이터셋에서 사전 학습을 통해 획득한 지식을 활용한다. 이 데이터셋에는 위키백과, 뉴스 기사, 학술 자료 등 다양한 출처의 정보가 포함돼 있어 챗GPT는 거의 모든 주제에 관한 질문에 답변할 수 있는 광범위한 지식을 보유하게 된다. 사용자가 특정 주제에 관한 질문을 할 때 챗GPT는 학습한 데이터를 기반으로 관련 정보를 추출하고 이를 바탕으로 답변을 생성한다.

챗GPT는 단순히 정보를 검색해 제공하는 것을 넘어 질문의 의도와 문맥을 정확히 이해하고 이에 맞는 응답을 생성한다. 이 과정에서는 트랜스포머 기반의 모델이 문장의 의미와 구조를 분석해 질문의 핵심을 파악하고 가장 적절한 답변을 선택하거나 생성한다. 챗GPT는 복잡한 질문이나 여러 단계의 추론을 요구하는 질문에도 유연하게 대응할 수 있으며 사용자에게 정확하고 이해하기 쉬운 답변을 제공한다. 지식 질의응답 기능에서 챗GPT의 주요 도전과제 중 하나는 제공되는 답변의 신뢰성과 정확성을 보장하는 것이다.

챗GPT 개발팀은 모델의 학습 과정에서 고품질의 데이터셋을 사용하고 다양한 검증 메커니즘을 도입해 정보의 정확성을 높이고 있다. 또한 챗GPT는 때때로 자신의 한계를 인식하고 특정 질문에 대해 가장 정확한 정보를 제공할 수 없을 때 이를 사용자에게 명확히 알린다. 챗GPT의 지식 질의응답 기능은 지속적인 학습과 개선을 통해 발전하고 있다. 사용자와의 대화를 통해 새로운 정보와 피드백을 수집하고 이를 모델 학습에 활용해 답변의 정확성과 관련성을 지속적으로 개선한다.

이러한 과정은 챗GPT가 시간이 지남에 따라 더욱 정확하고 신뢰할 수 있는 답변을 제공할 수 있게 만든다. 챗GPT의 지식 질의응답 기능은 사용자에게 필요한 정보를 신속하고 정확하게 제공하는 데 큰 도움을 준다. 이 기능은 교육, 연구, 일상생활의 다양한 질문에 대한 해답을 찾는 데 활용될 수 있으며 챗GPT를 강력한 정보 검색 및 학습 도구로 만든다. 이를 통해 사용자는 복잡한 정보를 쉽게 이해하고 지식을 효율적으로 확장할 수 있다.

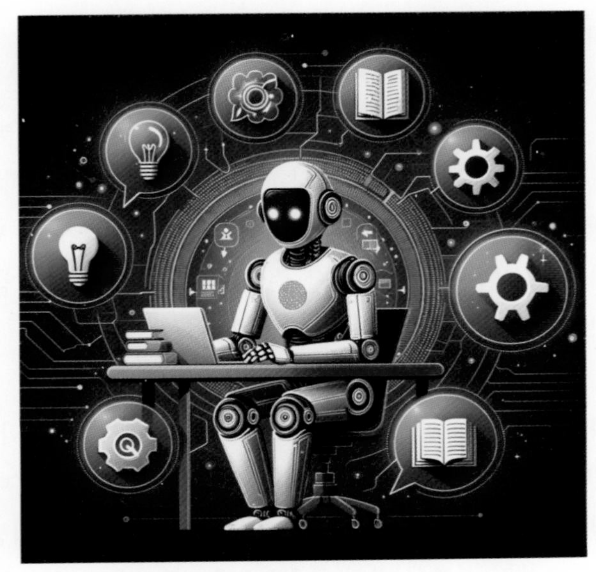

[그림3] 챗GPT의 기능(출처 : DALL·E)

(3) 텍스트 분석과 요약

챗GPT의 텍스트 분석과 요약 기능을 통해 사용자는 대량의 텍스트 데이터에서 중요한 정보를 추출하고 간결하게 요약된 내용을 얻을 수 있다. 특히 정보 과부하 시대에서 이러한 기능은 매우 유용하며 학술 연구, 비즈니스 보고서, 뉴스 기사 등 다양한 영역에서 활용될 수 있다.

텍스트 분석은 구조화되지 않은 텍스트 데이터를 처리하고 이해하는 과정을 포함한다. 이 과정에서는 주제 분류, 감정 분석, 키워드 추출 등 다양한 작업이 수행될 수 있다. 챗GPT는 자연어 처리(NLP) 기술을 활용해 텍스트의 의미를 분석하고 텍스트 내에서 중요한 요소들을 식별한다. 이를 통해 챗GPT는 대화 중이거나 분석 대상 텍스트에 대한 깊이 있는 이해를 바탕으로 응답을 생성할 수 있다.

챗GPT의 요약 기능은 사용자에게 제공된 텍스트의 길이를 줄이면서도 핵심 내용을 보존하는 작업이다. 이 기능은 특히 뉴스 기사, 연구 논문, 긴 문서 등의 주요 내용을 빠르게 파악하고 싶어 하는 사용자에게 유용하다. 챗GPT는 문맥 이해 능력과 함께 텍스트 내 중요한 정보를 식별하고 이를 요약해 핵심 포인트를 간결하게 전달한다.

챗GPT의 텍스트 분석과 요약 기능은 몇 가지 핵심 기술적 접근 방법에 기반합니다. 첫째, 모델은 문장 간의 관계와 문맥을 파악하기 위해 자기 감독 학습(self-supervised learning) 방법을 사용한다. 둘째, 어텐션 메커니즘은 텍스트 내에서 각 단어와 문장의 중요도를 평가해 핵심 내용을 식별하는 데 도움을 준다. 셋째, 챗GPT는 다양한 요약 전략을 학습하고 주어진 텍스트에 가장 적합한 방법을 적용해 요약을 생성한다.

챗GPT의 텍스트 분석과 요약 기능은 비즈니스 리포트의 핵심 내용 파악, 학술 자료의 빠른 리뷰, 뉴스 기사의 요약 제공 등 다양한 상황에서 활용될 수 있다. 이를 통해 사용자는 시간을 절약하고, 필요한 정보에 신속하게 접근할 수 있다. 또한 이 기능은 정보의 오버로드가 일상화된 현대 사회에서 정보 소비의 효율성을 높이는 데 기여한다.

2) 챗GPT의 다양한 활용 사례

(1) 교육 분야에서의 활용

챗GPT는 교육 분야에서 혁신적인 변화를 가져왔으며 학습자, 교사, 교육 콘텐츠 개발자 모두에게 다양한 혜택을 제공한다. 챗GPT가 교육 분야에서 어떻게 활용될 수 있는지에 대한 몇 가지 주요 사례를 소개한다.

① 개인화된 학습 경험 제공

챗GPT는 학습자의 수준, 관심사, 학습 목표에 맞춰 개인화된 학습 경험을 제공할 수 있다. 학습자가 특정 주제에 대해 질문할 때 챗GPT는 적절한 답변을 제공하고 추가 학습 자료를 추천하며 개인의 학습 진도에 맞춘 연습 문제를 생성할 수 있다. 이를 통해 학습자는 자신의 속도로 학습을 진행하며 개인의 학습 요구를 충족시킬 수 있다.

② 교육 콘텐츠 개발 지원

챗GPT는 교육 콘텐츠 개발자와 교사를 위한 강력한 도구 역할을 한다. 교육 자료, 강의 계획, 시험 문제 등의 개발 과정에서 챗GPT를 활용해 아이디어를 생성하고 교육 내용을 구성할 수 있다. 또한 챗GPT는 복잡한 주제를 이해하기 쉬운 언어로 재구성해 학습자가 쉽게 이해할 수 있는 교육 자료를 만드는 데 도움을 줄 수 있다.

③ 언어 학습 지원

언어 학습은 챗GPT가 탁월한 잠재력을 발휘하는 분야 중 하나이다. 학습자는 챗GPT와의 대화를 통해 새로운 언어를 연습할 수 있으며 발음, 어휘, 문법 등 다양한 언어 스킬을 개선할 수 있다. 챗GPT는 자연스러운 대화를 통해 언어 학습자에게 실제 상황에서의 언어 사용 경험을 제공하며 즉각적인 피드백을 통해 학습 효과를 극대화할 수 있다.

④ 학습 동기 부여와 참여 증진

챗GPT는 학습 과정을 더욱 흥미롭고 동기 부여가 되도록 만들 수 있다. 게임화된 학습 활동, 대화형 퀴즈, 스토리텔링을 통한 학습 등 다양한 형태의 인터랙티브 학습 콘텐츠를 제공함으로써 학습자의 참여를 증진 시킬 수 있다. 이러한 접근은 특히 어린 학습자들에게 학습에 대한 관심을 유발하고 지속적인 학습 동기를 부여하는 데 효과적이다.

⑤ 원격 교육 및 평생 교육 지원

챗GPT는 원격 교육 환경에서도 중요한 역할을 한다. 학습자가 언제 어디서나 쉽게 접근할 수 있으며 학습 질문에 실시간으로 답변을 제공할 수 있다. 이는 평생 교육을 추구하는 학습자들에게도 매우 유용하며 학습의 장벽을 낮추고 지식 습득의 기회를 확장한다.

챗GPT의 이러한 다양한 활용 사례는 교육 분야에서의 가능성을 넓히고 있다. 기술의 발전과 함께 챗GPT는 교육의 질을 향상시키고 학습자 개개인의 요구에 맞춘 교육 경험을 제공하는 데 기여할 것으로 기대된다.

(2) 비즈니스와 마케팅

챗GPT는 비즈니스와 마케팅 분야에서도 혁신적인 도구로 자리 잡고 있다. 데이터 분석에서 고객 서비스에 이르기까지 다양한 영역에서 챗GPT를 활용해 업무 효율성을 높이고 고객 경험을 개선할 수 있다. 챗GPT가 비즈니스와 마케팅에서 어떻게 활용될 수 있는지 몇 가지 주요 사례를 살펴보겠다.

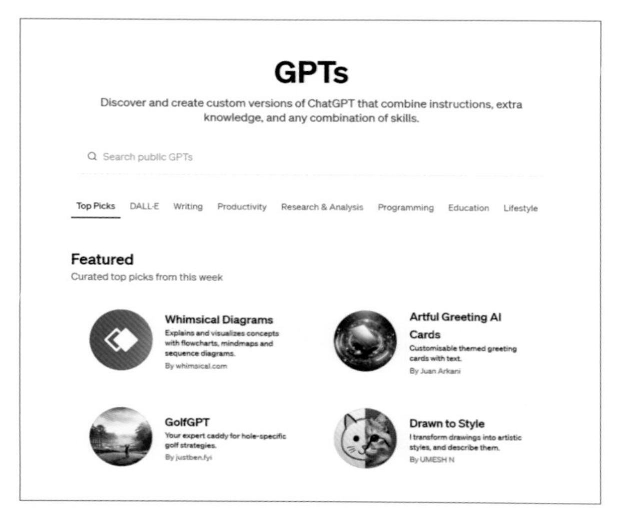

[그림4] 다양한 챗봇을 사용할 수 있는 GPTs(출처 : Open AI)

① 고객 서비스 개선

챗GPT를 활용한 챗봇은 고객 서비스 영역에서 강력한 도구로 활용된다. 24시간 실시간으로 고객의 질문에 답변을 제공할 수 있으며 예약, 주문 처리, 기초적인 문제 해결과 같은 업무를 자동화할 수 있다. 이를 통해 고객 대응 시간을 단축하고, 고객 만족도를 향상시키는 동시에 인적 자원에 대한 의존도를 줄일 수 있다.

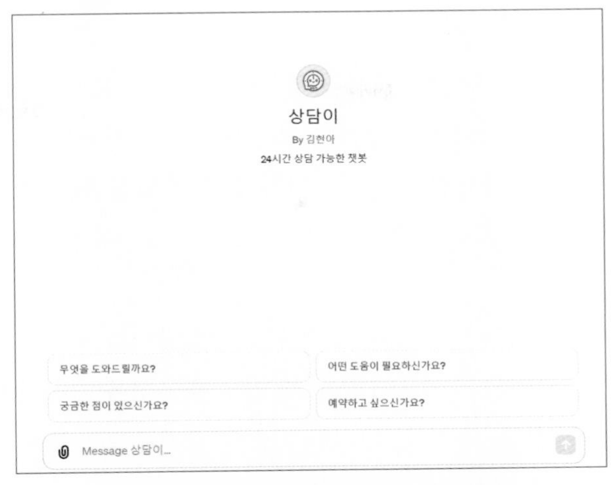

[그림5] 저자가 예시로 제작한 챗봇

② 맞춤형 마케팅 콘텐츠 생성

챗GPT는 다양한 고객 세그먼트를 대상으로 맞춤형 마케팅 콘텐츠를 생성할 수 있는 능력이 있다. 소비자의 관심사, 구매 이력, 상호 작용 데이터를 분석해 개인화된 광고문구, 이메일 마케팅 캠페인, 블로그 포스트를 생성할 수 있다. 이를 통해 마케팅 메시지의 효과를 극대화하고 고객 참여를 증진 시킬 수 있다.

③ 시장 분석 및 인사이트 도출

챗GPT는 대량의 시장 데이터를 분석하고 경쟁사 분석, 소비자 트렌드 파악, 시장 기회 발굴 등에 필요한 인사이트를 제공할 수 있다. 이를 통해 기업은 시장 동향을 신속하게 파악하고 전략적 의사 결정을 지원받을 수 있다. 또한 챗GPT는 소셜 미디어, 뉴스, 포럼에서의 브랜드 언급을 모니터링하고 공공의 인식과 반응을 분석하는 데에도 활용될 수 있다.

④ 문서 자동화 및 보고서 작성

비즈니스 문서 작성은 많은 시간과 노력이 필요한 작업 중 하나이다. 챗GPT는 회의록, 업무 보고서, 프로젝트 제안서와 같은 다양한 비즈니스 문서를 자동으로 생성하고 관련 데이터를 요약해 보고서를 작성하는 데 활용될 수 있다. 이를 통해 업무 효율성을 크게 향상시키고 직원들이 보다 전략적인 작업에 집중할 수 있도록 한다.

⑤ 제품 개발 및 혁신 지원

챗GPT는 제품 개발 과정에서 아이디어 생성, 고객 피드백 분석, 시장 조사 등을 지원할 수 있다. 새로운 제품 아이디어를 생성하거나 고객의 요구와 피드백을 분석해 제품 개선 사항을 도출하는 데 유용하게 사용될 수 있다. 이를 통해 기업은 혁신적인 제품을 더 빠르게 시장에 출시하고 고객의 만족도를 높일 수 있다.

챗GPT의 활용은 비즈니스와 마케팅 분야에서의 작업 방식을 혁신하고 새로운 가치를 창출하는 데 기여하고 있다. 기업은 챗GPT를 통해 업무 효율성을 개선하고 고객 경험을 향상시키며 시장 경쟁력을 강화할 수 있다. 이러한 기술의 발전은 앞으로도 비즈니스 환경에 지속적인 영향을 미칠 것으로 예상된다.

(3) 콘텐츠 생성과 창작 지원

챗GPT는 창작자들이 아이디어를 현실로 변환하고 다양한 형태의 콘텐츠를 생성하는 과정에서 중요한 역할을 한다. 작가부터 디자이너, 마케터까지 창작 과정에 관련된 모든 사람들이 챗GPT를 활용해 창의적인 작업을 더욱 효율적이고 효과적으로 수행할 수 있다.

[그림6] 챗GPT의 창작 지원(출처 : DALL·E)

① 글쓰기 및 편집 지원

챗GPT는 소설, 블로그, 기사, 시나리오 등 다양한 형태의 글쓰기 과정에서 아이디어를 생성하고 문장을 다듬으며 콘텐츠의 구조를 개선하는 데 도움을 준다. 작가가 막힌 부분에 대한 제안을 요청하거나 특정 주제에 대한 추가 정보를 얻고자 할 때 챗GPT는 관련 콘텐츠를 제시하고, 다양한 작문 스타일을 모방해 창작 과정을 지원할 수 있다.

② 창의적 아이디어 및 콘셉트 개발

챗GPT는 광고 캠페인, 그래픽 디자인 프로젝트, 비디오 제작 등 창의적인 아이디어와 콘셉트 개발에 필요한 인사이트와 제안을 제공할 수 있다. 창작자들은 특정 주제나 목표에 대해 챗GPT와 대화를 나누며 새롭고 독창적인 아이디어를 탐색하고 프로젝트의 방향성을 설정하는 데 유용한 피드백을 얻을 수 있다.

③ 다국어 콘텐츠 생성

챗GPT는 여러 언어로 콘텐츠를 생성하는 데 활용될 수 있어, 글로벌 시장을 대상으로 하는 창작 활동에 특히 유용하다. 창작자는 원하는 언어로 콘텐츠를 작성하거나 기존 콘텐츠를 다른 언어로 번역하는 데 챗GPT를 활용할 수 있다. 이를 통해 다양한 언어와 문화권의 대중에게 어필할 수 있는 콘텐츠를 효율적으로 생성할 수 있다.

④ 교육 자료 및 튜토리얼 개발

챗GPT는 교육 분야의 전문가들이 학습자를 위한 교육 자료와 튜토리얼을 개발하는 데 도움을 준다. 특정 주제에 대한 설명, 실습 가이드, 평가 문제 등을 생성하며 학습자가 쉽게 이해할 수 있도록 정보를 구조화하고 요약한다. 이러한 기능은 온라인 교육 콘텐츠의 개발 및 개인화에 특히 유용하다.

⑤ 소셜 미디어 콘텐츠 및 전략 개발

소셜 미디어 마케터와 콘텐츠 크리에이터는 챗GPT를 활용해 다양한 플랫폼에 맞는 콘텐츠를 신속하게 생성할 수 있다. 이는 게시글, 해시태그 제안, 인터랙티브 콘텐츠 아이디어 개발 등을 포함할 수 있으며 소셜 미디어 전략의 효과를 극대화하는 데 기여한다.

챗GPT의 이러한 활용 사례는 창작 과정을 더욱 다양화하고 풍부하게 만들며 창작자가 보다 효율적으로 아이디어를 실현할 수 있도록 지원한다.

(4) 프로그래밍 및 코드 작성 보조

개발자들은 챗GPT를 사용해 코드의 작성과 디버깅, 학습 과정을 효율화하고 생산성을 향상시킬 수 있다.

① 코드 스니펫 생성 및 설명

챗GPT는 다양한 프로그래밍 언어에 대한 지식을 바탕으로 사용자가 필요로 하는 기능을 수행하는 코드 스니펫을 신속하게 생성할 수 있다. 사용자는 특정 기능이나 알고리즘에 대한 요구 사항을 챗GPT에 설명하고 적절한 코드 예제를 요청할 수 있다. 또한 챗GPT는 기존 코드의 작동 방식을 설명하고 코드의 개선 사항을 제안하는 데에도 활용될 수 있다.

② 디버깅 및 문제 해결 지원

챗GPT는 코드의 오류를 찾고 해결하는 과정에서 유용한 조언을 제공할 수 있다. 개발자가 직면한 프로그래밍 문제나 오류 메시지를 챗GPT에 제시하면 가능한 원인과 해결 방안을 제시해 디버깅 과정을 지원한다. 이러한 상호 작용을 통해 개발자는 코드 문제를 신속하게 해결할 수 있으며 프로그래밍 지식을 확장할 수 있다.

③ 학습 및 교육 지원

챗GPT는 프로그래밍 학습자에게 개념 설명, 학습 자료 제공, 연습 문제 생성 등을 통해 학습 과정을 지원한다. 특정 프로그래밍 언어나 기술 스택에 대해 학습하고자 하는 학습자는 챗GPT에 질문을 해 상세한 설명을 제공받을 수 있다. 이는 학습자가 새로운 프로그래밍 언어를 더욱 효과적으로 학습하고 기술적 문제를 해결하는 능력을 개발하는 데 도움을 준다.

④ 코드 리뷰 및 최적화 제안

챗GPT는 코드 리뷰 과정에서도 활용될 수 있다. 코드의 효율성, 가독성, 유지 관리 가능성을 분석하고 최적화를 위한 제안을 할 수 있다. 이를 통해 개발자는 코드의 품질을 향상시키고 프로젝트의 전반적인 성능을 개선할 수 있다.

⑤ 문서화 및 주석 작성 지원

챗GPT는 코드 문서화 과정을 지원해 개발자가 시간을 절약하고 더 명확하고 이해하기 쉬운 문서를 생성할 수 있도록 돕는다. 코드에 대한 설명을 요청하면 챗GPT는 해당 코드의 기능을 설명하는 주석이나 문서화 된 텍스트를 제공한다.

챗GPT의 이러한 활용은 개발자와 프로그래밍 학습자 모두에게 코드 작성 및 학습 과정을 더 쉽고 효율적으로 만들어 준다. 프로그래밍의 복잡성을 줄이고 개발자 커뮤니티 내의 지식 공유를 촉진함으로써 소프트웨어 개발 분야의 혁신과 성장을 지원한다.

3. 챗GPT와 윤리적 고려 사항

1) 인공지능의 윤리적 사용

(1) 데이터 프라이버시와 보안

챗GPT와 같은 인공지능 기술의 발전은 많은 잠재력을 제공하지만 동시에 데이터 프라이버시와 보안에 관한 중요한 윤리적 고려 사항을 야기한다. 개인 정보 보호와 데이터 사용의 책임 있는 관리는 AI를 사용하는 기업과 개발자가 직면한 핵심적인 문제 중 하나이다. 이 내용에서는 챗GPT와 관련된 데이터 프라이버시와 보안의 윤리적 고려 사항에 대해 살펴 보겠다.

① 데이터 수집 및 사용의 투명성

챗GPT와 같은 AI 시스템을 훈련 시키기 위해 사용되는 데이터는 사용자로부터 수집되는 경우가 많다. 이러한 과정에서 데이터 수집 및 사용에 대한 투명성은 매우 중요하다. 사용자는 자신의 데이터가 어떻게, 어떤 목적으로 사용되는지를 알 권리가 있으며 AI 개발자와 기업은 이러한 정보를 명확하게 공개하고 사용자의 동의를 얻어야 한다.

② 개인 정보 보호

개인 정보의 보호는 데이터 프라이버시의 핵심 요소이다. 챗GPT를 포함한 AI 시스템이 개인 데이터를 처리할 때 개인의 신원을 보호하고 정보 노출의 위험을 최소화하는 조치를 취해야 한다. 이는 데이터의 익명화, 최소화 및 보안 저장과 같은 방법을 포함할 수 있다. 또한 데이터 보호 법규와 규정을 준수하는 것은 기본적인 요구 사항이다.

③ 데이터 보안

AI 시스템의 데이터 보안은 사용자 데이터를 무단 접근, 해킹, 유출로부터 보호하는 것을 의미한다. 챗GPT와 같은 시스템은 대량의 개인 및 기업 데이터를 처리하므로 고급 보안 프로토콜과 암호화 기술을 사용해 데이터의 안전을 확보해야 한다. 데이터 보안의 취약점은 심각한 프라이버시 위반과 신뢰 손상으로 이어질 수 있으므로 지속적인 보안 강화와 위협 모니터링이 필요하다.

④ 사용자 권리와 통제

사용자는 자신의 데이터에 대한 명확한 통제권을 가져야 한다. 이는 데이터 삭제 요청, 데이터 사용에 대한 동의 철회, 개인 정보 접근 권리 등을 포함한다. 챗GPT를 사용하는 기업과 서비스는 사용자가 자신의 데이터에 대해 쉽게 정보를 얻고 관련 권리를 행사할 수 있도록 지원해야 한다.

⑤ 윤리적 기준의 수립과 준수

챗GPT와 같은 AI 기술의 개발과 사용에 있어 윤리적 기준의 수립과 준수는 매우 중요하다. 개발자와 기업은 AI 기술의 사회적, 윤리적 영향을 고려하고 데이터 프라이버시와 보안을 최우선으로 취급하는 윤리적 기준을 마련해야 한다. 또한 지속적인 교육과 인식 제고 활동을 통해 이해관계자들이 이러한 기준을 이해하고 준수할 수 있도록 해야 한다.

챗GPT를 포함한 모든 AI 기술의 사용에 있어 데이터 프라이버시와 보안은 무엇보다 중요한 고려 사항이다. 이러한 윤리적 고려 사항을 충족시키는 것은 기술의 지속 가능한 발전과 사회적 수용성을 보장하는 데 필수적이다.

(2) 편향성과 공정성 문제

챗GPT와 같은 인공지능(AI) 기술의 발전은 많은 가능성을 열었지만 동시에 편향성과 공정성 문제라는 중대한 윤리적 도전을 안고 있다. AI 시스템이 사회적, 문화적 다양성을 반영하지 못하고 특정 그룹에 대한 선입견을 강화할 위험이 있기 때문이다.

① 데이터 편향과 AI 편향성의 원인

AI 모델은 학습 데이터를 바탕으로 패턴을 학습하고 예측을 수행한다. 그러나 학습 데이터에 성별, 인종, 연령 등에 대한 편향이 존재한다면 AI 모델 역시 이러한 편향을 내재화하게 된다. 이는 AI가 특정 그룹에 대해 부정적인 스테레오타입을 강화하거나 불공정한 결정을 내리는 결과를 초래할 수 있다. 따라서 데이터의 편향을 식별하고 수정하는 것이 AI 편향성을 줄이는 첫걸음이라고 할 수 있다.

② 공정성의 측정과 평가

AI 시스템의 공정성을 확보하기 위해서는 공정성을 측정하고 평가할 수 있는 명확한 기준이 필요하다. 이를 위해 연구자들은 다양한 공정성 지표를 개발하고 있으며 이러한 지표를 사용해 AI 모델의 결정과 예측에 편향이 있는지를 분석한다. 공정성 평가는 모델 개발 과정에서 정기적으로 수행돼야 하며 문제가 발견될 경우 적절한 조정이 이뤄져야 한다.

③ 다양성과 포용성의 증진

AI 모델의 편향성을 줄이고 공정성을 높이기 위해서는 다양성과 포용성을 증진시키는 것이 중요하다. 이는 모델 학습에 사용되는 데이터셋의 다양성을 확보하는 것뿐만 아니라 AI 시스템을 개발하고 평가하는 팀 내에서도 다양한 배경과 관점을 포함하는 것을 의미한다. 다양한 경험과 관점을 AI 개발 과정에 통합함으로써 보다 포괄적이고 공정한 AI 시스템을 구축할 수 있다.

④ 윤리적 기준과 가이드 라인의 마련

AI의 편향성과 공정성 문제에 대응하기 위해 윤리적 기준과 가이드 라인을 마련하는 것도 필수적이다. 이러한 기준은 AI 개발자와 사용자 모두에게 명확한 지침을 제공하며 AI 기술의 책임 있는 사용을 촉진한다. 또한 정부와 규제 기관은 AI 시스템의 공정성과 편향성에 관한 법적 기준을 설정하고 이를 감독할 수 있는 체계를 구축해야 한다.

⑤ 지속적인 모니터링과 개선

AI 시스템의 편향성과 공정성 문제는 일회적인 해결로 끝나는 것이 아니라 지속적인 모니터링과 개선이 필요한 과제이다. 기술의 발전과 사회적 변화에 따라 새로운 유형의 편향이 발생할 수 있으므로 AI 시스템은 정기적으로 검토되고 업데이트돼야 한다.

[그림7] 챗GPT와 윤리적 고려 사항(출처 : DALL·E)

2) 챗GPT 사용 시 주의해야 할 점

(1) 오용과 남용의 예방

챗GPT와 같은 고도로 발달된 인공지능 기술은 많은 잠재력을 지니고 있지만 잘못 사용될 경우 예상치 못한 부작용을 일으킬 수 있다. 이러한 기술의 오용과 남용을 예방하기 위해서는 사용자와 개발자 모두가 책임감을 갖고 접근해야 한다.

① 데이터 프라이버시 보호

챗GPT를 사용할 때는 개인 정보와 데이터 프라이버시를 보호하는 것이 매우 중요하다. 사용자의 개인 정보를 요구하거나 처리하는 경우 데이터 보호 법규를 준수하고 사용자의 명시적인 동의를 얻어야 한다. 또한 개인 정보를 최소한으로 수집하고 수집된 정보는 안전하게 보관 및 처리돼야 한다.

② 정확성과 신뢰성 확보

챗GPT로 생성된 콘텐츠의 정확성과 신뢰성을 항상 검증해야 한다. 특히 민감한 주제나 전문적인 지식이 필요한 영역에서는 챗GPT의 답변을 무 비판적으로 받아들이지 말고 전문가의 검토를 거치거나 신뢰할 수 있는 출처를 통해 정보를 확인해야 한다.

③ 윤리적 사용 지침 준수

챗GPT를 포함한 AI 기술의 윤리적 사용은 매우 중요하다. 이를 위해 사용자는 챗GPT를 활용해 인종적·성적 편견을 조장하거나 타인에게 해를 끼치는 콘텐츠를 생성하는 등의 부적절한 행위를 피해야 한다. 저작권이 있는 콘텐츠를 무단으로 생성하거나 배포하는 것 역시 피해야 한다.

④ 오용에 대한 경각심

챗GPT를 사용해 사기, 허위 정보 전파, 사회적 분열 조장 등의 부정적인 목적으로 활용하는 것은 매우 위험한 행위이다. 사용자와 개발자는 AI 기술의 오용에 대한 경각심을 가지고 챗GPT의 사용이 사회적 가치와 윤리적 기준에 부합하도록 노력해야 한다.

⑤ 지속적인 교육과 인식 제고

챗GPT와 같은 AI 기술의 적절한 사용을 위해서는 사용자와 개발자 모두가 지속적인 교육과 인식 제고 활동에 참여하는 것이 중요하다. AI 기술의 잠재적 위험과 책임 있는 사용에 대한 이해를 높이기 위한 교육 프로그램과 캠페인이 필요하다.

챗GPT의 오용과 남용을 예방하는 것은 기술의 지속 가능한 발전과 사회적 수용성을 위해 필수적이다. 사용자와 개발자 모두가 챗GPT를 책임감 있게 사용하고 이러한 기술이 가져올 긍정적인 변화를 최대화하기 위한 노력이 필요하다.

(2) 책임 있는 AI 사용을 위한 지침

책임 있는 인공지능(AI) 사용은 기술의 윤리적, 사회적 영향을 고려해 AI를 개발하고 배포하며 사용하는 것을 의미한다. 이는 AI가 사회에 긍정적인 영향을 미치도록 하고 잠재적인 부정적인 결과를 최소화하기 위해 필수적이다. 다음은 책임 있는 AI 사용을 위한 주요 지침이다.

① 투명성과 설명 가능성

AI 시스템의 작동 원리와 결정 기준을 명확하게 공개해야 한다. 사용자는 AI의 결정이 어떻게 이루어지는지 이해할 수 있어야 한다. AI 개발 과정과 알고리즘에 대한 설명 가능성을 보장해 AI의 결정에 대해 적절한 설명을 제공할 수 있어야 한다.

② 공정성과 비차별

AI 시스템을 개발할 때 다양한 배경과 특성을 가진 사람들의 데이터를 고려해 편향을 최소화해야 한다. AI 결정 과정에서 불필요한 차별이 발생하지 않도록 주의해야 하며 모든 사용자에게 공정하게 서비스를 제공해야 한다.

③ 프라이버시와 데이터 보호

사용자의 데이터를 처리할 때는 최고 수준의 프라이버시 보호 기준을 준수해야 한다. 사용자의 개인 정보 보호를 최우선으로 고려해야 한다. 데이터 수집과 저장, 처리 과정에서 데이터 보호 법규와 규정을 철저히 준수해야 한다.

④ 안전성과 신뢰성

AI 시스템은 사용자에게 위험을 초래하지 않도록 설계돼야 하며 잠재적인 위험에 대비한 안전 조치를 갖추어야 한다. AI 시스템의 신뢰성을 확보하기 위해 정기적인 검토와 테스트를 통해 오류와 취약점을 수정해야 한다.

⑤ 지속 가능성과 환경에 대한 책임

AI 시스템의 개발과 운영이 환경에 미치는 영향을 고려해야 한다. 에너지 효율적인 알고리즘과 인프라를 사용해 환경적 발자국을 최소화해야 한다.

⑥ 책임감 있는 혁신

AI 기술의 개발과 사용은 사회적 가치와 윤리적 기준에 부합하는 방향으로 이뤄져야 한다. 기술 혁신이 사회에 긍정적인 변화를 가져오도록 노력해야 한다. 다양한 이해관계자와의 협력을 통해 AI 기술이 사회적 문제 해결에 기여할 수 있는 방안을 모색해야 한다.

책임 있는 AI 사용은 단순한 기술적 과제를 넘어서 사회적·윤리적 차원에서의 중요한 논의가 필요한 영역이다. AI 기술의 개발자, 사용자, 규제 기관 모두가 협력해 이러한 지침을 실천하고 지속 가능하고 공정한 AI 기술의 발전을 추구해야 한다.

4. 챗GPT의 미래와 발전 방향

1) 챗GPT의 지속적인 개선과 업데이트

챗GPT와 같은 인공지능 기술의 미래는 지속적인 개선과 업데이트를 통해 더욱 혁신적인 방향으로 나아갈 것이다. 기술의 발전은 사용자 경험을 향상시키고 AI의 적용 범위를 확장하며 새로운 가능성을 탐색하는 데 중요한 역할을 한다.

[그림8] 챗GPT의 미래와 발전(출처 : DALL·E)

(1) 모델의 정확성과 신뢰성 향상

챗GPT의 지속적인 개선은 모델의 정확성과 신뢰성을 높이는 것에서 시작된다. 이를 위해 대규모 데이터셋을 활용한 학습과 더불어 오류를 최소화하고 편향을 줄이는 알고리즘의 최적화가 필수적이다. 또한 다양한 사용 사례와 시나리오에서의 모델 성능을 평가하고 이를 기반으로 지속적인 피드백 루프를 구축해 모델을 개선해야 한다.

(2) 다양성과 포용성의 강화

챗GPT의 발전은 다양성과 포용성을 중심으로 이뤄져야 한다. 이는 모델 학습에 사용되는 데이터의 다양성을 확보하고 글로벌 사용자 기반을 고려한 다양한 언어와 문화의 포괄을 의미한다. 챗GPT가 다양한 배경과 관점을 이해하고 반영할 수 있도록 함으로써 더욱 공정하고 포괄적인 AI 시스템을 구축할 수 있다.

(3) 상호 작용 및 사용자 경험의 혁신

챗GPT의 미래 발전은 사용자와의 상호 작용 방식과 사용자 경험(UX)에 혁신을 가져올 것이다. 이는 음성 인식, 멀티모달 상호 작용(텍스트, 이미지, 음성 등을 결합한 상호 작용), 개인화된 사용자 인터페이스 등을 포함할 수 있다. 사용자의 요구와 선호를 더욱 정확하게 파악하고 자연스러운 대화 경험을 제공하는 것이 목표이다.

(4) 응용 분야의 확장

챗GPT의 응용 분야는 지속적으로 확장될 것이다. 교육, 의료, 금융, 엔터테인먼트 등 다양한 산업에서 챗GPT의 활용 가능성을 탐색하고 특정 분야의 전문 지식을 통합한 맞춤형 모델 개발이 이뤄질 것이다. 이를 통해 챗GPT는 사용자의 다양한 요구를 충족시키고 새로운 가치를 창출할 수 있다.

2) 미래의 AI 기술과 챗GPT

미래의 AI 기술 발전은 우리의 일상생활, 업무방식, 사회 구조에 깊이 있는 변화를 가져올 것이다. 이러한 변화의 중심에는 챗GPT와 같은 고급 언어 모델이 자리 잡고 있으며 이들은 통신, 학습, 창작, 의사결정 과정을 혁신적으로 개선할 잠재력을 지니고 있다.

(1) 상호 작용의 자연스러움과 지능성의 증가

미래의 챗GPT는 사용자와의 상호 작용이 더욱 자연스러워질 것이다. 자연어 처리 능력의 향상을 통해 사람과 유사한 수준으로 복잡한 대화를 이해하고 참여할 수 있게 될 것이며 멀티모달 상호 작용을 통해 텍스트뿐만 아니라 음성, 이미지, 비디오 등 다양한 형태의 정보를 처리할 수 있게 될 것이다. 이는 AI와 인간 간의 경계를 더욱 흐리게 만들며 AI를 일상적인 동반자로 만들 것이다.

(2) 개인화와 맞춤형 서비스의 진화

미래의 챗GPT는 개인의 선호, 이력, 상황을 더욱 정밀하게 파악해 맞춤형 서비스를 제공할 수 있게 될 것이다. AI가 사용자의 필요를 예측하고 최적의 해결책을 제시하는 것은 물론 개인의 학습과 발전을 돕는 교육 도구로도 활용될 수 있다. 이러한 개인화는 사용자 경험을 극대화하며 AI의 적용 범위를 확장할 것이다.

(3) 전문 분야에서의 활용 확대

미래의 챗GPT는 의료, 법률, 과학 연구 등 전문 분야에서도 활용될 것이다. 특정 분야의 전문 지식을 내장하고 복잡한 분석과 예측을 수행함으로써 전문가의 의사결정을 보조하고 새로운 발견과 혁신을 촉진할 수 있다. 이는 AI가 단순한 정보 검색 도구를 넘어 실질적인 지식 파트너로서의 역할을 수행하게 됨을 의미한다.

(4) 윤리적 고려와 사회적 책임

미래의 AI 기술 발전은 윤리적 고려와 사회적 책임을 더욱 중요하게 만들 것이다. AI의 의사결정 과정에 대한 투명성, 데이터 프라이버시의 보호, 편향의 최소화 등은 지속적으로 주목받을 주제이다. AI 개발자와 사용자는 기술의 사회적 영향을 신중하게 고려하며 기술이 인류에 긍정적인 영향을 미치도록 노력해야 할 것이다.

(5) 지속 가능한 발전과 환경 영향

AI 기술, 특히 대규모 모델의 학습과 운영은 상당한 에너지를 소모한다. 미래의 AI 개발은 에너지 효율성을 높이고 환경 영향을 최소화하는 방향으로 진행될 필요가 있다. 지속 가능한 AI 발전을 위한 연구와 혁신이 중요한 과제로 자리 잡을 것이다.

3) 인간과 AI의 공존 방안

인간과 인공지능(AI)의 공존은 21세기의 중대한 도전 중 하나로 이는 기술적 진보뿐만 아니라 윤리적, 사회적, 경제적 측면에서의 균형을 요구한다. 인간과 AI가 조화롭게 공존하기 위한 방안을 모색하는 것은 미래 사회의 지속 가능한 발전을 위해 필수적이다. 다음은 인간과 AI가 공존하는 미래를 위한 몇 가지 방안이다.

[그림9] 인간과 AI의 공존(출처 : DALL·E)

(1) 평생 학습 및 교육 체계의 재편

AI와의 공존을 위해서는 교육 체계가 지속적인 학습과 개인의 역량 강화를 지원하는 방향으로 변화해야 한다. 기술 변화에 적응할 수 있는 유연한 사고방식과 창의적 문제 해결 능력을 길러주는 교육이 중요해졌다. 이는 전통적인 학습 방식에서 벗어나 비판적 사고, 협업, 디지털 리터러시 등을 강조하는 커리큘럼으로의 전환을 의미한다.

(2) 윤리적 AI의 개발과 적용

인간과 AI의 건강한 공존을 위해 AI 기술의 개발과 적용은 윤리적 원칙에 기반해야 한다. 이는 AI가 인간의 권리를 존중하고 사회적 가치와 공공의 이익을 증진시키는 방향으로 사용돼야 함을 의미한다. AI 윤리 가이드라인과 표준을 마련하고 이를 준수하는 것이 중요하다.

(3) 인간 중심의 AI 설계

AI 기술의 설계와 개발 과정에서 인간의 요구와 복지를 최우선으로 고려해야 한다. 이는 사용자의 피드백을 적극적으로 반영하고 인간의 감정과 사회적 상호 작용을 이해하는 AI를 개발하는 것을 포함한다. 인간 중심의 AI 설계는 기술이 인간의 삶을 보다 풍요롭게 만드는 데 기여한다.

(4) 사회적 대화와 협력의 촉진

인간과 AI의 공존에 대한 사회적 대화를 촉진하고 다양한 이해관계자 간의 협력을 강화해야 한다. 정부, 산업계, 학계, 시민 사회 등 모든 분야의 참여자가 함께 AI의 사회적 영향을 논의하고 공동의 해결책을 모색해야 한다. 이 과정에서 공공정책의 역할이 중요하며 AI 기술의 발전이 모든 사람에게 혜택을 제공하도록 보장해야 한다.

(5) 적응과 유연성의 증진

인간과 AI의 공존은 끊임없이 변화하는 기술 환경에 대한 적응과 유연성을 요구한다. 개인과 조직은 새로운 기술을 수용하고 변화하는 노동 시장과 경제 환경에 효과적으로 대응할 수 있어야 한다. 이를 위해 지속적인 학습 문화를 촉진하고 변화에 대한 준비를 강화하는 것이 중요하다.

인간과 AI의 공존은 단순한 기술적 문제를 넘어서 우리 사회의 미래를 형성하는 중대한 과제이다. 이 과제에 대응하기 위해서는 모든 사회 구성원의 참여와 협력 그리고 지속적인 노력이 필요하다.

Epilogue

'인공지능과 함께 걷는 미래'

우리가 현재 경험하고 있는 기술의 발전은 인류 역사상 전례 없는 속도로 진행되고 있다. 이 챕터를 통해 챗GPT와 같은 인공지능 기술의 발전이 우리의 일상, 업무, 심지어는 우리의 사고방식에까지 어떠한 변화가 생길 수 있는지 탐구해 보았다.

인공지능의 미래는 단순히 기술적 진보의 문제가 아니라 우리가 어떻게 그 기술을 받아들이고 활용하며 그로 인한 변화에 어떻게 적응해 나갈 것인가에 대한 문제이다. 챗GPT의 발전 방향은 무한한 가능성을 내포하고 있으며 이 기술이 가져올 긍정적인 변화를 최대화하기 위한 노력이 필요하다.

동시에 데이터 프라이버시, AI의 공정성, 윤리적 사용과 같은 중요한 고려 사항에 대한 지속적인 관심과 대응이 요구된다. 인공지능 기술의 발전은 인간의 삶을 풍요롭게 하고 사회적 문제를 해결하는 데 기여할 수 있는 잠재력을 지니고 있지만 그 과정에서 발생할 수 있는 부작용에 대해서도 세심한 주의가 필요하다.

이 책은 인공지능과 공존하는 미래를 위한 첫걸음이 될 수 있다. 기술의 발전이 우리에게 제공하는 도구와 기회를 현명하게 활용하는 것은 우리 모두의 책임이다. 인공지능 기술의 발전과 함께 인류가 나아갈 길은 우리가 함께 만들어 가야 할 이야기다.

미래의 AI 기술은 우리가 그것을 어떻게 사용하고 어떤 가치를 추구하며 어떤 미래를 꿈꾸는지에 따라 달라질 것이다. 인공지능과 함께하는 미래를 향한 여정에서 이 책이 여러분에게 유용한 나침반이 되기를 바란다.

4

소셜 미디어 마케팅과 챗GPT의 활용

김 정 인

AI

제4장
소셜 미디어 마케팅과 챗GPT의 활용

Prologue

소셜 미디어는 인터넷을 기반으로 한 플랫폼으로 사용자들이 콘텐츠를 생성하고 공유하며 서로 소통할 수 있는 공간이다. 이는 텍스트, 이미지, 비디오 등 다양한 형태의 정보를 교환할 수 있게 하며 개인과 커뮤니티 간의 연결을 강화한다. 소셜 미디어는 전 세계적으로 널리 사용되며 현대 사회에서 정보교류와 소통의 중심적 역할을 한다.

소셜 미디어 마케팅은 이러한 플랫폼을 활용해 브랜드의 인지도를 높이고, 고객과의 관계를 강화하는 전략적 접근법이다. 기업과 조직은 소셜 미디어를 통해 타겟 오디언스에게 도달하고, 브랜드 메시지를 전파하며 제품이나 서비스에 관한 관심을 유도한다. 이 과정에서 콘텐츠의 창의성과 상호 작용의 질이 중요하며 소셜 미디어 마케팅은 현대 비즈니스 환경에서 필수적인 요소가 됐다.

현대 마케팅에서 소셜 미디어의 중요성은 강조해도 지나치지 않는다. 소셜 미디어는 브랜드와 소비자 사이의 직접적인 소통 채널을 제공하며 실시간으로 상호 작용하고 의견을 교환할 수 있는 플랫폼이다. 이는 고객의 관심을 끌고 브랜드 충성도를 높이며 최종적으로는 제품이나 서비스의 판매 증진에 기여한다. 따라서 소셜 미디어는 마케팅 전략에서 빼놓을 수 없는 핵심 요소가 됐다.

또한 챗GPT와 같은 AI 기술의 부상은 마케팅 분야에 새로운 변화를 가져오고 있다. AI는 데이터 분석, 고객 서비스, 콘텐츠 생성 등 다양한 영역에서 활용되며 마케팅의 효율성과 정확성을 획기적으로 향상케 한다. 이러한 기술의 발전은 개인화된 마케팅 전략을 가능하게 하며 소비자의 경험을 극대화하는 방향으로 마케팅 패러다임을 이끌고 있다. AI 기술의 통합은 현대 마케팅에서 경쟁력을 유지하고 성공을 거두기 위한 필수적인 전략이 됐다.

이 글은 소셜 미디어 마케팅 특히 네이버 블로그와 챗GPT 활용에 대한 영역을 담았다. 전문적인 지식, 어려운 용어 전달보다는 독자가 최대한 읽기 쉽고 따라 하기 쉬운 내용을 담으려 애썼다.

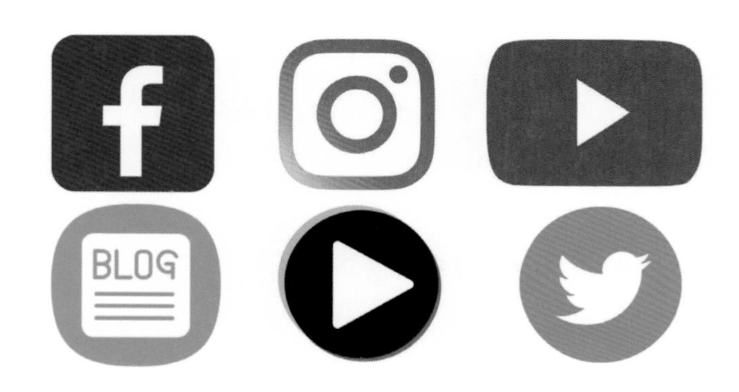

[그림1] 여러 소셜 미디어 플랫폼 로고

1. 소셜 미디어 플랫폼 분석

1) Facebook

(1) 특성

① 세계에서 가장 큰 소셜 네트워크로, 다양한 연령대와 인구 통계학적 그룹이 사용한다.

② 광범위한 콘텐츠 유형(텍스트, 이미지, 비디오 등)을 지원한다.

(2) 마케팅 활용

① 타겟 광고, 브랜드 페이지, 커뮤니티 그룹을 통해 소비자와의 교류를 촉진하고 사용자 참여를 높일 수 있다.

② 페이스북 인사이트를 활용해 캠페인 성과를 분석할 수 있다.

2) Instagram

(1) 특성

① 이미지와 비디오 중심의 플랫폼으로 주로 젊은 세대에게 인기가 많다.

② 시각적 스토리텔링에 최적화돼 있으며 인플루언서 마케팅에 매우 효과적이다.

(2) 마케팅 활용

① 브랜드의 시각적 이미지를 강화하고 스토리와 라이브 기능을 사용해 타겟 오디언스들과 실시간으로 소통한다.

② 해시태그를 통해 타겟 오디언스와의 연결을 강화할 수 있다.

3) X (Twitter)

(1) 특성

① 실시간 정보 공유에 중점을 둔 플랫폼으로 빠른 소식 전달과 토론에 적합하다.

② 제한된 문자 수로 간결한 메시지를 전달한다.

(2) 마케팅 활용

① 실시간 이벤트, 프로모션, 고객 서비스 대응에 유용하다.

② 해시태그와 트렌드를 활용해 브랜드 가시성을 높일 수 있다.

4) YouTube

(1) 특성

① 비디오 콘텐츠에 중점을 둔 최대의 플랫폼으로 교육적이거나 오락적인 콘텐츠를 제공한다.

② 모든 연령대가 사용한다.

(2) 마케팅 활용

① 브랜드 스토리텔링, 제품 리뷰, 튜토리얼, 고객 테스트모니얼 등을 통해 깊이 있는 브랜드 경험을 제공한다.
② SEO 최적화를 통해 검색 가시성을 높일 수 있다.

5) TikTok

(1) 특성

① 짧은 형식의 비디오를 공유하는 플랫폼으로 창의적이고 엔터테인먼트 중심의 콘텐츠가 특징이다.
② 주로 MZ세대 사이에서 인기가 높다.

(2) 마케팅 활용

트렌드에 민감한 콘텐츠, 사용자 참여형 챌린지, 인플루언서와의 협업을 통해 브랜드 인지도를 빠르게 증가시킬 수 있다.

6) Blog

(1) 특성

① 시간이 지나도 검색 엔진을 통해 지속적으로 찾아볼 수 있다.
② SEO 최적화를 통해 특정 주제나 제품 관련 검색 시 상위 노출이 가능하다.

(2) 마케팅 활용

① 이미지, 비디오, 인포그래픽 등 다양한 시각적 요소를 활용해 콘텐츠의 이해도를 높이고 독자의 관심을 유도할 수 있다.
② 인플루언서, 다른 블로그와의 협업을 통해 콘텐츠를 홍보하고 새로운 독자층을 확보한다.

2. 소셜 마케팅 성공 사례의 예

한국에서 소셜 미디어 마케팅을 활용해 성공한 소상공인 사례 중에는 '한국민속촌'과 '신한은행'이 있다. 한국민속촌은 계속 방문객 수가 줄어드는 상황이었지만, 트위터와 페이스북을 통해 조선 시대 콘셉트의 콘텐츠를 게시하며, 옛날 말투와 연기자들의 영상을 사용해 재미있는 콘텐츠를 제작했다. 이를 통해 젊고 생기 넘치는 이미지를 구축하고 방문객을 늘리는 데 성공했다. 연간 입장객 수가 약 35% 증가했다.

[그림2] 한국민속촌
(출처: 한국민속촌 공식 홈페이지)

[그림3] 신한은행
(출처 : 네이버 블로그 - 다낭여행자)

신한은행은 디지털에 익숙한 고객과의 친근한 소통을 위해 SNS Lab을 신설한 후 유명 동화를 각색해 금융 정보를 쉽게 전달하고 재미있게 정보를 전달하는 콘텐츠를 제작했다. 또한 아이돌 워너원을 활용한 콘텐츠로 젊은 고객 유입을 증가시켰고 소셜 미디어에서 높은 호응을 얻었다.

이러한 사례들은 소셜 미디어를 통해 기존 이미지를 전환하고 새로운 고객층을 유치할 수 있는 효과적인 방법을 보여준다. 소셜 미디어 마케팅은 창의적인 접근과 지속적인 참여를 통해 브랜드 인지도를 높이고 고객과의 관계를 강화하는 데 중요한 역할을 한다.

이렇게 크게 대대적인 광고를 통해서만 브랜드 인지도가 높아지는 건 아니다. 최근 개인이 소셜 미디어를 이용해 개인과 자신의 브랜드를 알리는 일명 '셀프 브랜딩'을 하는 것이 대세다. '정리 왕' 이지영은 블로그를 통해 공간을 정리하기 전과 후 사진 및 정리를 의뢰하게 된 스토리를 올리기 시작하면서 많은 이들과 소통, 마음나눔으로 유명해졌다. 또한 평소 정리에 관심이 많은 유명 배우 신애라의 추천으로 채널 'tvN 신박한 정리'의 '공간 컨설턴트'로 발탁되며 성공의 가도를 달리게 된다. 그녀가 이룬 성공의 기초에는 네이버 블로그와 유튜브 즉 소셜 미디어를 통한 개인 브랜딩이 있었다.

3. 소상공인들의 개인 브랜딩(셀프 브랜딩)이 소셜 미디어에 이뤄져야 하는 이유

1) 시장 접근성의 증대

소셜 미디어 플랫폼은 전 세계 수십억 명의 사용자에게 도달할 수 있는 광대한 시장을 제공한다. 이러한 플랫폼을 통해 소상공인은 지리적 제약 없이 자신의 브랜드와 제품을 홍보할 수 있으며 이는 기존의 오프라인 마케팅 방식으로는 불가능한 수준의 접근성을 의미한다.

2) 비용 효율성

소셜 미디어 마케팅은 전통적인 광고 채널에 비해 상대적으로 저렴하다. 많은 소셜 미디어 플랫폼은 무료로 계정을 생성하고 운영할 수 있으며 타겟팅 된 광고 캠페인도 비교적 저렴한 비용으로 실행할 수 있다. 이는 특히 예산이 제한적인 소상공인에게 큰 이점이다.

3) 고객 관계 구축

소셜 미디어는 소상공인이 고객과 직접 소통하고 관계를 구축할 수 있는 플랫폼을 제공한다. 이를 통해 브랜드 충성도를 높이고 고객의 피드백과 요구 사항을 실시간으로 파악할 수 있다. 이러한 상호 작용은 고객 만족도를 향상시키고 장기적인 비즈니스 성공에 기여한다.

4) 브랜드 인지도와 영향력 증대

개인 브랜딩을 통해 소상공인은 자신의 전문성과 브랜드 가치를 널리 알릴 수 있다. 꾸준한 콘텐츠 공유와 참여는 브랜드 인지도를 높이며 시간이 지남에 따라 해당 분야에서의 영향력을 증대시킨다.

5) 시장 트렌드에 대한 적응력

소셜 미디어는 최신 시장 트렌드와 소비자 선호도에 대한 통찰력을 제공한다. 이러한 정보를 활용함으로써 소상공인은 자신의 비즈니스 전략을 신속하게 조정하고 시장 변화에 효과적으로 대응할 수 있다.

6) 경쟁 우위 확보

강력한 개인 브랜드는 소상공인에게 경쟁사 대비 차별화된 위치를 제공한다. 소셜 미디어를 통해 독특한 브랜드 스토리와 가치를 전달함으로써 소상공인은 자신만의 고유한 시장을 개척하고 경쟁 우위를 확보할 수 있다.

4. 소상공인의 개인 브랜딩에 네이버 블로그가 필요한 이유

1) 저렴한 비용

네이버 블로그는 무료로 이용할 수 있으며, 광고비 등 추가적인 비용이 들지 않다. 이는 소상공인들이 자신의 브랜드를 홍보하는 데 있어서 큰 장점이다.

[그림4] 블로그(출처 : 네이버 공식 블로그)

2) 높은 접근성

한국 시장은 높은 인터넷 침투율과 디지털 미디어 소비 경향을 보이며 네이버는 국내에서 가장 많은 사용자를 보유한 포털 사이트 중 하나이다. 네이버 블로그는 이러한 환경에서 효과적으로 대상 고객에게 도달할 수 있는 수단이다. 따라서 네이버 블로그를 이용하면 많은 사람에게 자신의 브랜드를 노출할 수 있다.

3) 다양한 콘텐츠 제공

네이버 블로그는 사진, 동영상, 글 등 다양한 콘텐츠를 제공할 수 있다. 소상공인들은 자신의 제품이나 서비스에 대한 정보를 다양한 방식으로 제공함으로써 고객들의 관심을 끌 수 있다.

4) 고객과의 소통

네이버 블로그를 통해 개인적이고 진정성 있는 콘텐츠를 통해 소비자와의 신뢰 관계를 구축함과 동시에 고객들과 소통할 수 있다. 소상공인들은 고객들의 의견을 수렴하고 이를 제품이나 서비스에 반영함으로써 고객 만족도를 높일 수 있다. 이는 장기적인 고객 관계를 발전시키는 데 중요한 역할을 한다.

5) 검색 엔진 최적화(SEO) 용이

네이버 블로그는 검색 엔진 최적화(SEO)가 용이하다. 검색 엔진 최적화를 통해 자신의 블로그가 검색 결과 상위에 노출되면 더 많은 사람에게 자신의 브랜드를 홍보할 수 있다.

5. 효과적인 네이버 블로그 운영 전략(상위 노출이 되기 위한 조건)

네이버 로직은 계속해 변화했다. 로직의 변화는 쉽게 표현하면 검색어를 입력했을 때 어떤 블로그 글이 상단 노출되는지 기준의 변화라고 생각하면 된다. 단순히 블로그를 쓰기만 해서는 사업상의 큰 이익을 얻기 힘들다. 전략을 갖고 블로그를 운영해야 많은 사람에게 자신의 브랜드를 노출시킬 수 있다. 우리가 로직을 이해하는 건 힘들 수 있으나 상위 노출되는 글들의 공통점을 분석해 블로그를 운영하는 전략을 세운다면 그것은 분명 큰 도움이 될 수 있다.

1) 왕초보를 위한 네이버 블로그 운영 전략

(1) 초보 블로그에 맞는 '키워드' 찾자

블랙 키위(https ://blackkiwi.net/)를 이용하면 과금 없이 키워드 검색이 가능하다.(일부 고급 서비스 또는 연결 서비스의 제약은 있음)

예를 들어 '아산 카페'라고 블랙 키위에 검색하면 월간 검색량은 총 1만 3,700건(하루 검색 약 457건), 월간 콘텐츠 발행량은 1만 3,800건(하루 발행량 약 460건)으로 조회된다. 만약 아산에서 카페를 운영하는 초보 블로거가 키워드를 '아산 카페'로 정해 포스팅할 경우 검색량이 많은 단어이지만 그만큼 콘텐츠 발행량 또한 많은 단어이므로 초보 블로거의 글이 상위 노출될 가능성은 희박하다.

'아산 음봉 카페' 키워드는 월간 검색량은 총 550건(하루 검색 약 18건), 월간 콘텐츠 발행량은 230건(하루 발행량 약 7.7건)으로 아산 카페라는 검색어에 비해선 포화지수가 낮은 편이다. 초보라면 '아산 카페'보다는 '아산 음봉 카페'라는 키워드를 선택해 포스팅하는 것이 좋겠다.

TIP) 월간 검색량 300~500회, 월간 콘텐츠 발행량 50회 미만의 키워드를 찾아내어 그 키워드를 주제로 포스팅을 이어가는 것을 추천한다.(일간 10건 이상의 검색이 일어나지만, 하루 약 1건 정도의 콘텐츠가 발행되므로 초보 블로거의 글이 노출될 가능성 또한 높아진다.)

(2) 자신이 정한 키워드, 제목과 글에 무분별한 반복 금지

예전에는 글의 앞뒤 맥락과 관계 없이 특정 키워드가 반복해 등장하면 상위에 노출이 된다는 시기가 있었던 모양이다. 지금은 그렇지 않다. 자신이 정한 키워드라면 글의 앞뒤 맥락을 고려하고 자연스럽게 2~3회 정도 배치해 글을 쓰는 것이 좋다.(가능하다면 글의 제목, 앞, 중간, 끝에 적절히 배치하는 것이 좋다.)

(3) 상위 노출되고 있는 글 참고

나와 같은 주제 또는 키워드로 포스팅하는 글 중 이미 상위 노출되는 글을 분석해 보고 따라 하는 것이 좋다. 제목에 공통으로 들어간 단어는 무엇인지, 사진은 몇 장 정도를 올리는지, 설정 키워드는 몇 회 반복했고 제목과 글의 어디쯤 존재하는지 등 나보다 앞서가는 사람들을 보고 배우는 것이 좋다.

2) 아직 성과를 이루지 못한 소상공인을 위한 네이버 블로그 운영 전략

왕초보를 벗어나 블로그를 일정 기간 운영해 왔지만 이렇다 할 성과가 없는 이유를 돌아보아야 한다. 누군가의 블로그를 방문함으로 내 블로그의 방문객 수를 만드는 건 한계가 있다. 그렇기에 내가 쓴 글이 검색을 통해 드러나고 있는지 아닌지는 반드시 파악해 봐야 한다.

만약 검색을 통해 드러나고 있음에도 방문자의 수가 크게 변동이 없다면, 혹은 개인 브랜딩이 되지 않았다면, 잘못된 방향을 설정하고 꾸준히만 해왔을 가능성이 크다. 그러므로 현재 자신의 블로그를 돌아보는 메타 인지가 중요하다.

(1) 글자 수와 내용

'글자 수'는 900~1,200자 사이로 작성하는 것이 좋다. 제목에 맞는 '내용'으로만 집중적으로 작성한다.(광범위한 내용, 다양한 내용을 하나의 글로 쓰는 것이 좋지 않다는 말이다. 예를 들어 강릉 맛집 '일순이네' 다녀온 후기가 제목이라면, '일순이네' 다녀온 여정을 쓰는 게 아니라 '일순이네'서 파는 음식, 위치, 가격, 사진 등 정확한 정보 등만을 담는 것이 좋다는 것이다.)

(2) 제목

글의 '제목'에 키워드는 제일 앞으로 배치하는 것을 추천하며, 특수 문자를 넣는 것은 추천하지 않는다. 제목은 적절한 길이가 좋다. 많은 키워드를 넣기 위해 말이 되지 않는 문장을 쓰거나 너무 길게 쓴다고 해도 좋지 않다고 한다.(20자 내외)

(3) 이미지

너무 많은 '사진'은 필요하지 않으므로 수를 적절하게 조절하는 것이 좋다.(약 15장 내외)

제목, 글의 내용, 사진 등을 모두 적절하게 사용했어도 검색 결과가 좋지 않을 수 있다.(너무 기대하지 말자.)

(4) 검색 순위

비슷한 소재에 대해 반복적인 글을 쓴다면 '검색 순위'가 떨어질 가능성이 있다고 한다.(예를 들어 오키나와로 여행을 자주 간다고 오키나와 여행기를 반복해 포스팅하면 아무리 진실이어도 검색 순위 또는 블로그 순위에 영향을 줄 수 있다.)

글의 검색 여부는 발행 후 최소 2시간 이후 확인하는 것이 좋다.(너무 기대하지 말자.) 검색 수와 방문자의 수는 반드시 정비례하지 않는다.

(5) 사실 전달

소상공인의 경우(블로그로 사업을 진행하는 경우) 검색어와 포스팅이 일치하는지를 정확히 체크하고 올려야 한다. 정보, 경험, 의견, 가격 등의 '사실 전달'은 매우 중요하다. 특히 전에는 가격을 적지 않는 것을 선호했었다. 지금은 다르다. 반드시 제대로 된 정보를 갖고 포스팅해야 한다.

(6) 언어 표현

'인플루언서'가 되기 위해서는 의견을 좋은 언어로 표현하는 것이 중요하다. '내용의 어느 부분에 의견이 들어있다'가 아닌 강조표시된 곳에 의견이 들어있을 수 있도록 포스팅하는 것이 좋다.

(7) 링크 반복

'링크'를 반복 사용하면 블로그 품질을 떨어뜨릴 수 있다고 한다. 아무리 방문자가 블로그에 체류하는 시간이 길면 좋다고 하나, 자신의 블로그에서 가장 인기 있는 글의 링크를 반복해 올려둔다고 해도 방문자가 그 링크를 매번 눌러본다는 보장은 없다. 무분별한 링크 반복 사용은 하지 않는 것을 추천한다.

(8) 글의 시의성

포스팅되는 '글의 시의성'은 중요하다. 따라서 시기적절하게 필요한 글을 전략적으로 포스팅해야 한다.

(9) 리뷰

'대가성 리뷰'는 아무래도 나의 의견을 정확히 표출할 수 없다. 전체 블로그 비중에서 10~20%를 유지하며 조절하는 것이 좋다.

(10) 발행

글은 '발행' 전에 충분히 살펴봐야 한다. 글을 수정하면 검색 순위에 영향을 미칠 수 있다.(수정은 신중하게 하자.)

(11) 기본 지키기

올바른 방향을 설정하고 꾸준히 하는 게 중요하다. 당장 1일 1 포스팅이 중요한 것이 아니라 제대로 된 방법을 숙지하는 것이 중요하다.

네이버 CUE 검색으로 기존 상위 노출되지 않았던 글들도 CUE 검색(2024 추가된 검색 시스템)에 노출되는 일들이 벌어지고 있다. 블로그 지수가 높지 않아도, 인플루언서가 아니어도 기본을 잘 지킨 글들 혹은 키워드에 알맞게 잘 쓰인 글들은 노출될 기회가 많아지고 있다.

6. 챗GPT의 기능을 이용한 전략적인 네이버 블로그 작성 팁

1) 콘텐츠 아이디어 생성

특정 주제나 업계 관련 질문을 해 다양한 콘텐츠 아이디어에 대한 답을 얻을 수 있다. 관련 직종에 관한 지식, 포스팅할 아이디어, 계획 등 챗GPT와 대화를 나누다 보면 우리가 생각하지 못하고 지나칠 수 있던 부분들에 대한 답을 주기도 한다. 폭넓은 시야를 갖게 도와주는 것이다.

2) 초안 작성 및 구조화

특정 주제에 관한 개요나 초안 작성을 요청하면 빠르게 구조화된 콘텐츠를 얻을 수 있다. 이를 통해 본문의 흐름을 잡고 주요 포인트를 명확히 할 수 있다. 초안을 갖고 자신의 의견과 사례를 약간 추가하면 포스팅이 빠르고 쉬워진다.

3) 키워드 연구 및 최적화

관련 키워드와 질문을 조사할 수 있다. 이를 통해 타겟 오디언스가 자주 검색하는 키워드를 파악하고 콘텐츠에 통합하고, 키워드를 자연스럽게 콘텐츠에 삽입해 검색 엔진에서의 노출 가능성을 높이는 작업이 가능하다.

4) FAQ 및 사용자 질문 대응

주제와 관련된 자주 묻는 질문(FAQ) 목록을 작성하도록 요청할 수 있다. 또한 실제 사용자의 질문에 대한 답변을 생성해 콘텐츠에 포함할 수도 있다. FAQ 섹션을 포함함으로써 콘텐츠의 유용성을 높이고 검색 엔진에서 관련 질문에 대한 답변으로 콘텐츠가 노출될 가능성을 높이는 전략을 펼치는 것이 가능하다.

5) 언어 스타일과 톤 조정

특정 오디언스를 대상으로 하는 콘텐츠의 언어 스타일이나 톤을 조정해달라고 요청할 수 있다. 예를 들어 전문가 대상의 공식적인 톤이나 젊은 층을 위한 친근하고 대화형 톤을 지정할 수 있다. 대상 오디언스의 선호와 기대에 부합하는 언어 스타일을 사용해 독자와의 공감대를 형성하고 참여를 유도하는 것이 가능하다.

6) 번역 및 글로벌 콘텐츠

다양한 언어로 콘텐츠를 제작하고자 할 때 챗GPT를 활용해 콘텐츠를 번역하거나, 특정 국가나 문화권을 대상으로 한 콘텐츠를 작성할 수 있다. 글로벌 오디언스를 대상으로 콘텐츠를 확장함으로써 더 넓은 독자층에 도달하고 브랜드의 국제적 인지도를 높일 수 있다.

7. 챗GPT을 이용한 전략적인 네이버 블로그 작성 실습

1) 챗GPT 이용(https ://chat.openai.com/)

[그림5] OPEN AI의 챗GPT 4.0 버전 확인, 프롬프트 쓰는 위치 확인

2) 마이크로소프트 코파일럿(Copilot) 이용(https ://www.bing.com/)

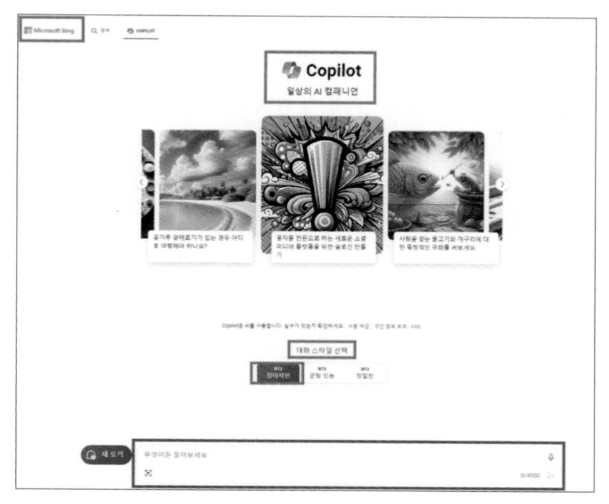

[그림6] MS BING Copilot 대화 스타일(빨간 상자) 및 프롬프트(파란 상자) 쓰는 위치 확인

(프롬프트는 쉽게 말해 생성형 AI에게 내가 먼저 건네는 말 또는 명령어 정도라고 생각하면 된다.)

3) 실습1 : 블로그 포스팅할 글에 대한 주제 및 아이디어 얻기

프롬프트1) 당신은 경영 컨설팅과 소셜 미디어에 능한 사람입니다. 나는 충청남도 아산에서 카페를 운영하는 소상공인입니다. 네이버 블로그를 통해 카페와 메뉴를 지금보다 알리는 마케팅을 하고 싶습니다. 포스팅에 대한 아이디어를 제공 해줄 수 있습니까?

(1) 마이크로 소프트 코파일럿의 프롬프트1에 대한 답) - Chat GPT 4.0 기반(대화 스타일 : 보다 창의적인)

안녕하세요, Copilot입니다. 저는 경영 컨설팅과 소셜 미디어에 관심이 많고, 여러분들에게 도움이 되고자 합니다.

네이버 블로그를 통해 카페와 메뉴를 알리는 마케팅을 하시고 싶으시다면, 다음과 같은 아이디어를 참고해 보세요. 카페의 콘셉트와 브랜드를 확실하게 정하고, 한 문장으로 정의해 보세요. 예를 들어 '아산에서 가장 신선하고 다양한 커피를 제공하는 친환경 카페'와 같이요. 이렇게 하면 고객들에게 구매 동기를 제공할 수 있습니다.

카페의 인테리어, 메뉴, 서비스, 이벤트 등을 사진과 함께 소개하는 포스팅을 작성하세요. 사진은 깔끔하고 선명하게, 글은 친절하고 감성적으로 써보세요. 고객들이 카페의 분위기와 맛을 느낄 수 있도록 해주세요.

카페의 단골고객이나 유명인을 인터뷰하거나 후기를 적어달라고 부탁하세요. 그리고 그 내용을 블로그에 게시하세요. 이렇게 하면 카페의 신뢰도와 인지도를 높일 수 있습니다.

카페의 특별한 메뉴나 이벤트를 소개하는 핫딜형 포스팅을 작성하세요. 예를 들어 '이번 주말에만 적용되는 20% 할인 쿠폰'이나 '카페에서 만든 수제 쿠키 증정 이벤트'와 같은 것들이요. 이렇게 하면 고객들의 구매 욕구를 자극할 수 있습니다.

카페와 관련된 유익하거나 재미있는 정보를 공유하는 포스팅을 작성하세요. 예를 들어 '커피의 종류와 특징', '카페에서 즐기는 음악 추천', '카페에서 읽을 만한 책 소개'와 같은 것들이요. 이렇게 하면 고객들과 소통하고 친밀감을 높일 수 있습니다.

이외에도 네이버 블로그를 통해 카페 마케팅을 하는 방법은 많습니다. 저는 여러분들의 블로그를 검색해 보니, 다음과 같은 결과를 찾았습니다.

이들은 카페 마케팅에 대해 자세하게 설명하고 있으니, 참고하시면 도움이 될 것 같습니다. 저는 여러분들의 카페가 성공적으로 운영되기를 바랍니다.
만약 더 궁금한 점이 있으시다면, 언제든지 저에게 물어보세요. 저는 항상 도와드리겠습니다.

(2) OPEN AI의 유료 버전 CHAT GPT 4,0의 프롬프트1에 대한 답

네이버 블로그를 활용한 카페 마케팅은 고객과의 접점을 넓히고, 카페의 매력을 다양한 각도에서 보여줄 수 있는 훌륭한 방법입니다. 아산 지역의 특색과 카페만의 독특한 매력을 전달할 수 있는 포스팅 아이디어를 몇 가지 제안 드리겠습니다.

① 메뉴 소개 포스팅
카페의 대표 메뉴나 신메뉴를 소개하는 포스팅을 작성하세요. 각 메뉴의 특별한 점, 준비 과정, 사용하는 재료의 특징 등을 상세하게 설명할 수 있습니다. 메뉴의 비주얼이 돋보이는 사진과 함께 메뉴가 탄생한 배경이나 이야기를 곁들이면 더 흥미롭습니다.

② 카페 스토리 포스팅
카페를 시작하게 된 계기, 카페 운영의 일상, 카페와 관련된 재미있는 에피소드, 팀 소개 등 카페와 관련된 이야기를 담은 포스팅을 작성합니다. 사람들은 이야기에 끌리고, 그 이야기를 통해 카페에 대한 애정과 관심이 깊어집니다.

③ 계절이나 테마에 맞는 이벤트 소개
계절별 특색을 살린 메뉴, 할로윈이나 크리스마스 같은 명절이나 특별한 날에 맞춰 진행하는 이벤트나 프로모션을 소개하는 포스팅을 작성합니다. 이를 통해 시즌별 방문을 유도할 수 있습니다.

④ 고객 후기 및 인터뷰
실제 방문객의 후기를 소개하거나, 단골 고객과의 인터뷰를 게재해 카페의 매력을 생생하게 전달할 수 있습니다. 소셜 증명(social proof)의 효과를 통해 신뢰성을 높일 수 있습니다.

⑤ 로컬 가이드 포스팅
아산 지역의 관광명소, 숨겨진 명소, 문화 이벤트 등을 소개하고, 카페를 방문해야 하는 이유를 연결 짓는 콘텐츠를 만듭니다. 지역 커뮤니티와의 연계를 강화하고, 지역 방문객들에게

유용한 정보를 제공함으로써 카페에 대한 관심을 유도할 수 있습니다.

⑥ 커피와 관련된 교육 콘텐츠
커피의 종류, 추출 방법, 홈 카페 팁 등 커피에 관련된 유익한 정보를 제공하는 포스팅을 작성합니다. 고객이 집에서도 카페의 맛을 즐길 수 있도록 하는 비법을 공유하면 좋습니다.

이러한 포스팅 아이디어들은 카페의 다양한 매력을 알리고, 고객과의 관계를 강화하는 데 도움이 될 것입니다. 사진과 함께, 키워드를 적절하게 사용해 검색 최적화(SEO)에도 신경 쓰시면 더 많은 사람들이 포스팅을 찾아볼 수 있게 됩니다. 예를 들어 '아산 카페', '신메뉴 출시', '계절 메뉴', '커피 교육' 등 관련 키워드를 포스팅에 포함시키세요.

또한 포스팅을 정기적으로 업데이트해 독자들이 새로운 콘텐츠를 기대할 수 있도록 합니다. 이는 카페에 대한 지속적인 관심을 유도하고, 소셜 미디어나 다른 온라인 플랫폼을 통해 공유될 때 더 넓은 홍보 효과를 기대할 수 있습니다.

마지막으로, 포스팅 외에도 블로그 내에서 진행하는 소소한 이벤트나 경품 추첨 등을 통해 독자들의 참여를 유도할 수 있습니다. 예를 들어 포스팅에 댓글을 달거나, 카페 방문 후기를 남긴 고객 중 추첨을 통해 작은 선물을 제공하는 방식입니다. 이렇게 하면 고객과의 상호작용이 증가하고, 카페에 대한 긍정적인 입소문이 퍼질 수 있습니다.

이와 같은 다양한 마케팅 전략을 통해 네이버 블로그를 활용하면, 카페의 매력을 효과적으로 알리고, 더 많은 고객을 유치하는데, 큰 도움이 될 것입니다.

4) 실습2 : 50일간의 블로그 포스팅 계획 얻기

프롬프트2) 당신은 경영 컨설팅과 소셜 미디어에 능한 사람입니다. 나는 충청남도 아산에서 카페를 운영하는 소상공인입니다. 블로그 포스팅을 오늘부터 50일 동안 진행해 나의 카페를 홍보하고 싶습니다. 카페의 기본 정보 는 다음과 같습니다.
"직접 만든 수제 마카롱과 직접 블랜딩한 적절한 산미와 고소함을 가진 아메리카노가 자랑입니다. 자연 속에 존재하는 카페입니다. 도심에서는 조금 거리가 있습니다. 혼자 오는 사람도, 가족 단위로 오는 사람도 앉을 수 있는 다양한 형태의 테이블과 공간을 만들었습니다. 규모는 큰 편에 속하고 주차 공간을 넓게 마련했습니다. 15～20분 정도 차로 이동하면 관광지인 온양 온천과 현충사가 있습니다."

다음 사항을 고려해 50일간 카페를 홍보하고, 카페 메뉴를 홍보할 수 있는 블로그 포스팅 계획을 세워주세요.

(1) 마이크로 소프트 코파일럿의 프롬프트2에 대한 답 - Chat GPT 4.0 기반 (대화스타일 : 보다 창의적인)

안녕하세요, 저는 Copilot이라고 합니다. 블로그 포스팅을 통해 카페를 홍보하고 싶으시다면, 저의 도움을 받으실 수 있습니다.

저는 블로그 포스팅을 작성하는 데 필요한 팁들을 검색해 보았습니다. 그리고 카페의 기본정보와 주변 관광지를 활용해 50일간의 블로그 포스팅 계획을 세워보았습니다. 다음은 제가 제안하는 블로그 포스팅 계획입니다.

날짜	주제	내용
1일차	카페 소개	카페의 이름, 위치, 특징, 업력, 비전 등을 소개한다.
2일차	수제 마카롱	직접 만든 수제 마카롱의 재료, 제조 과정, 맛, 종류, 가격 등을 소개한다.
3일차	블랜딩 아메리카노	직접 블랜딩한 적절한 산미와 고소함을 가진 아메리카노의 원두, 추출 방법, 맛, 크기, 가격 등을 소개한다.
4일차	자연 속 카페	카페가 자연 속에 위치하고 있어서 어떤 장점이 있는지, 어떤 분위기를 즐길 수 있는지, 어떤 사진을 찍을 수 있는지 등을 소개한다.
5일차	다양한 테이블과 공간	혼자 오는 사람도, 가족 단위로 오는 사람도 앉을 수 있는 다양한 형태의 테이블과 공간을 소개한다. 각 테이블과 공간의 특징, 인테리어, 콘센트, 와이파이 등을 소개한다.
6일차	넓은 주차 공간	카페의 규모에 비해 넓은 주차 공간을 갖고 있어서 어떤 편리함이 있는지, 어떤 차량이 주차할 수 있는지, 어떤 안전장치가 있는지 등을 소개한다.
7일차	온양 온천	카페에서 15~20분 정도 차로 이동하면 관광지인 온양온천에 도착할 수 있다고 소개한다. 온양 온천의 역사, 특징, 종류, 효능, 가격, 시설 등을 소개한다.
8일차	현충사	카페에서 15~20분 정도 차로 이동하면 관광지인 현충사에 도착할 수 있다고 소개한다. 현충사의 역사, 특징, 볼거리, 문화재, 가격, 시설 등을 소개한다.
9일차	카페 이벤트	카페에서 진행하고 있는 이벤트나 할인 혜택을 소개한다. 예를 들어, 리뷰 이벤트, 스탬프 이벤트, 생일 이벤트, 단체 예약 할인, 쿠폰 제공 등을 소개한다.
10일차	카페 후기	카페에 방문한 고객들의 후기를 모아서 소개한다. 고객들이 카페의 어떤 점을 좋아했는지, 어떤 의견이나 건의사항이 있었는지, 어떤 사진을 찍었는지 등을 소개한다.

[그림7] MS BING Copilot의 50일간 계획 결과 도출 표

이렇게 10일간의 블로그 포스팅 계획을 제안드립니다. 이후에는 11일 차부터 50일 차까지는 위의 주제들을 반복하되, 다른 각도나 내용으로 작성하시면 됩니다. 예를 들어, 수제 마카롱의 경우에는 다른 맛이나 모양의 마카롱을 소개하거나, 마카롱과 잘 어울리는 음료나 음식을 소개하거나, 마카롱을 주문하거나 선물하는 방법을 소개하거나, 마카롱에 대한 재미있는 이야기나 팁을 소개하거나, 마카롱을 만드는 과정을 동영상으로 보여주거나, 마카롱을 먹는 모습을 사진으로 보여주거나 등등 다양한 방법으로 포스팅을 작성하시면 됩니다.

이를 참고하여 카페를 홍보하시고, 많은 고객들을 유치하시길 바랍니다. 저는 항상 여러분의 성공을 응원합니다.

감사합니다. Copilot 올림.

50일 계획을 요청했으나 코파일럿은 10일까지의 내용만 상세하게 답해주고 나머지는 10일까지의 내용을 기본으로 추가·보완해 포스팅하라고 답을 주었다. 11일부터의 계획을 상세히 달라고 또 말을 걸어야 했다. 그러나 같은 말만 되풀이할 뿐 자세한 답을 주지 않았다. 그러나 코파일럿은 요청하지 않았는데 신기하게도 표의 형식으로 결과를 도출했다.

(2) OPEN AI의 유료 버전 CHAT GPT 4,0의 프롬프트2에 대한 답

50일간의 블로그 포스팅 계획을 세워보겠습니다. 이 계획은 카페의 특징과 메뉴를 강조하고, 지역 관광과의 연계, 계절이나 이벤트에 맞춘 특별 프로모션 등을 포함해 다양한 관점에서 카페를 홍보하는 데 중점을 둡니다.

[1주 차 : 카페 소개 시리즈]
- 1일 차 : 카페 소개 (위치, 특징, 차별화된 점)
- 2일 차 : 수제 마카롱 소개 (제작 과정, 다양한 맛 소개)
- 3일 차 : 직접 블랜딩한 아메리카노의 특징
- 4일 차 : 자연 속 카페의 분위기와 인테리어
- 5일 차 : 다양한 형태의 테이블과 공간 소개
- 6일 차 : 주차 공간 및 접근성 안내
- 7일 차 : 주변 관광지 소개 (온양 온천, 현충사)

[2주 차 : 메뉴 중심 시리즈]
- 8일 차 : 마카롱의 특별한 재료와 맛의 비밀
- 9일 차 : 아메리카노와 함께 즐기기 좋은 메뉴 조합
- 10일 차 : 계절별 특별 메뉴 소개
- 11일 차 : 카페의 시그니처 음료 소개
- 12일 차 : 건강을 생각한 무알콜 음료 시리즈
- 13일 차 : 마카롱과 커피의 페어링 가이드

- 14일 차 : 고객 리뷰 및 추천 메뉴

[3주 차 : 체험과 이벤트 시리즈]
- 15일 차 : 카페에서 즐길 수 있는 소소한 즐거움
- 16일 차 : 가족 단위 방문객을 위한 특별 서비스
- 17일 차 : 카페에서의 이색 데이트 아이디어
- 18일 차 : 계절별 이벤트 및 프로모션 안내
- 19일 차 : 커피 클래스나 마카롱 만들기 클래스 소개
- 20일 차 : 카페 방문객 사진 공유 이벤트
- 21일 차 : 소셜 미디어 공유 이벤트 및 경품 안내

[4주 차 : 지역 커뮤니티 및 환경 시리즈]
- 22일 차 : 지역 커뮤니티와의 협력 이야기
- 23일 차 : 친환경 운영 방식과 지속 가능한 카페 운영
- 24일 차 : 카페에서 사용하는 지역 농산물 소개
- 25일 차 : 지역 예술가와의 협업 또는 전시
- 26일 차 : 지역 사회 기여 활동 및 계획
- 27일 차 : 카페에서의 소규모 문화 행사 소개
- 28일 차 : 카페를 찾는 이유 : 자연, 휴식, 커뮤니티

[5주 차 ~ 7주 차 : 깊이 있는 콘텐츠 시리즈]
- 29~35일 차 : 커피와 마카롱에 대한 깊이 있는 정보 (역사, 문화, 추출 방법, 제작 비법 등)
- 36~42일 차 : 카페 운영 뒷이야기, 직원 소개, 일상 공유
- 43~49일 차 : 고객과의 특별한 에피소드, 행복했던 순간 공유
- 50일 차 : 50일간의 포스팅 회고 및 고객 감사 이벤트

이 계획은 카페의 매력을 다각도에서 보여주고, 고객과의 소통을 강화하기 위해 설계됐습니다. 포스팅마다 고유한 해시태그를 사용하고, 독자들의 참여를 유도하는 질문이나 콜투액션(Call to Action)을 포함시키는 것이 좋습니다. 이런 방식으로 진행하면 카페에 대한 지속적인 관심을 유도하고, 신규 고객 유입 및 단골 고객 확보에 기여할 수 있습니다.

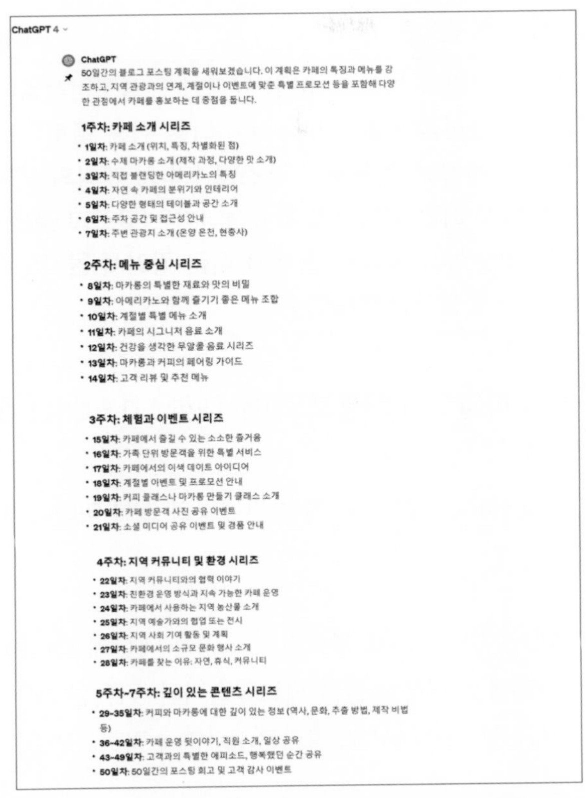

[그림8] OPEN AI의 유료 버전 CHAT GPT의 50일간 계획 결과 도출

OPEN AI의 CHAT GPT는 결과에 대한 포맷을 지정하지 않으니, 표의 형식으로 표현하지 않았다. 만약 표의 형식으로 도출되길 원한다면 프롬프트 작성 시 '결과는 표의 형식으로 표현해 주세요'라는 내용을 추가하면 된다.

5) 실습3 : 블로그 포스팅할 글 얻기

프롬프트3) 당신은 경영 컨설팅에 능하고, 아주 유명한 인플루언서입니다. 나는 충청남도 아산에서 카페를 운영하는 소상공인입니다. 당신은 나를 위해 블로그 포스팅을 대신 해주기로 약속했습니다. 당신이 계획해 준 블로그 포스팅 1일 차 계획의 글을 직접 써서 나에게 전달해 준다면 당신은 나에게 어떤 글을 전달하겠습니까? (블로그 글은 900~1,200자 사이, 문체는 따뜻한 느낌이었으면 합니다. 사진은 내가 직접 찍어서 올리도록 하겠습니다, 한국말로 쓸 것이며, 존댓말로 써주셨으면 합니다.)

(1) 마이크로 소프트 코파일럿의 프롬프트3에 대한 답) - Chat GPT 4.0 기반(대화 스타일 : 보다 창의적인)

안녕하세요, 저는 Copilot이라고 합니다. 경영 컨설팅과 소셜 미디어에 능한 인공지능 도우미입니다.

카페를 운영하시는 소상공인님을 위해 블로그 포스팅을 대신해 드리기로 했습니다. 오늘은 첫 번째 포스팅으로 카페를 소개하는 글을 써보았습니다. 다음은 제가 작성한 글의 초안입니다. 확인해 보시고, 사진을 첨부하시고, 필요하시다면 수정하시면 됩니다.

아산에서 만나는 자연과 수제 마카롱의 조화, 카페 OOO

안녕하세요, 여러분. 오늘은 저의 새로운 발견을 소개하고자 합니다. 바로 아산에 있는 카페 OOO입니다. 이 카페는 직접 만든 수제 마카롱과 직접 블랜딩한 적절한 산미와 고소함을 가진 아메리카노가 자랑이라고 하는데요. 저는 이 카페를 방문하고 나서 왜 이런 맛있는 곳을 이제야 알았을까 하는 후회가 들었습니다. 그래서 이 카페의 매력을 여러분께도 알려드리고자 합니다.

카페 OOO의 역사와 콘셉트

카페 OOO는 2020년에 문을 연 카페입니다. 운영자님은 원래 베이커리 셰프로 일하시다가, 자신만의 수제 마카롱을 만들고 싶어서 카페를 시작하셨다고 합니다. 그래서 카페의 이름도 OOO라고 지으셨는데요. OOO는 마카롱을 뜻하는 프랑스어 macaron에서 따온 것이라고 합니다. 운영자님은 마카롱을 만드는 과정에서 자신의 감성과 정성을 담으시고, 고객들에게 행복을 전달하고 싶으시다고 합니다.

카페의 콘셉트는 자연과 힐링입니다. 카페는 도심에서는 조금 거리가 있지만, 그만큼 자연 속에 존재하는 카페라는 매력이 있습니다. 카페의 전경은 넓은 잔디밭과 푸른 나무들로 둘러싸여 있고, 카페의 내부는 흰색과 목재 색으로 깔끔하고 아늑하게 꾸며져 있습니다. 카페에서는 자연의 소리와 향기를 느끼며, 마음을 편안하게 쉬어갈 수 있습니다.

카페 OOO의 위치와 교통편

카페 OOO의 위치는 아산시 OO동 OO번지 입니다. 아산역에서 차로 15분 정도 걸리는 곳에 있습니다. 대중교통을 이용하시는 분들은 아산역에서 버스 OO번을 타고 OO 정류장에서 내리시면 됩니다. 카페에서는 주차 공간을 넓게 마련했으니, 차로 오시는 분들도 편하게 이용하실 수 있습니다.

카페 OOO의 영업시간은 오전 10시부터 오후 10시까지입니다. 매주 월요일은 휴무입니다. 카페에 방문하시기 전에 영업시간을 확인해 주시기 바랍니다.

카페 OOO의 메뉴와 가격

카페 OOO의 메뉴는 다양하고 맛있습니다. 음료는 커피, 차, 에이드, 스무디 등이 있고, 디저트는 마카롱, 케이크, 쿠키, 머핀 등이 있습니다. 저의 개인적인 추천 메뉴는 바로 수제 마카롱과 블랜딩 커피입니다. 수제 마카롱은 운영자님께서 직접 만드시는데요. 촉촉하고 부드러운 쿠키와 부드럽고 달콤한 크림이 조화롭게 어우러져 있습니다. 마카롱의 종류는 바닐라, 초코, 치즈, 딸기, 레몬, 라즈베리 등이 있습니다. 가격은 1개에 2,000원, 6개에 10,000원, 12개에 18,000원입니다.

블랜딩 커피는 운영자님께서 직접 원두를 고르시고, 로스팅하시고, 블랜딩하시는 커피입니다. 적절한 산미와 고소함을 가진 아메리카노가 제일 인기가 있습니다. 또한, 카페라떼, 카푸치노, 바닐라라떼, 카라멜마끼아또 등의 다양한 커피도 있습니다. 가격은 4,000원에서 5,000원 사이입니다.

이 외에도 다른 메뉴들도 있으니, 카페에 방문하셔서 직접 확인해보시기 바랍니다.

마치며

여러분, 오늘은 저의 새로운 발견인 카페 OOO를 소개해드렸습니다. 이 카페는 자연과 수제 마카롱의 조화를 즐길 수 있는 곳이라고 할 수 있습니다. 저는 이 카페에 방문하고 나서 힐링을 받았고, 맛있는 음식과 음료를 즐겼습니다. 여러분도 한 번쯤 방문해 보시면 좋을 것 같습니다.

다음 포스팅에서는 카페 OOO의 수제 마카롱에 대해 더 자세히 알려드리겠습니다. 그럼 오늘도 행복한 하루 되세요. 감사합니다.
(글자수 : 1,089자)

(2) OPEN AI의 유료 버전 CHAT GPT 4,0의 프롬프트3에 대한 답

블로그 포스팅 1일차 : "자연 속에서 즐기는 특별한 휴식, [카페명]을 소개합니다."

안녕하세요, 여러분! 오늘은 제가 최근 방문했던, 마음까지 평온해지는 특별한 곳을 소개하고자 합니다. 충청남도 아산에 위치한 [카페명]은 도심의 분주함을 잠시 벗어나 자연과 함께하는 여유를 즐길 수 있는 곳입니다.

[카페명]의 첫인상은 마치 숲속의 오두막 같았습니다. 자연 속에 자리 잡고 있는 이 카페는 창밖으로 보이는 푸르른 풍경과 어우러져, 방문하는 이들에게 마음의 안식을 선사합니다. 도심에서는 조금 거리가 있지만, 그만큼 특별하고 의미 있는 여정이 되리라 약속드립니다.

이곳의 자랑은 바로 직접 만든 수제 마카롱과 직접 블랜딩한 아메리카노입니다. 마카롱은 입 안에서 사르르 녹는 부드러움과 함께 다채로운 맛이 조화를 이루며, 아메리카노는 적절한 산미와 고소함이 조화롭게 어우러져 커피 한 잔에 담긴 깊은 맛을 선사합니다.

카페 내부는 혼자 오는 손님부터 가족 단위의 방문객까지 모두가 편안히 즐길 수 있는 다양한 형태의 테이블과 공간으로 꾸며져 있습니다. 크기가 큰 편에 속하는 이 카페는 넓은 주차 공간도 마련돼 있어, 차를 이용해 오시는 분들도 편리하게 방문할 수 있습니다.

또한 [카페명]에서 15~20분 정도 이동하면 관광지인 온양 온천과 현충사를 만날 수 있습니다. 카페에서의 여유로운 시간을 보낸 후, 주변의 아름다운 명소도 함께 탐방한다면 더욱 풍성한 하루를 보낼 수 있을 것입니다.

자연 속에서 마시는 한 잔의 커피와 달콤한 마카롱이 주는 작은 행복. [카페명]은 바쁜 일상 속 잠시나마 여유와 평안을 찾고 싶은 분들에게 완벽한 휴식처가 될 것입니다. 이곳에서의 시간이 여러분에게 소중한 추억과 휴식을 선사하기를 바랍니다.

다음 방문을 기다리며, [카페명]에서의 따뜻하고 평화로운 순간을 마음 깊이 간직해 보세요. 여러분의 방문을 진심으로 기다리고 있겠습니다.

3가지 프롬프트를 써서 블로그에 쓸 글 주제, 아이디어를 알아내고, 50일간의 포스팅 계획을 얻고, 직접 글을 써주는 과정까지 볼 수 있다. 물론 이렇게 생성형 AI를 통해 얻어낸 글을 바로 블로그에 올릴 수는 없다. 글 수정작업과 사진 및 동영상 추가 작업은 반드시 거쳐야 한다. 그러나 백지에 900~1,200자를 혼자 채워가는 것보다는 미리 쓰인 글을 수정해 올리는 것이 훨씬 빠르고 쉽다. 이같이 챗GPT를 이용하면 블로그에 나를 홍보하고, 나의 제품을 홍보하는 작업이 한결 빠르고 쉬워진다.

Epilogue

소셜 미디어 마케팅은 현대 사회에서 소상공인들에게 필수적인 전략이 됐다. 다양한 플랫폼을 통해 브랜드 인지도를 높이고 고객과의 직접적인 소통을 가능하게 함으로써 기업이나 개인 브랜드의 성장을 가속화할 수 있다. 특히 콘텐츠의 창의성과 지속적인 참여는 소셜 미디어 마케팅의 성공을 좌우한다. 이는 브랜드의 가치를 전달하고, 고객의 충성도를 높이는 데 중요한 역할을 한다.

챗GPT와 같은 인공지능 도구의 활용은 소상공인들에게 새로운 기회를 제공한다. 이를 통해 소셜 미디어 콘텐츠 생성, 아이디어 도출, 고객 서비스 등 다양한 분야에서의 작업 효율성을 높일 수 있다. 특히 블로그 글 작성과 같은 시간 소모적인 작업을 보다 쉽고 빠르게 처리할 수 있어 소상공인들이 마케팅 활동에 더 많은 시간과 노력을 집중할 수 있게 해준다.

명심할 건 우리의 할 일을 챗GPT가 대신한다는 게 아니라 도움을 주어 빠르게 처리할 수 있도록 해준다는 것이다. 마케팅을 위해 문장력을 갖추기 위해 끊임없이 노력해야 하고 블로그나 인스타그램이나 유튜브나 콘텐츠를 올리기 위한 시간과 체력 투자가 일어나야 한다.

도구를 사용하는 자와 사용하지 못하는 자, 효율적으로 일을 처리하는 자와 비효율적으로 일을 처리하는 자의 차이가 확연히 드러나는 시대가 됐다. 소셜 미디어와 인공지능 기술을 효과적으로 활용하는 것은 현대 비즈니스 환경에서 성공을 위한 필수적인 전략이다. 이 책이 조금이라도 도움이 되길 바란다.

5

GPTs 챗봇 활용 데이터 분석을 통한 마케팅 전략 최적화

이 애 경

AI

제5장
GPTs 챗봇 활용 데이터 분석을 통한 마케팅 전략 최적화

Prologue

디지털 시대의 도래와 함께, 우리는 기술이 비즈니스에 혁명적 변화를 일으키는 시기를 살고 있다. 특히 인공지능 기반의 기술은 마케팅 전략을 새롭게 구상하고 실행하는 방식에 근본적인 변화를 가져오고 있다.

챗GPT 개발사 오픈 AI가 유료회원 대상으로 2024년 1월 초'GPT Store'를 출시했다. 'GPT Store'는 일종의 '인공지능판 앱 스토어'이다. GPTs의 챗봇 기술은 단순한 대화 도구를 넘어서, 고객의 선호와 행동 패턴을 심층적으로 분석할 수 있는 강력한 수단이 될 수 있다. 이를 통해 중소상공인들은 자신의 비즈니스에 맞는 맞춤형 마케팅 전략을 수립할 수 있게 될 것이다.

이 책은 기술에 대한 깊은 전문 지식이 없는 중소상공인들도 쉽게 이해하고 적용할 수 있도록 쓰였다. 챗봇과 GPTs 챗봇이 무엇인지부터 데이터 분석을 위한 챗봇은 어떤 것이 있는지 실제로 활용할 수 있는 챗봇을 소개하고 있다. 또한 실제 프롬프트 사례를 통해 챗봇과 데이터 분석이 어떻게 이루어지는지 보여주고 있다. 이 책을 통해 실질적인 가치를 얻고, 자신의 비즈니스에 바로 적용할 수 있는 실용적인 지식을 습득하길 바란다.

데이터 분석은 오늘날 비즈니스에서 가장 중요한 역량 중 하나다. 이 책은 데이터 분석을 통해 얻은 인사이트를 바탕으로, 효과적인 마케팅 전략을 어떻게 수립하고 실행할 수 있는지를 제공한다. 우리는 중소상공인들이 이 지식을 활용해, 시장에서의 경쟁력을 강화하고, 고객과의 관계를 더욱 깊게 하며, 결국 사업의 성장과 번영을 이루기를 희망한다.

1. GPTs 챗봇 이해

1) 챗봇이란?

챗봇은 인공지능(AI) 기술을 바탕으로 한 대화형 인터페이스로, 사용자와의 자연스러운 대화를 통해 정보를 제공하거나 특정 작업을 수행할 수 있게 설계된 컴퓨터 프로그램이다. 이 기술은 웹사이트, 모바일 앱, 메시지 플랫폼 등 다양한 디지털 채널에서 활용될 수 있으며, 고객 서비스, 마케팅, 영업 지원 등 다양한 분야에서 비즈니스 프로세스를 자동화하고 효율성을 높이는 데 기여한다.

2) GPTs 챗봇이란?

GPTs(Generative Pre-trained Transformers) 챗봇은 OpenAI에 의해 개발된 자연어 처리 기술을 기반으로 한다. 이 기술은 대규모 데이터셋에서 사전 학습된 모델을 사용해, 사용자의 입력에 대해 자연스러운 대화형 응답을 생성할 수 있는 능력을 갖추고 있다. GPTs 챗봇은 그 진보된 이해 능력과 응답 생성 능력 덕분에 다양한 분야에서 혁신적인 사용 사례를 창출하고 있다.

3) GPTs 챗봇의 활용

(1) 고객 서비스

FAQ 응답, 주문 처리, 예약 서비스 등 고객 지원 업무를 자동화해 효율성을 높이고 고객 만족도를 개선한다.

(2) 콘텐츠 생성

사용자의 요청에 따라 뉴스 기사, 블로그 포스트, 제품 설명 등 다양한 형태의 텍스트 콘텐츠를 생성한다.

(3) 교육 및 트레이닝

교육 자료 생성, 언어 학습 지원, 전문 지식 공유 등 교육적 목적으로 활용될 수 있다.

(4) 엔터테인먼트

대화형 스토리텔링, 개인화된 추천, 인터랙티브 게임 등 엔터테인먼트 분야에서 새로운 경험을 제공한다.

2. 데이터 분석

1) 데이터 분석이란?

소상공인이나 사업을 운영하는 사람들이 자신의 사업과 관련된 정보(데이터)를 모아서 그 안에서 유용한 인사이트를 찾아내 사업을 더 잘 운영할 수 있도록 도와주는 과정이다. 이 정보는 판매 기록, 고객 피드백, 웹사이트 방문자 수 등 다양한 형태로 존재한다.

2) 데이터 분석의 중요성과 필요성

(1) 더 나은 의사 결정

데이터 분석을 통해 소상공인은 자신의 사업에 대해 더 깊이 이해할 수 있다. 예를 들어 어떤 제품이 잘 팔리는지, 고객들이 언제 가게를 가장 많이 방문하는지 등의 정보를 알 수 있다.

(2) 고객 이해 증진

데이터 분석을 통해 고객의 선호와 행동을 더 잘 이해할 수 있다. 이 정보를 활용하면 고객에게 더 맞춤화된 서비스나 제품을 제공할 수 있고, 고객 만족도를 높일 수 있다.

(3) 마케팅 효율성 증가

데이터 분석을 통해 어떤 마케팅 전략이 잘 작동하는지 파악할 수 있다. 이를 통해 광고 비용을 절약하면서도 판매량을 늘릴 수 있는 가장 효과적인 방법을 찾을 수 있다.

(4) 비용 절감 및 수익 증대

데이터 분석은 비효율적인 사업 운영 부분을 찾아내어 이를 개선할 수 있도록 한다. 이는 장기적으로 비용을 절감하고, 수익을 증대시키는 데 도움을 준다.

3. GPTs 챗봇 활용 데이터 분석

1) 챗GPT 로그인 및 탐색하기

크롬 브라우저에서 구글 검색창에 '챗GPT'를 검색해서 구글계정으로 로그인한다. 챗GPT3.5 버전은 무료이며, 20달러의 금액을 매월 결제하는 유료 버전인 챗GPT4.0버전이 있다.

[그림1] 챗GPT3.5 무료 버전 홈 화면

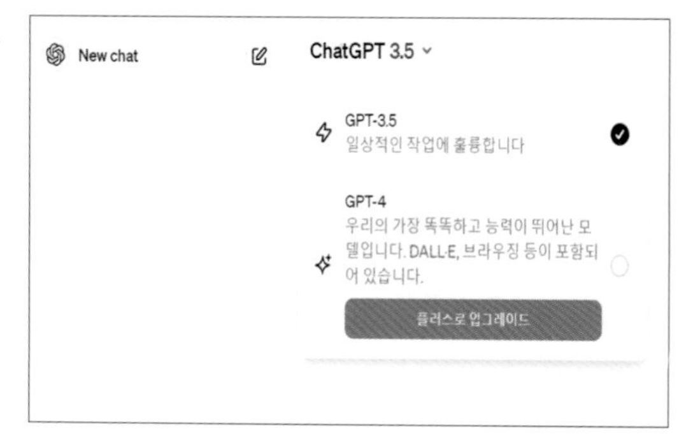

[그림2] 챗GPT 3.5와 챗GPT-4 업그레이드

2) GPTs 챗봇 이용 조건

GPTs 챗봇은 챗GPT4.0인 유료 회원에게만 제공되는 기능이다. 유료 회원이 되면 다음과 같은 화면을 볼 수 있다. 왼쪽 사이드바에서 4개의 동그라미 아이콘과 'GPT 탐색하기' 메뉴는 GPTs 챗봇을 만들 수도 있고 만들어진 챗봇을 이용할 수 있는 공간이다.

[그림3] 챗GPT-4 홈 화면에서 'GPTs 탐색하기' 클릭

3) Data Analyst 챗봇 활용하기

데이터 분석을 위한 챗봇 중에서 제일 데이터 분석을 잘해주고 있어 많은 사람이 활용하고 있는 챗봇을 소개한다. GPTs 검색창에 'Data Analyst'를 입력한다.

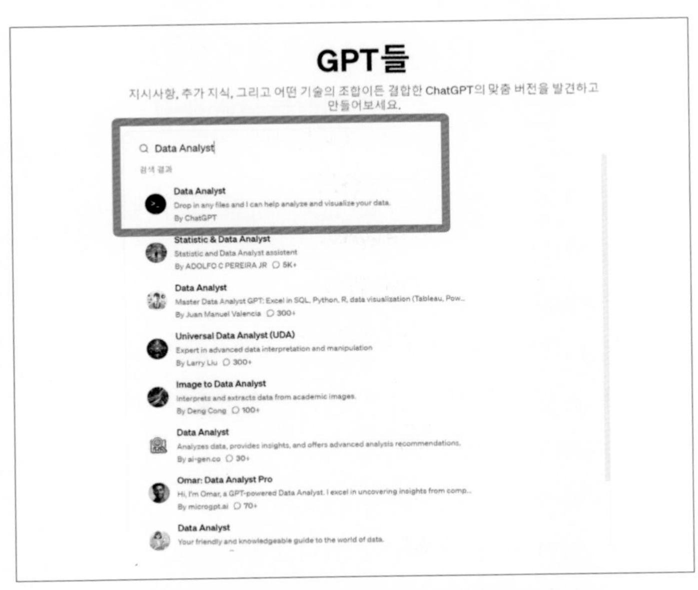

[그림4] GPTs 검색창에 'Data Analyst' 입력

4) 데이터 분석 요청하기

프롬프트 입력창에 데이터 분석을 원하는 파일을 업로드한 후 데이터 분석을 의뢰할 수 있다.

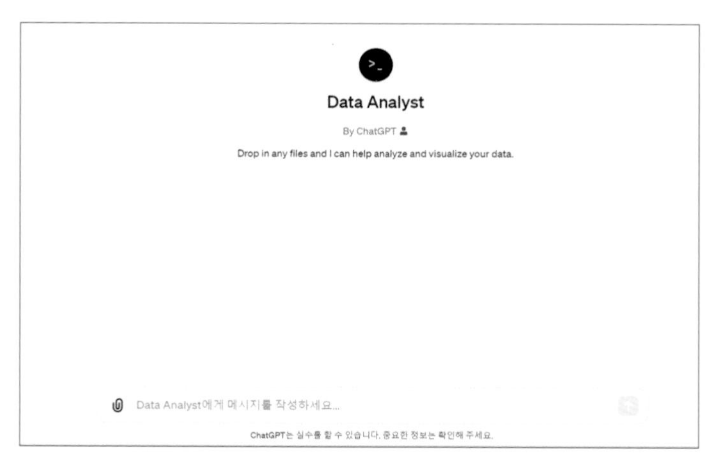

[그림5] GPTs 챗봇 Data Analyst

5) GPTs 챗봇 데이터 분석을 위한 프롬프트

파일을 업로드한 후 원하는 분석 자료가 나올 때까지 계속적으로 프롬프트를 입력하면 된다. 데이터 분석을 요청하는 프롬프트 샘플 예시는 다음과 같다.

① 한국어로 소통해 주세요. 업로드한 파일의 데이터를 볼 수 있나요?
② 전처리를 완료해 주세요.
③ 데이터를 (한 단락으로) 설명할 수 있나요?
④ 이 데이터를 좀 더 간단한 용어로 설명해 줄 수 있을까요?
⑤ 초등학생도 이해할 수 있도록 쉽게 설명할 수 있을까요?
⑥ 이 데이터의 주요 내용은 무엇입니까?
⑦ 이 데이터를 통해 어떤 인사이트를 줄 수 있나요?
⑧ 이 데이터를 통해서 어떤 차트를 만들 수 있나요?
⑨ 가능한 시각화 자료를 보여주세요

⑩ 상위 10개 핵심 사항을 나열할 수 있나요?

⑪ 이 데이터를 분류하고 테이블을 만들 수 있나요?

⑫ 이 데이터 세트의 핵심 교훈은 무엇인가요?

⑬ 이 데이터를 기반으로 마케팅 전략을 짜 주세요.

⑭ 위 영역의 기존사업에 대한 데이터를 구할 수 있나요? 실제 데이터를 알 수 있는 웹 링크를 제시해 주세요.

⑮ 위 내용을 기반으로 대한민국에서 초보자도 성공할 수 있는 창업 아이템을 5개 추천해 주세요.

6) GPTs 챗봇 데이터 프롬프트 활용 제시

서울 시민의 업종별 카드 소비 패턴 샘플 데이터 파일로 프롬프트를 적용해 데이터 분석을 해보았다. 샘플 데이터 자료는 서울특별시 빅데이터 캠퍼스- 빅데이터- 경제/금융에서 다운받아서 분석했다. https://bigdata.seoul.go.kr/main.do

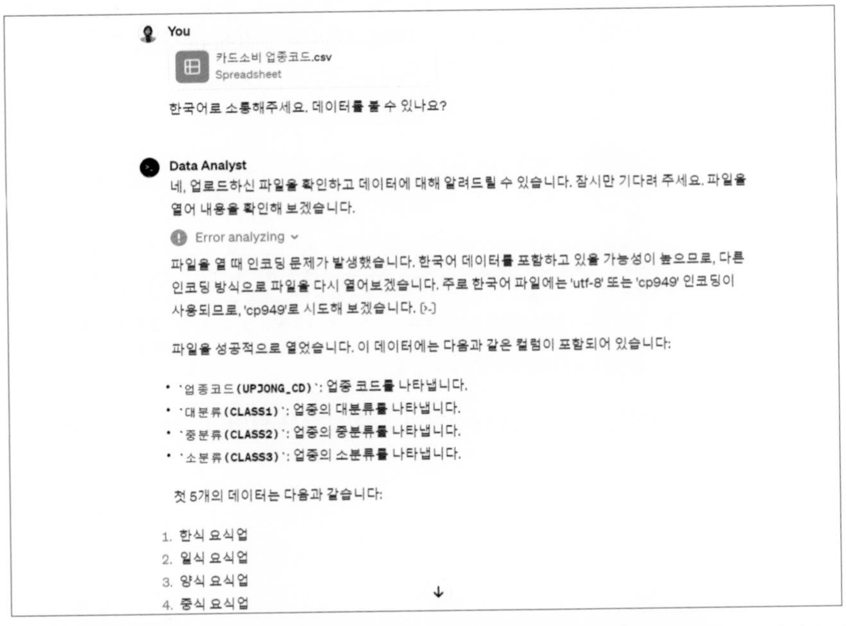

[그림6] 프롬프트 '한국어로 소통해 주세요. 업로드한 파일의 데이터를 볼 수 있나요?'

You
전처리를 완료해주세요.

Data Analyst
데이터 전처리를 진행하기 전에, 구체적으로 어떤 전처리 작업을 원하시는지 몇 가지 질문을 드리겠습니다.

1. 결측치 처리: 데이터에 결측치가 있는지 확인하고, 있다면 어떻게 처리할지 결정해야 합니다. 예를 들어, 결측치를 특정 값으로 채우거나 해당 행을 제거할 수 있습니다.
2. 중복 데이터 처리: 데이터에 중복된 행이 있는지 확인하고, 중복된 행을 제거할지 결정해야 합니다.
3. 데이터 타입 변환: 업종 코드나 분류 정보가 적절한 데이터 타입으로 설정되어 있는지 확인하고 필요에 따라 변환할 수 있습니다.

위 사항 외에도 특정 열의 데이터를 수정하거나, 새로운 특성을 생성하는 등의 작업이 가능합니다. 구체적인 요구 사항을 알려주시면 그에 맞춰 전처리를 진행하겠습니다.

[그림7] 프롬프트 '전처리를 완료해 주세요.'

You
이 데이터를 좀 더 간단한 용어로 설명해줄 수 있을까요?

Data Analyst
이 데이터는 사람들이 어떤 종류의 가게에서 돈을 썼는지에 대한 정보를 정리한 것입니다. 각 가게는 큰 범주(예: 음식점), 중간 범주(예: 한식, 일식), 그리고 더 구체적인 범주(예: 한식집, 카페)로 나뉩니다. 이를 통해 어떤 종류의 가게들이 있는지, 그리고 그 가게들이 어떻게 분류되는지 쉽게 알 수 있습니다.

[그림8] 프롬프트 '이 데이터를 좀 더 간단한 용어로 설명해 줄 수 있을까요?'

You
이 데이터의 주요 내용은 무엇입니까?

Data Analyst
이 데이터의 주요 내용은 사람들이 사용하는 카드의 소비 패턴을 분류한 것입니다. 여기서는 다양한 가게와 업종들이 크게 세 가지 범주로 나뉘어져 있어요. 첫 번째는 '대분류'로, 가장 넓은 범주의 분류입니다. 예를 들면, '요식/유흥'이 여기에 속해요. 두 번째는 '중분류'로, 조금 더 세분화된 분류입니다. 예를 들어 '한식', '일식', '양식' 등이 이에 해당하죠. 마지막으로 '소분류'는 가장 구체적인 분류로, 예를 들면 '한식집', '일식집', '카페' 등이 있습니다. 이 데이터를 통해 우리는 사람들이 어떤 종류의 가게에서 얼마나 자주 쇼핑하는지 등의 정보를 알 수 있습니다.

[그림9] 프롬프트 '이 데이터의 주요 내용은 무엇입니까?'

You
이 데이터를 통해 어떤 인사이트를 줄 수 있나요?

Data Analyst
이 데이터를 분석하면 다음과 같은 인사이트를 얻을 수 있습니다:

1. **소비 패턴 이해:** 사람들이 어떤 유형의 가게에서 자주 소비하는지 파악할 수 있습니다. 예를 들어, 요식업이 다른 업종에 비해 소비가 더 많은지, 아니면 사람들이 특정 시기에 특정 유형의 가게에서 더 많이 소비하는지 등의 패턴을 분석할 수 있습니다.
2. **시장 분석:** 특정 업종에 대한 수요를 분석하여 어떤 업종이 성장하고 있는지, 어떤 업종이 포화 상태에 있는지 등의 시장 동향을 파악할 수 있습니다. 이는 투자자나 사업가에게 유용한 정보가 될 수 있습니다.
3. **마케팅 전략 개발:** 소비자들이 어떤 업종에 관심을 가지고 있는지 알면, 기업이나 가게는 더 효과적인 마케팅 전략을 수립할 수 있습니다. 예를 들어, 특정 업종의 소비가 증가하는 시기에 맞춰 프로모션을 진행할 수 있습니다.
4. **지역 경제 분석:** 업종별 소비 패턴을 지역별로 분석하면, 특정 지역의 경제 활동이나 소비자 선호도에 대한 인사이트를 얻을 수 있습니다. 이는 지역 경제 발전을 위한 정책 수립에 도움이 될 수 있습니다.
5. **소비자 행동 분석:** 다양한 업종에 대한 소비 패턴을 분석함으로써 소비자 행동의 변화를 이해할 수 있습니다. 이는 소비자의 니즈와 선호가 시간에 따라 어떻게 변화하는지를 파악하는 데 중요한 역할을 할 수 있습니다.

이러한 인사이트는 비즈니스 결정, 시장 전략, 정책 수립 등 다양한 분야에서 유용하게 활용될 수 있습니다.

[그림10] 프롬프트 '이 데이터를 통해 어떤 인사이트를 줄 수 있나요?'

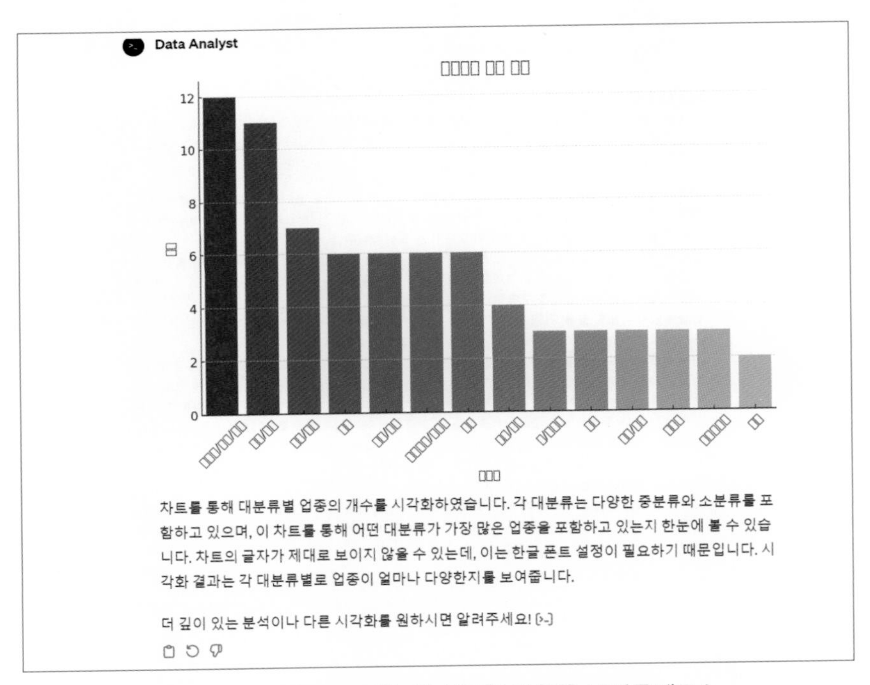

[그림11] 프롬프트 '가능한 시각화 자료를 보여주세요.'

You
이 데이터 세트의 핵심 교훈은 무엇입니까?

Data Analyst
이 데이터 세트에서 얻을 수 있는 핵심 교훈은 다음과 같습니다:

1. **세분화된 시장 이해**: 시장은 매우 다양하고 세분화되어 있으며, 각각의 소비자 그룹이 선호하는 업종과 서비스가 다르다는 것을 이해합니다. 이는 사업을 운영하거나 새로운 서비스를 개발할 때, 타겟 고객을 명확히 정의하고 그들의 필요와 선호를 정확히 파악하는 것이 중요함을 시사합니다.
2. **대상별 맞춤 마케팅의 중요성**: 각 업종별로 소비자의 특성이 다르기 때문에, 마케팅 전략도 그에 맞게 맞춤화되어야 합니다. 특정 대분류나 소분류에 속하는 소비자들을 대상으로 한 특화된 마케팅 전략을 수립하는 것이 효과적입니다.
3. **시장 변화에 대한 적응**: 소비자의 선호와 시장의 트렌드는 시간이 지남에 따라 변화합니다. 이 데이터 세트는 고정된 시점의 정보를 제공하지만, 시장을 지속적으로 분석하고 변화에 적응하는 유연성이 중요함을 깨닫게 합니다.
4. **비즈니스 기회의 발견**: 다양한 업종과 세분화된 분류를 통해, 아직 충분히 탐색되지 않은 시장이나 소비자의 미충족 요구를 발견할 수 있습니다. 이는 새로운 비즈니스 기회를 창출할 수 있는 가능성을 열어줍니다.
5. **데이터 기반 의사결정**: 업종별 분류와 소비 패턴 분석을 통해, 기업과 사업가는 데이터 기반의 의사결정을 할 수 있습니다. 이는 리스크를 줄이고, 효과적인 전략을 수립하는 데 도움이 됩니다.

이 데이터 세트를 통해 얻은 교훈은 시장을 더 깊이 이해하고, 소비자의 다양한 필요를 충족시키기 위한 전략을 개발하는 데 중요한 기초를 제공합니다.

[그림12] 프롬프트 '이 데이터 세트의 핵심교훈은 무엇입니까'

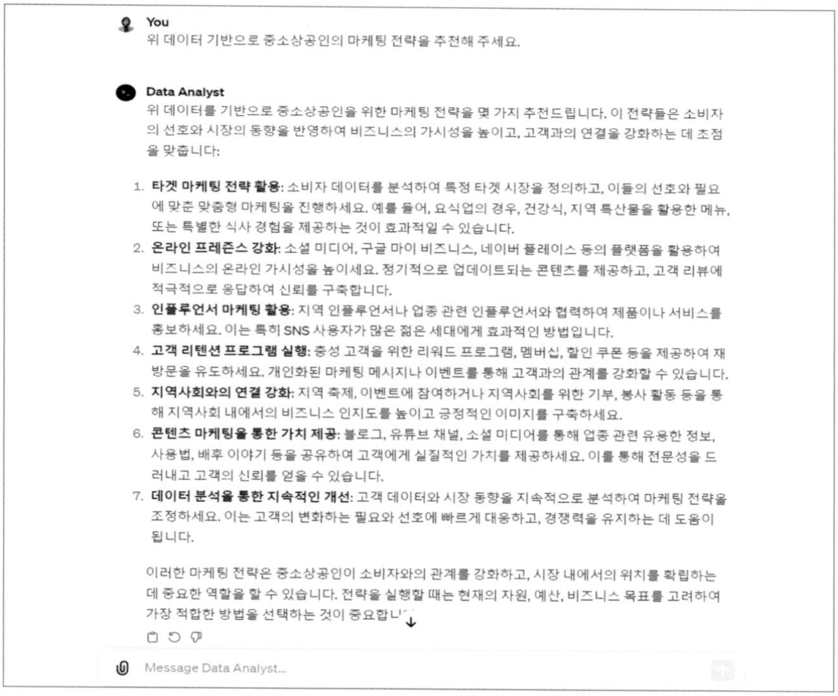

You
위 데이터 기반으로 중소상공인의 마케팅 전략을 추천해 주세요.

Data Analyst
위 데이터를 기반으로 중소상공인을 위한 마케팅 전략을 몇 가지 추천드립니다. 이 전략들은 소비자의 선호와 시장의 동향을 반영하여 비즈니스의 가시성을 높이고, 고객과의 연결을 강화하는 데 초점을 맞춥니다:

1. **타겟 마케팅 전략 활용**: 소비자 데이터를 분석하여 특정 타겟 시장을 정의하고, 이들의 선호와 필요에 맞춘 맞춤형 마케팅을 진행하세요. 예를 들어, 요식업의 경우, 건강식, 지역 특산물을 활용한 메뉴, 또는 특별한 식사 경험을 제공하는 것이 효과적일 수 있습니다.
2. **온라인 프레즌스 강화**: 소셜 미디어, 구글 마이 비즈니스, 네이버 플레이스 등의 플랫폼을 활용하여 비즈니스의 온라인 가시성을 높이세요. 정기적으로 업데이트되는 콘텐츠를 제공하고, 고객 리뷰에 적극적으로 응답하여 신뢰를 구축합니다.
3. **인플루언서 마케팅 활용**: 지역 인플루언서나 업종 관련 인플루언서와 협력하여 제품이나 서비스를 홍보하세요. 이는 특히 SNS 사용자가 많은 젊은 세대에게 효과적인 방법입니다.
4. **고객 리텐션 프로그램 실행**: 충성 고객을 위한 리워드 프로그램, 멤버십, 할인 쿠폰 등을 제공하여 재방문을 유도하세요. 개인화된 마케팅 메시지나 이벤트를 통해 고객과의 관계를 강화할 수 있습니다.
5. **지역사회와의 연결 강화**: 지역 축제, 이벤트에 참여하거나 지역사회를 위한 기부, 봉사 활동 등을 통해 지역사회 내에서의 비즈니스 인지도를 높이고 긍정적인 이미지를 구축하세요.
6. **콘텐츠 마케팅을 통한 가치 제공**: 블로그, 유튜브 채널, 소셜 미디어를 통해 업종 관련 유용한 정보, 사용법, 배후 이야기 등을 공유하여 고객에게 실질적인 가치를 제공하세요. 이를 통해 전문성을 드러내고 고객의 신뢰를 얻을 수 있습니다.
7. **데이터 분석을 통한 지속적인 개선**: 고객 데이터와 시장 동향을 지속적으로 분석하여 마케팅 전략을 조정하세요. 이는 고객의 변화하는 필요와 선호에 빠르게 대응하고, 경쟁력을 유지하는 데 도움이 됩니다.

이러한 마케팅 전략은 중소상공인이 소비자와의 관계를 강화하고, 시장 내에서의 위치를 확립하는 데 중요한 역할을 할 수 있습니다. 전략을 실행할 때는 현재의 자원, 예산, 비즈니스 목표를 고려하여 가장 적합한 방법을 선택하는 것이 중요합니다.

Message Data Analyst...

[그림13] 프롬프트 '이 데이터를 기반으로 마케팅 전략을 추천해 주세요'

You
위 영역의 기존사업에 대한 데이터를 구할 수 있나요? 실제 데이터를 알 수 있는 웹링크를 제시해주세요.

Data Analyst
직접 인터넷에 접속할 수 없어 특정 웹링크를 제공하거나 실시간으로 데이터를 검색해드릴 수는 없습니다. 그러나 업종별 소비 패턴, 시장 동향, 소비자 행동에 대한 실제 데이터를 찾고자 한다면, 다음과 같은 출처를 통해 유용한 정보를 얻을 수 있습니다:

1. **국가 통계 포털 (KOSIS)**: 대한민국의 국가 통계 포털에서는 다양한 경제 활동, 소비 패턴, 업종별 매출 등에 관한 공식 통계 자료를 제공합니다. (https://kosis.kr)
2. **한국소비자원 (KCA)**: 한국소비자원에서는 소비자 트렌드, 소비자 만족도 조사, 상품 비교 정보 등을 제공하여 소비자의 알 권리를 지원합니다. (https://www.kca.go.kr)
3. **한국은행 경제통계시스템 (ECOS)**: 한국은행이 운영하는 경제통계 데이터베이스에서는 경제 관련 다양한 통계자료를 제공하여, 경제 상황 분석에 활용할 수 있습니다. (https://ecos.bok.or.kr)
4. **Google Trends**: 구글 트렌드를 통해 특정 키워드의 검색 빈도와 트렌드를 파악할 수 있으며, 이를 통해 소비자의 관심사와 시장의 동향을 간접적으로 확인할 수 있습니다. (https://trends.google.com)
5. **국제 금융 데이터 및 시장 조사 기관**: Bloomberg, Statista, Euromonitor 등의 국제 금융 데이터 및 시장 조사 기관에서는 다양한 업종과 시장에 대한 상세한 분석 보고서와 통계를 제공합니다. 이러한 보고서는 대부분 유료이지만, 공개된 요약 정보만으로도 유용한 인사이트를 얻을 수 있습니다.

위의 웹사이트들은 업종별 소비 패턴, 시장 동향, 소비자 행동에 대한 실제 데이터를 제공하는 데 도움이 될 수 있습니다. 다만, 최신 데이터를 확인하려면 각 사이트를 직접 방문해야 합니다.

[그림14] 프롬프트 '실제 데이터를 알 수 있는 웹링크를 제시해 주세요.'

7) GPTs 챗봇 데이터 결과값

분석을 원하는 파일을 업로드해서 다양한 프롬프트로 명령하면 데이터 분석이 이뤄진다. 어떤 명령을 할 것인지는 결과를 보면서 계속 진행할 수 있다. 'GIGO(garbage-in garbage-out)'란 컴퓨터 용어가 있다. 질문의 중요성을 강조한 말이다. 어떤 질문 즉 프롬프트에 따라 답변이 달라진다는 뜻이다. 좋은 결괏값을 얻기 위해 많이 해보길 추천한다.

4. 마케팅 전략 최적화를 위한 실전 가이드

성공적인 비즈니스 운영의 핵심은 마케팅 전략을 지속적으로 최적화하고 발전시키는 능력에 있다. 데이터 분석을 통해 계속 연구해 마케팅 전략 최적화를 만들어야 한다.

1) 타깃 고객 정의하기

데이터 분석을 통해 고객의 연령, 성별, 지역, 구매 이력, 웹사이트 방문 패턴 등 다양한 데이터 포인트를 분석해, 고객을 몇 개의 명확한 세그먼트로 나눌 수 있다. 이 과정에서 GPTs 챗봇이 수집한 대화 로그와 피드백은 고객의 선호와 요구를 더 깊이 이해할 수 있는 중요한 정보원이 된다.

*실전 Tip

고객 설문조사와 피드백을 정기적으로 분석해 새로운 고객 세그먼트를 발견한다.
구매 이력과 고객 상호작용 데이터를 결합해 고객의 생애 가치를 예측한다.
GPTs 챗봇을 통해 수집된 자연어 데이터를 분석해 고객의 감정과 선호를 파악한다.

2) 효과적인 커뮤니케이션 전략 수립하기

맞춤형 커뮤니케이션은 고객과의 관계를 강화하고, 마케팅 메시지의 효과를 높이는 데 필수적이다. GPTs 챗봇은 고객의 이전 상호작용과 반응을 기반으로 개인화된 메시지를 생성할 수 있다. 이를 통해 각 고객에게 가장 관련성 높고 매력적인 콘텐츠를 제공할 수 있다.

*실전 Tip

고객의 최근 구매나 상호작용을 반영하는 맞춤형 프로모션을 제공한다.
고객의 선호와 관심사에 맞춘 개인화된 제품 추천을 한다.
특별한 날이나 이벤트를 기념하는 개인화된 메시지로 고객의 충성도를 높인다.

3) 캠페인 분석과 조정

마케팅 캠페인의 성공 여부를 평가하고 미래의 전략을 개선하기 위해서는 지속적인 분석과 조정이 필요하다. 데이터 분석 도구와 GPTs 챗봇을 활용해 캠페인의 성과를 실시간으로 모니터링하고, 고객 반응을 분석한다. 이를 통해 어떤 전략이 효과적인지, 어떤 부분이 개선이 필요한지 명확히 파악할 수 있다.

*실전 Tip

캠페인의 성과를 측정하기 위해 명확한 KPI(핵심 성과 지표)를 설정한다.

A/B 테스팅을 활용해 다양한 마케팅 메시지와 전략의 효과를 비교 분석한다.

고객의 피드백과 챗봇 상호작용 로그를 분석해 캠페인 메시지를 지속적으로 개선한다.

5. 데이터 수집과 사용 시 윤리적·법적 고려 사항

비즈니스가 디지털 변환을 추진하면서 데이터 및 인공 지능 기술을 활용하는 것은 필수적이지만, 이 과정에서 발생할 수 있는 윤리적 고려 사항과 법적 규제에 대한 이해도 중요하다. 또한 기술의 빠른 발전은 향후 소상공인의 비즈니스 운영 방식에 중대한 영향을 미칠 것이다.

1) 개인 정보 보호 및 사용자 동의의 중요성

데이터를 수집하고 분석하는 과정에서 고객의 개인 정보 보호는 매우 중요한 요소이다. 소상공인은 고객의 정보를 수집할 때 명확한 동의를 얻어야 하며, 수집한 정보를 어떻게 사용할지 투명하게 공개해야 한다. 또한 고객 데이터는 안전하게 보관돼야 하며, 무단으로 공유되거나 사용돼서는 안 된다.

*실전 Tip

고객에게 데이터 수집 및 사용 목적을 명확히 알리고, 명시적인 동의를 받는다.

데이터 보안과 개인 정보 보호를 위한 최신 기술과 방법을 적용한다.

고객이 자신의 데이터에 대한 접근, 수정, 삭제를 요청할 수 있도록 한다.

2) 법적 규제와 준수

데이터 관련 법률 및 규제에 대한 기본 이해

전 세계적으로 데이터 보호와 관련된 법률과 규제가 강화되고 있다. GDPR(일반 데이터 보호 규정)과 같은 규제는 데이터 수집 및 처리 방식에 엄격한 기준을 적용하고 있으며, 위반 시 무거운 벌금이 부과될 수 있다. 소상공인은 자신의 비즈니스가 관련 법률과 규제를 준수하고 있는지 정기적으로 확인하고, 필요한 조치를 취해야 한다.

*실전 Tip

데이터 보호와 관련된 법률 및 규제에 대해 정기적으로 교육을 받는다.

법적 요구사항을 준수하기 위한 내부 정책과 절차를 마련하고 실행한다.

법적 변경 사항에 신속하게 대응하기 위해 법률 전문가와 상의한다.

Epilogue

이 책에서 소개된 지식과 기술, 그리고 구체적인 사례들이 중소상공인분들이 시장에서 경쟁력을 강화하고, 고객과의 관계를 더 깊게 발전시키며, 지속 가능한 성장을 이루는 데 중요한 기반이 되기를 바란다. 가장 중요한 것은 이 책에서 얻은 인사이트를 자신의 사업 현장에 적용해 보고 그 과정에서 배우며 성장하는 것이다.

세상은 변화의 연속이며 기술은 이 변화를 가속화 한다. 변화를 받아들이고 새로운 상황에 적응하며 새로운 기회를 적극적으로 찾아 나서야 한다.

이 책을 통해 GPTs 챗봇과 데이터 분석이라는 AI 도구들을 배우며 마케팅 전략을 새롭게 생각하고 데이터와 AI 기술의 도움으로 새로운 성공의 길을 걸을 수 있기를 바란다. 데이터에서 얻은 인사이트를 기반으로 전략 개발, 타깃 마케팅과 개인화 전략, GPTs 챗봇을 활용한 콘텐츠 마케팅 등 해야 할 일이 많다고 느껴질 것이다.

하나하나 천천히 고객 서비스 개선 방법을 포함해 데이터 기반 마케팅 전략 수립 및 실행에 관한 구체적인 계획을 해보길 바란다. 그래서 매출 증대로 이어지길 기원한다.

6

중소상공인 사장님만을 위한 챗GPT 맞춤형 설계

강 성 희

AI

제6장

중소상공인 사장님만을 위한 챗GPT 맞춤형 설계

Prologue

끊임없이 변화하는 시장 속에서 중소상공인들은 여러 현실적인 문제와 고민에 직면해 있다. 인력 부족, 마케팅 비용 부족, 고객 이탈 등의 문제는 사장님들의 사업 성장과 생존에 심각한 위협이 될 수 있다. 이러한 문제들을 해결하기 위해 큰 노력과 비용이 필요하다. 하지만 제한된 시간과 자원 속에서 모든 문제를 해결하기는 쉽지 않다.

그러나 최근 핫 이슈로 떠오른 생성형 AI 기술은 중소상공인들에게 강력한 도움이 될 수 있다. 특히 챗GPT의 Custom Instruction과 후카츠 프롬프트 기법을 통해 중소상공인 비즈니스에 적합한 맞춤형 서비스를 제공할 수 있다. 또한 사용자에 최적화된 맞춤형 설계로 마케팅 콘텐츠 제작이 쉬워질 수 있고 업무도 자동화될 수 있다는 장점이 있다.

이 책에서는 챗GPT의 Custom Instruction과 후카츠 프롬프트 기법을 활용해 중소상공인의 업무를 효율적 운영할 수 있는 구체적인 방법을 소개한다. 상품 상세 페이지 제작과 같은 실제 사례와 함께 활용법을 제시했다. 따라서 중소상공인들이 직접 챗GPT를 활용해 손쉽게 업무에 적용할 수 있다.

1. 챗GPT와 중소상공인

최근 몇 년 동안 AI 기술은 빠른 속도로 발전했다. 특히 인공지능에 있어 자연어 처리(NLP) 분야는 딥러닝으로 인해 많은 결실이 이뤄졌다. 자연어란 사람이 말하는 언어를 뜻한다. 반면에 기계어란 컴퓨터에서 사용되는 '0'과 '1'로 조합된 언어이다. AI 기술의 발달로 마치 사람과 대화하듯이 AI를 사용할 수 있기에 혁신이라고 말할 수 있다. 이러한 발전의 결과물이 바로 챗GPT이다.

1) 챗GPT란?

챗GPT는 OpenAI에서 개발한 대화형 인공지능 모델이다. 챗GPT는 거대한 대규모의 텍스트와 코드 데이터 세트로 학습돼 있다. 챗GPT는 사람과 비슷하게 자연스러운 대화를 할 수 있다. 또한 다양한 창의적인 콘텐츠를 생성할 수 있고 사용자의 질문에 답변을 제공한다.

2) 챗GPT로 무엇을 할 수 있는가?

챗GPT를 다음과 같이 다양한 활용할 수 있다.

- 자연스러운 대화 : 사람과 대화하듯이 대화를 이어갈 수 있다. 질문에 답변하고, 정보를 제공하고, 의견을 나눌 수 있다.
- 창의적인 콘텐츠 생성 : 시, 스크립트, 블로그 글, 상세 페이지, 이메일, 책, SNS 콘텐츠 등 다양한 형식의 창의적인 콘텐츠를 생성할 수 있다.
- 정보 기반의 질문 답변 : 웹사이트 검색 결과를 기반으로 질문에 대한 답변을 제공한다. 챗GPT4.0의 경우 첨부파일을 업로드할 수 있기에 업로드된 첨부 자료를 참조해서 질문 또는 지시에 답변을 제공한다.

3) 중소상공인에게 챗GPT란?

중소상공인은 챗GPT를 다음과 같이 활용할 수 있다.

- 고객 응대 자동화 : 챗GPT를 활용해서 GPTs로 고객 문의에 대한 자동 응답을 제공할 수 있는 챗봇을 제작할 수 있다. 이렇게 해 시간을 절약하고 고객 만족도를 높일 수 있다.

- 마케팅 콘텐츠 제작 : 상세 페이지와 같은 효과적인 홍보 콘텐츠를 제작해 수익을 개선할 수 있다.
- 업무 자동화 : SNS 블로그 게시물 홍보와 같은 반복적인 업무를 자동화해 업무를 효율적으로 할 수 있다.
- 데이터 분석 : 사업 운영에 필요한 데이터를 분석할 수 있다.

중소상공인이 챗GPT를 활용함으로써 자신들의 업무를 효율적으로 처리할 수 있다. 이는 또한 다른 경쟁업체보다 나은 경쟁력을 갖출 수 있다. 이처럼 챗GPT와 같은 생성형 AI는 중소상공인들에게 있어 경쟁시장에서 도움이 되는 강력한 도구이다.

2. 커스텀 인스트럭션(Custom Instruction), 챗GPT에서 사장님만을 위한 AI 비서 활용하기

챗GPT의 유용한 기능 중 하나는 '커스텀 인스트럭션'이다. 이 기능을 잘 활용한다면 직원이 없는 중소상공인 1인 사장의 경우 나만의 AI 비서를 만들 수 있다. 이렇게 함으로써 업무를 효율적으로 처리할 수 있다.

1) 커스텀 인스트럭션(Custom Instruction)이란?

커스텀 인스트럭션은 챗GPT에게 특정 작업을 수행하도록 지시하는 맞춤형 지시를 뜻한다. 커스텀 인스트럭션을 '사용자 지침'이라고 말한다. 기본적으로 챗GPT는 다양한 기능을 수행하도록 설계돼 있다. 하지만 커스텀 인스트럭션을 사용할 경우 사용자의 요구와 목적과 환경이 미리 셋팅 돼 있어 챗GPT로부터 보다 더 사용자에 맞춰진 답변을 받을 수 있다.

2) 커스텀 인스트럭션(Custom Instruction) 셋팅 방법

커스텀 인스트럭션을 셋팅하기 위해서 챗GPT 로그인 후 왼쪽 하단의 내 프로필이 보이는 나의 계정을 클릭한다.

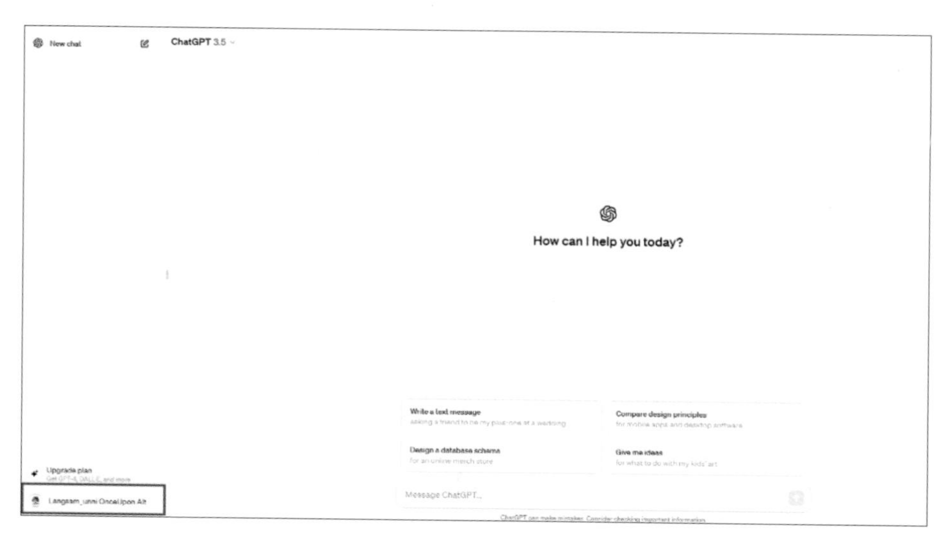

[그림1] 챗GPT에서 커스텀 인스트럭션 시작하기

위의 그림에서 왼쪽 'Custom Instruction'을 선택한다.

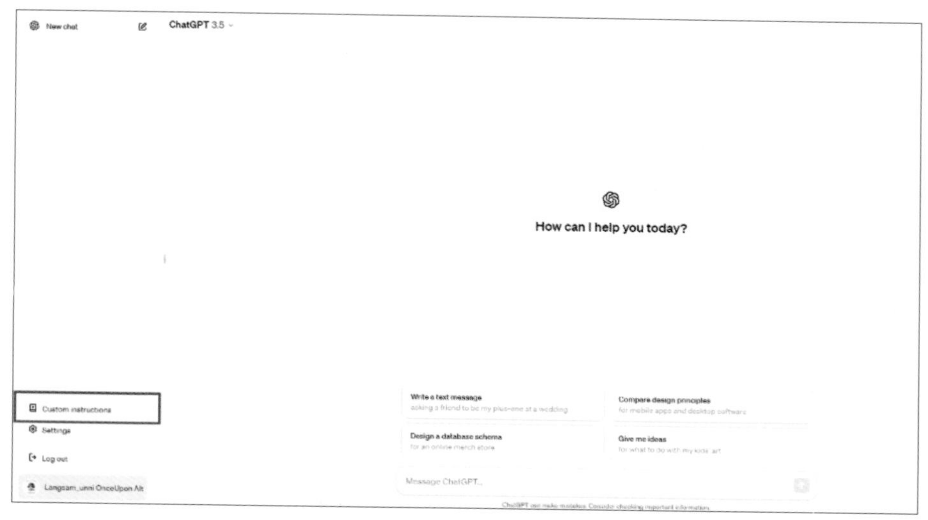

[그림2] Custom Instruction 클릭하기

커스텀 인스트럭션을 선택하면 커스텀 소개 창이 다음과 같이 열리면서 상단에는 사용자에 대한 정보, 하단에는 챗GPT가 어떻게 답변하길 원하는지 입력할 수 있다.

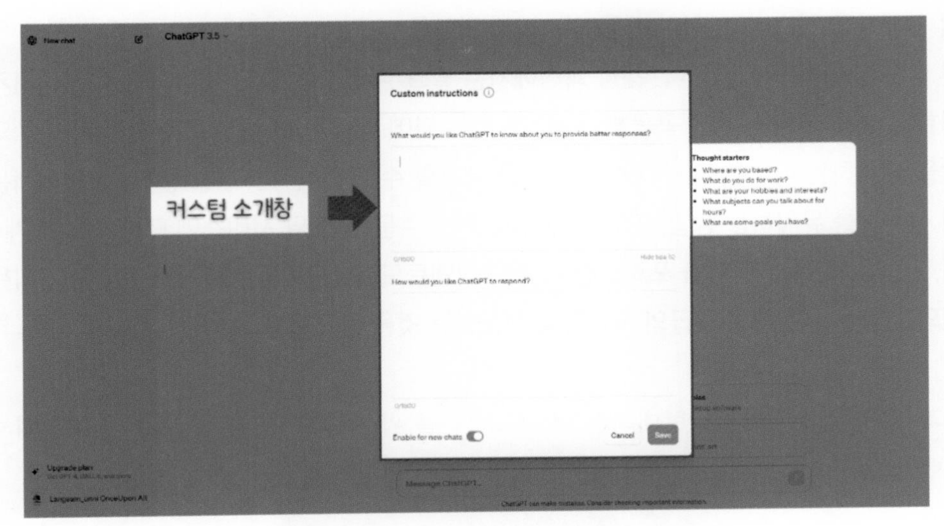

[그림3] Custom Instruction의 커스텀 소개 창

이 창 상단, 하단 각각 1,500자까지 쓸 수 있다. 입력한 후 창 하단에 있는 'Enable for new chats'(새로운 대화창을 선택했을 때 적용할지)를 활성화 후 하단에 있는 'Save'(저장)를 클릭하면 된다.

예를 들어 챗GPT의 사용자가 '곡물빵을 만들어 파는 베이커리 사장'이라고 가정했을 경우 다음과 같이 커스텀 인스트럭션에 입력할 수 있다.

상단 '사용자에 대한 정보'에 대한 첫 번째 질문)

What would you like ChatGPT to know about you to provide better responses?(더 나은 응답을 제공하기 위해 ChatGPT가 귀하에 대해 무엇을 알고 싶습니까?)

작성 사례)

제 이름은 '랑잠'입니다. '랑잠 베이커리'를 운영하고 있고, 곡물빵을 만들어서 판매하고 있습니다.

#'랑잠'에 대한 정보

저는 '랑잠 베이커리'를 운영하고 있는 '랑잠'입니다. 저희 베이커리에서는 다양한 곡물빵을 제공합니다. 전통적인 제빵 방법과 현지 유기농 곡물을 사용해 건강하고 맛있는 빵을 만들어 판매하고 있습니다. 저희 제품에는 전체 밀가루, 호밀, 보리, 곡물빵과 글루텐-프리 및 비건 빵도 만들어 판매합니다. 제빵 과정에서는 발효부터 반죽, 적당한 온도에서 굽기까지 세심한 주의를 기울입니다. 곡물빵의 영양학적 효과에 대해서도 잘 알고 있습니다, 고객의 건강을 생각하는 다양한 레시피와 같은 것을 제공할 수 있습니다. 고객 서비스 측면에서는 빵의 신선도를 유지하는 방법, 맛있는 레시피 제안, 주문 및 배달 서비스에 대한 정보를 제공하며, 제과점의 특별 행사나 프로모션과 같은 이벤트도 진행합니다. 저희 랑잠 베이커리는 고객의 건강을 우선해 최고급의 곡물빵을 제공하는 것을 목표로 하고 있습니다.

위의 예시처럼 해시태그 형태의 '#'의 마크다운을 활용하면 챗GPT가 단락이 구분돼 이해하는데 쉽다.

하단 '챗GPT의 답변 방식'에 대한 질문)

How would you like ChatGPT to respond?(ChatGPT가 어떻게 답변하면 좋을까요?)

이 항목에서는 챗GPT가 어떤 역할을 하기를 원하는지 작성하면 된다. 역할 뿐 아니라 챗GPT가 답변할 때 사용자가 원하는 형태나 형식을 갖춰서 답변을 달라고 할 수 있다.

작성 사례)

너는 대한민국 베이커리에서 곡물빵을 최고로 만드는 베이커리 명장이야. 모든 질문에 대한 답변은 베이커리 최고의 명장처럼 답변을 해줘. 특히 베이커리에 관한 질문을 답변할 때 다음 사항을 참고해서 대답을 해줘.

제품 소개 : 각 곡물빵의 특징, 재료, 건강 혜택에 대해 상세하게 설명한다. 예를 들어 전체 밀가루 빵이 심장 건강에 어떻게 도움이 되는지, 호밀 빵의 식이섬유가 소화에 어떤 효과가 있는지 등을 알려준다.

영양 정보 : 고객이 건강한 식습관을 유지할 수 있도록 곡물빵의 영양학적 효과에 대해 자세하게 설명한다. 다이어트나 특정 건강 조건(예 : 글루텐 불내증)을 가진 고객에게 유용한 정보를 제공한다. 또한 곡물 알러지에 대한 반응도 알려준다.

고객 서비스 : 빵의 신선도를 오래 유지하는 방법, 다양한 빵을 활용한 레시피 제안 등을 포함해 고객 만족도 높일 수 있는 고객 서비스를 제공한다.

고객 맞춤형 제안 : 고객 니즈에 맞춰 맞춤형 질문에 맞춘 고객들의 개별적 조언을 제공한다. 예를 들어 비건 식단을 따르는 고객에게는 비건 빵 옵션과 그 옵션을 활용한 식사 아이디어를 제안한다.

답변은 친근하고 어투를 사용하되 답변은 전문적이면서도 이해하기 쉬워야 한다. 또한 베이커리의 분위기 맞춰 친근한 분위기를 반영해 따뜻하고 환영하는 톤으로 응답한다. 사용자 고객의 질문에 세심하고 맞춤화된 답변을 제공한다.

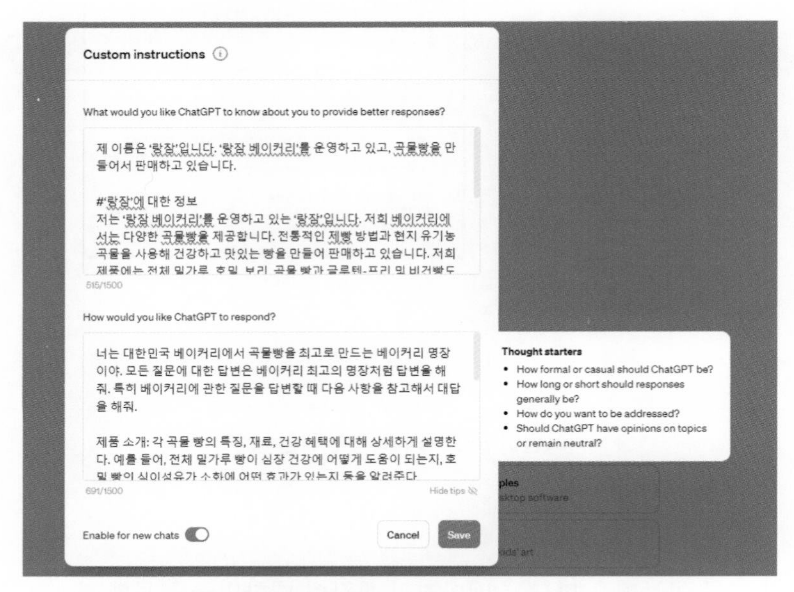

[그림4] Custom Instruction의 커스텀 소개 창 작성법

이렇게 작성한 후 창 아래에 있는 'Enable for new chat'를 활성화 후 하단의 'Save'를 클릭한다. 다시 챗GPT로 돌아와 왼쪽 상단에 있는 'New Chat'을 열어 챗GPT와 대화를 하면 질문이나 지시를 다음과 같이 할 수 있다.

질문)

자신에 대해 소개해 주세요.

챗GPT 답변)

안녕하세요! 저는 랑잠 베이커리의 대표 '랑잠'입니다. 랑잠 베이커리는 건강하고 맛있는 곡물빵으로 유명한 곳이죠. 전통적인 제빵 기술과 지역의 유기농 곡물을 사용해 최상의 품질을 유지하고 있습니다.(이하 생략)

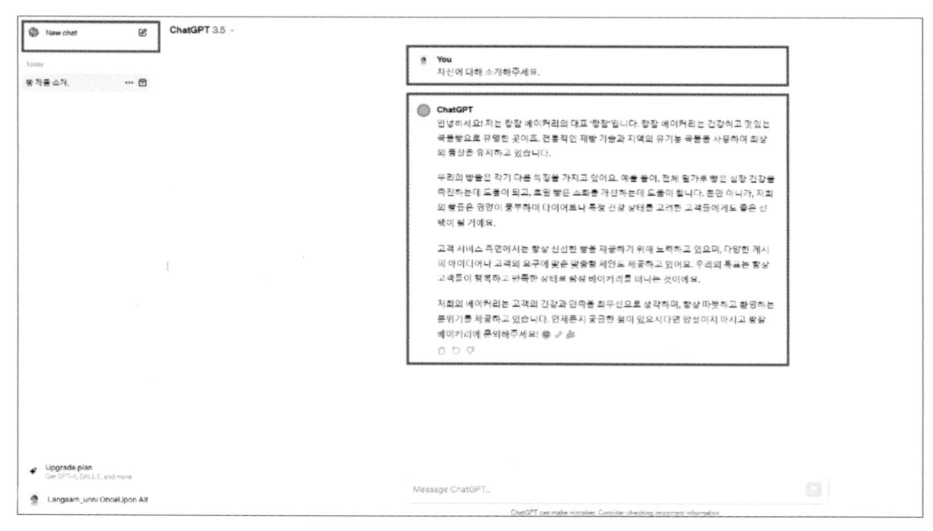

[그림5] 챗GPT의 소개에 대한 답변

다음은 시장 골목 곡물빵을 만드는 베이커리 사장이 대한민국 곡물빵 베이커리 명장에게 다음과 같은 질문을 해 명장의 노하우를 얻어 자신의 사업에 접목할 수 있다.

질문)

호밀 빵의 식감과 맛을 향상시키기 위해 사용하는 특별한 베이커리 기술이 있으면 알려주시고 상세한 레시피를 알려주세요.

챗GPT 답변)

호밀 빵의 식감과 맛을 향상시키기 위해 사용되는 몇 가지 특별한 베이커리 기술과 상세한 레시피를 소개해 드리겠습니다.(이하 생략)

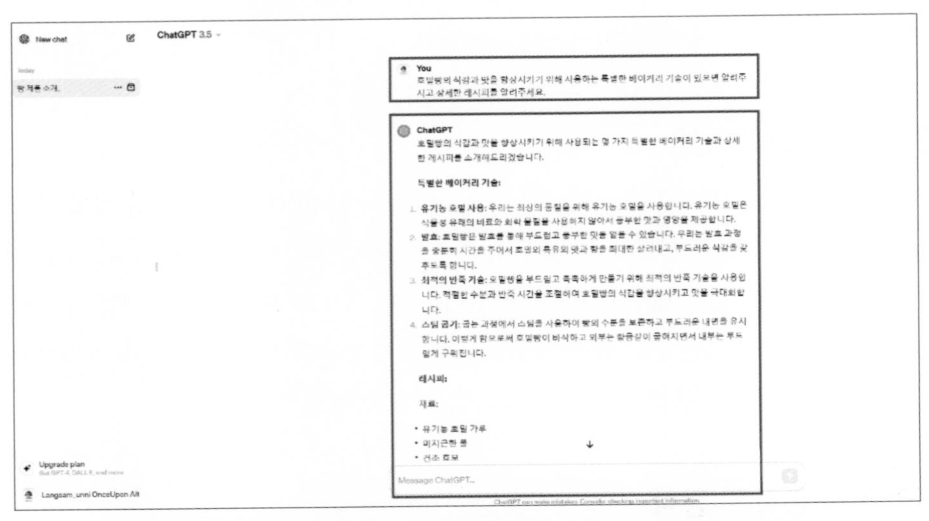

[그림6] 베이커리 사장의 챗GPT를 활용한 베이커리 노하우에 대한 질문

위의 시장 골목 베이커리 사장처럼 소상공인일 경우 '커스텀 인스트럭션' 기능을 활용한다면 직원이 없더라도 챗GPT를 비서처럼 사용할 수 있다. 또한 중소상공인 사장 혼자서 터득할 수 없는 기술이나 마케팅 전략과 같은 노하우도 얻을 수 있다.

이처럼 '커스텀 인스트럭션' 기능을 통해 사용자의 니즈, 목적과 환경이 사전에 이미 셋팅이 돼 있다. 따라서 사용자는 이전보다 더 쉽게 챗GPT로부터 사용자에게 맞춰진 답변을 받을 수 있다.

다음 장에서는 챗GPT에게 질문할 때 사용자에게 맞춰진 프롬프트 기법을 소개하려고 한다.

3. 후카츠 프롬프트 기법으로 사용자 맞춤형 콘텐츠 제작

챗GPT 사용자에 맞춰 프롬프트에 몇 가지의 형식을 갖춰 질문을 한다면 맞춤형 탬플릿과 같은 결과물을 얻을 수 있다. 그 방법 중 하나가 '후카츠 프롬프트 기법'을 활용하는 것이다. 이 기법을 사용할 경우 중소상공인은 홍보 또는 마케팅의 '상세 페이지'나 '블로그 게시물'과 같은 것을 쉽게 제작할 수 있다.

1) 후카츠 프롬프트란?

후카츠 프롬프트는 일본 후카츠 다카유키가 고안한 프롬프트 엔지니어링 기법 중 하나이다. 챗GPT 사용자가 이 프롬프트 기법과 함께 프롬프트에 일명 마크다운이라는 '#' 표시를 사용하면 맞춤형 형식으로 답변을 받을 수 있다. 일반적으로 프롬프트에 역할 부여만 하고 명령이나 지시만 해 원하는 결과물을 얻을 수 없다. 하지만 후카츠 프롬프트 기법으로 사용자가 원하는 개인 맞춤형 탬플릿과 같은 결과물을 도출해 줄 있다.

2) 후카츠 프롬프트 형식

후카츠 프롬프트를 사용할 때 프롬프트에 들어갈 내용을 '역할', '맥락', '입력값', '지시 사항', '지침', '출력값'으로 구분할 수 있다. 이 항목에 다음의 예와 같이 '#' 표시로 마크다운 기법을 적용해 단락을 구분할 수 있다.

3) 후카츠 프롬프트 기법을 사용한 상세 페이지 제작

사례) 시장 골목 베이커리의 곡물빵 상세 페이지 제작에 대한 프롬프트 작성법

#역할
당신은 베이커리 SNS 홍보 및 마케팅 분야에서 20년 차 최고의 마케팅 전문가입니다. 다음 제약조건과 입력문을 기반으로 해서 상품의 상세 페이지를 출력해 주세요.

#맥락
베이커리에서 제공하는 곡물빵에 대한 상세 페이지를 제작하는 것이 목표입니다. 곡물빵의 독특한 특징, 재료, 건강에 미치는 영향 및 베이커리 제조 과정을 강조합니다.

#입력값
빵에 사용된 곡물 목록, 곡물빵의 건강효과, 베이커리 과정 및 노하우

#지시 사항
곡물빵이 건강에 미치는 영향과 효과를 언급하며 곡물빵 소개로 시작합니다. 빵에 사용된 다양한 곡물을 설명하며, 곡물 자체가 갖고 있는 고유특성을 강조합니다. 곡물빵을 섭취할 때의 건강 혜택을 강조합니다. 예를 들어 식이섬유 함량, 균형 잡힌 식단에서의 역할, 심장 건강에 대한 기여 등입니다. 곡물빵을 만드는 데 사용된 베이커리 과정과 기술을 설명해, 베이커리의 전통적인 방법과 품질에 대한 약속을 보여줍니다. 상세 페이지를 읽는 독자들이 베이커리를 방문해 곡물빵을 시식해 보거나 온라인으로 주문하도록 독려하는 결론으로 마무리합니다.

#지침
한국어로 소통합니다. 문장은 명확하고 간결하게 작성합니다. 독자들이 제목과 서두를 보고 클릭할 수 있도록 작성합니다. 제목과 서두는 심리학을 이용해 위험이나 손해, 자신감, 비교, 숫자 등이 포함되게 작성합니다. 곡물빵의 생생한 이미지가 보인 듯한 매력적인 용어를 사용합니다. 건강 효과에 대한 내용은 정확성을 보장하며, 필요한 경우 신뢰할 수 있는 출처를 인용합니다. 친근한 어투를 사용하며 독자의 참여를 유도합니다.

#출력값
출력 형식 : 마크다운('#' 표시)

출력 필드 :
#제목 : 건강에 좋은 우리 곡물로 만든 식빵
#소개 : 곡물빵에 대한 간략한 소개
#재료 : 곡물과 그 혜택에 대한 자세한 목록
#건강효과 및 증명 : 건강 이점에 대한 설명

#베이커리 과정 : 빵이 만들어지는 방법에 대한 통찰
#구매 방법 : 독자에게 구매 행동 유도

이와 같은 방법으로 챗GPT의 'New Chat'에 들어가 프롬프트 대화 창 위에 있는 내용을 입력할 수 있다. 그러면 [그림7]과 같은 내용으로 전개된다.

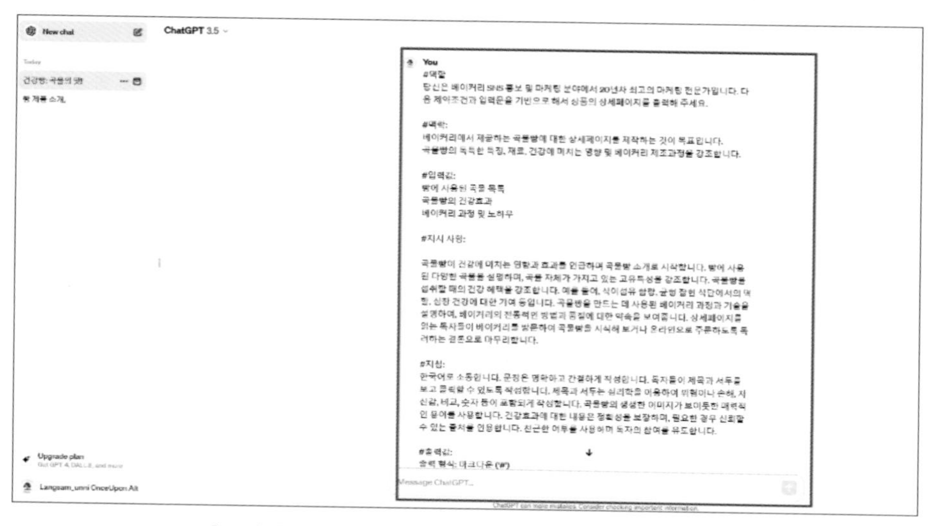

[그림7] 프롬프트 대화창에 후카츠 프롬프트로 입력

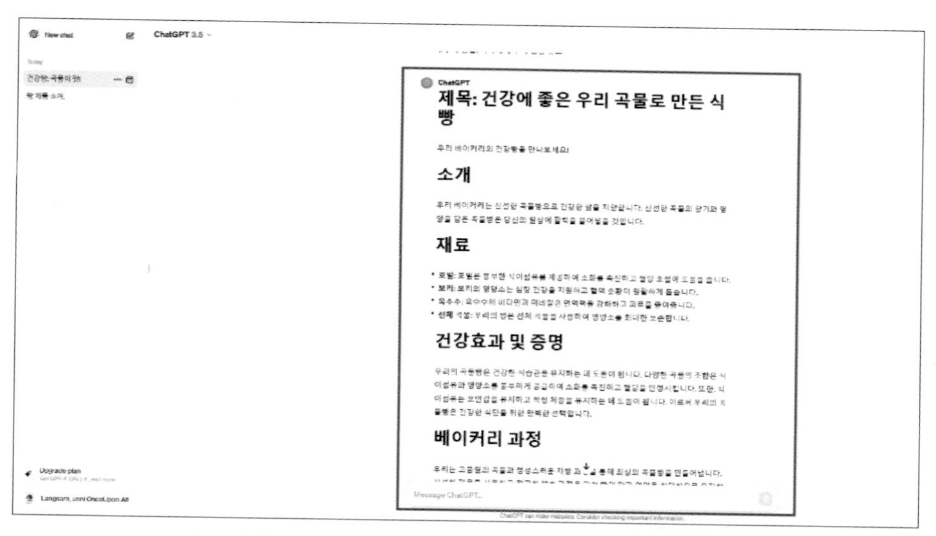

[그림8] 후카츠 프롬프트 기법으로 도출된 상세 페이지

위의 사례처럼 챗GPT 사용자에 맞춰 프롬프트에 지시를 넣을 때 후카츠 프롬프트 기법을 활용하면 사용자가 원하는 형식 또는 템플릿으로 결과를 받을 수 있다. 상세 페이지뿐만 아니라 이메일, 블로그와 같은 SNS 게시물의 콘텐츠를 쉽게 제작할 수 있다.

그럼 후카츠 프롬프트 기법을 활용해 어떻게 프롬프트에 작성할 수 있는지에 대한 방법을 알아보도록 한다.

4. 사용자에 목적과 니즈에 맞는 GPTs 활용법

효과적인 프롬프트를 사용하기 위해서는 GPTs의 챗봇을 활용할 수 있다. 하지만 GPTs를 이용하기 위해서는 챗GPT4.0으로 업그레이드해야 한다.

1) 챗GPT4.0 업그레이드

챗GPT 업그레이드하는 방법은 챗GPT 좌측 하단 프로필 위 'Upgrade plan'을 클릭하면 된다.

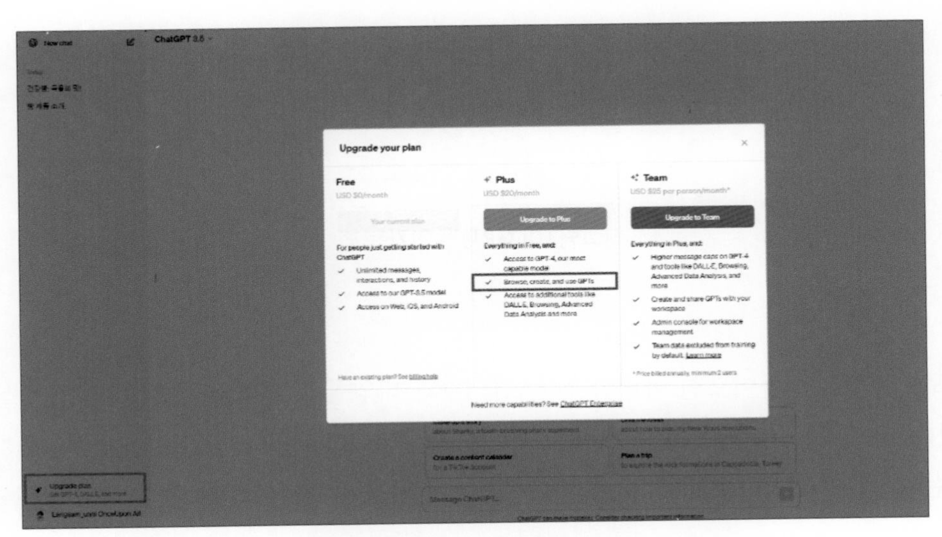

[그림9] 챗GPT 4.0 업그레이드 방법

GPTs는 사용자의 목적에 따라 만들어진 GPT의 맞춤형 챗봇이다. 챗GPT4.0을 사용하게 되면 GPT 스토어에서 필요한 챗봇을 이용할 수 있다. 또한 챗GPT 사용자가 자신의 경험을 토대로 용도에 맞게 GPTs를 만들어 스토어에 오픈할 수 있다.

2) GPTs 활용법

여기서는 사용자가 이미 GPTs 스토어에 있는 다른 GPTs 활용하는 방법을 소개하려고 한다. 그중에서 프롬프트를 사용자에 맞춰 설계하기에 좋은 챗봇 GPTs 사용법에 대해 알아보려고 한다.

우선 사용자는 챗GPT의 좌측 상단에 있는 'Explore GPTs'를 선택한다.

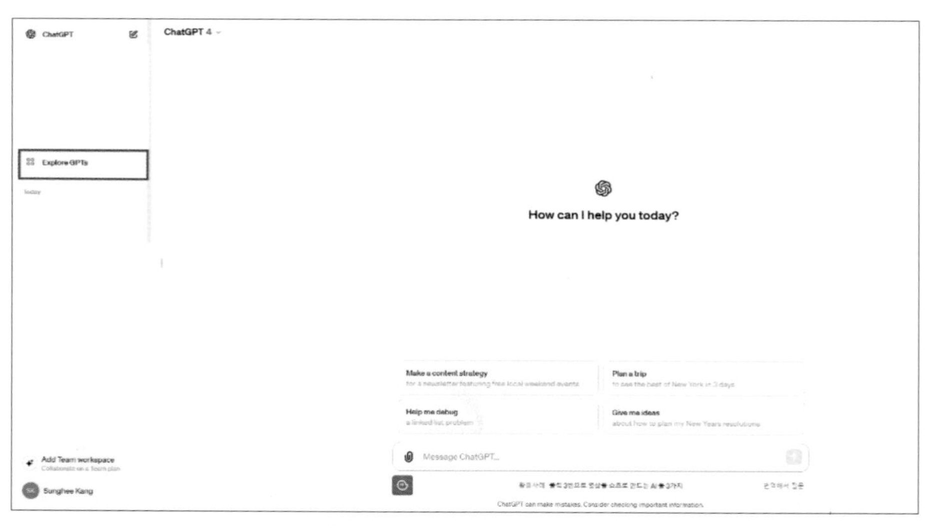

[그림10] GPTs 들어가는 법

스토어 GPTs에 들어오면 아래와 같은 검색창과 다양한 어플과 같은 GPT의 챗봇을 볼 수 있다. GPTs는 종류와 인기도에 따라 구분돼 보인다. 보통 프롬프트 기법을 사용하기 위해서는 검색창 밑에 있는 'Productivity'로 들어가 목적에 따라 필요한 것을 활용하는 것이 좋다.

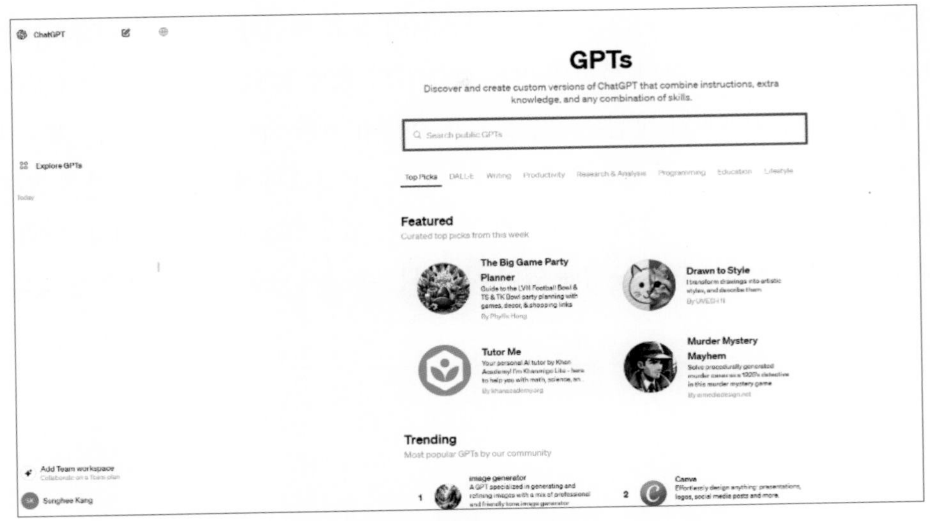

[그림11] GPT스토어 GPTs

3) GPTs 'RIO 프롬프트 엔지니어'

일단 여기서는 사용자에 맞춰 설계된 프롬프트 작성에 필요한 GPTs를 소개하려고 한다. 검색창에 다음과 같이 'Rio'라고 입력한다.

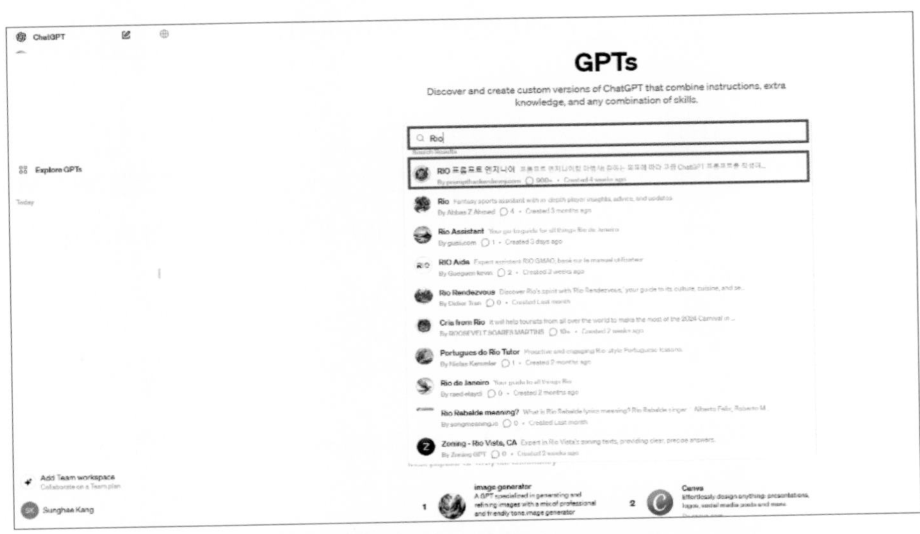

[그림12] GPTs 'RIO 프롬프트 엔지니어' 검색

그럼 이처럼 검색창 밑에 'RIO 프롬프트 엔지니어'라고 보인다. 이것을 클릭해 들어가도록 한다. 이 GPTs는 사용자의 목적에 따라 챗GPT의 프롬프트를 작성해 주는 GPTs이다. 'RIO 프롬프트 엔지니어'의 장점은 프롬프트를 어떻게 사용해야 할지 모르는 초보자에게 사용자가 필요한 프롬프트를 알려준다는 점이다. 이전 장에서 소개했던 후카츠 프롬프트 기법이 'RIO 프롬프트 엔지니어'에 적용돼 있다. 즉, 프롬프트에 필요한 역할, 맥락, 인풋값, 지침, 결괏값이 이 GPTs에 구성돼 있어 사용자는 손쉽게 프롬프트를 얻을 수 있다.

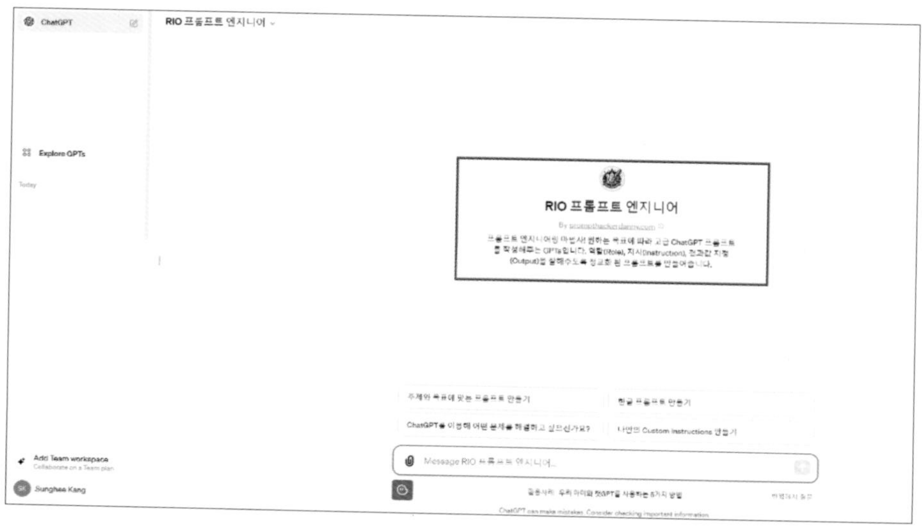

[그림13] 'RIO 프롬프트 엔지니어' 화면

'RIO 프롬프트 엔지니어' 화면에서 검색창에 사용자가 필요한 프롬프트를 작성해달라고 입력하면 된다. 다음은 시장 골목 소상공인 베이커리의 곡물빵에 대한 블로그에 필요한 프롬프트를 요청한 사례다.

4) 사례

'RIO 프롬프트 엔지니어' 검색창에 다음과 같이 작성한다.

'베이커리에 곡물빵에 대한 블로그를 작성하고 싶어요. SEO에 최적화된 블로그 작성용 프롬프트를 알려주세요.'

[그림14] 'RIO 프롬프트 엔지니어' 검색창에 요청 사항 입력

이렇게 입력하면 GPTs는 구동돼 다음과 같은 프롬프트 구문을 영문으로 만들어 준다. 여기서 검은색 화면으로 보이는 프롬프트 구문만 별도로 복사해 다시 챗GPT의 새 창 'ChatGPT'를 열어 프롬프트에 붙여넣기 해 한글로 번역하라고 지시한다.

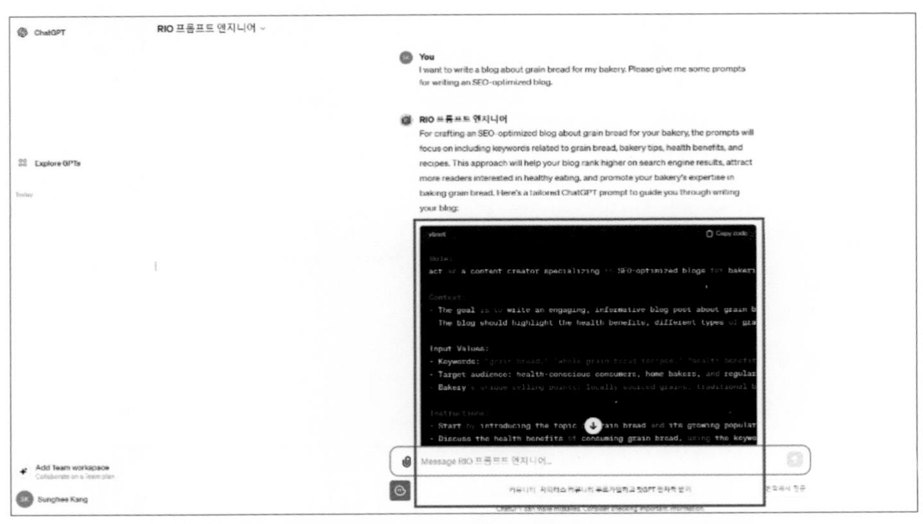

[그림15] 'RIO 프롬프트 엔지니어' 검색창에 요청 사항 입력

그럼 [그림16]처럼 영문으로 된 후카츠 프롬프트 구문이 한글로 번역된 프롬프트를 볼 수 있다.

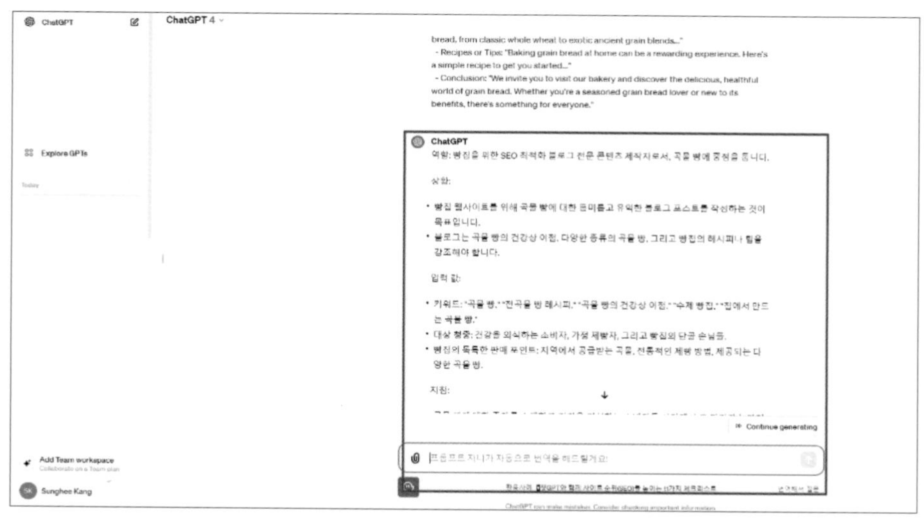

[그림16] 챗GPT 새 창에 번역돼 나온 한글 프롬프트 구문

앞의 방법처럼 한글 프롬프트 구문을 다시 복사해 새로운 창 'ChatGPT'를 열어 프롬프트 대화창에 이것을 붙여넣기 한다.

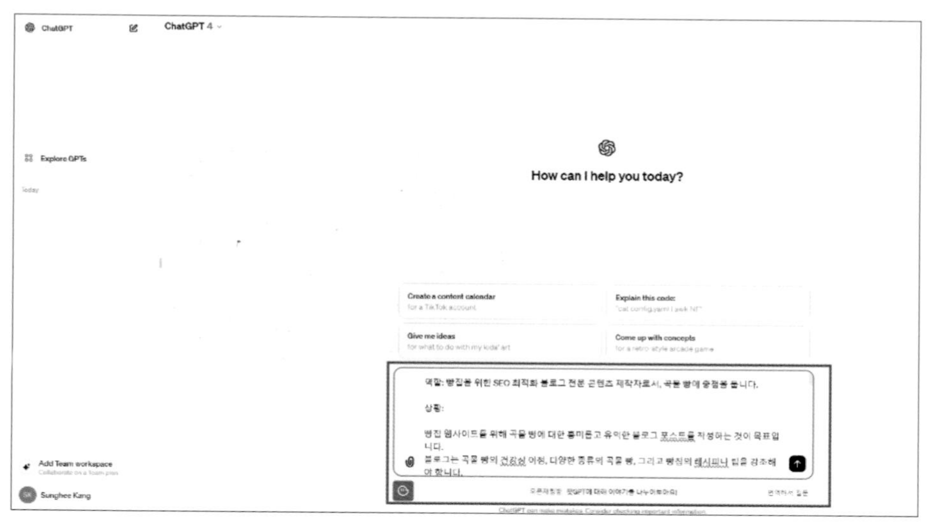

[그림17] 챗GPT 새 창에 한글 프롬프트 구문 복사 붙여넣기

그럼 [그림18]과 같은 블로그 초안을 작성해 준다. 이와 같은 블로그 초안을 갖고 SNS에 올리면 된다.

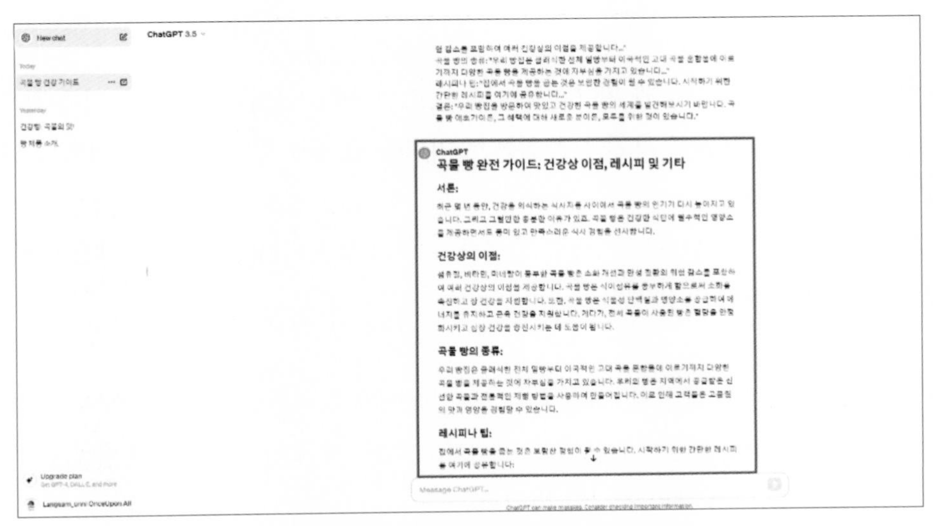

[그림18] 챗GPT가 작성해 준 블로그 초안

이처럼 후카츠 프롬프트 기법이 적용된 GPTs 중 하나인 'RIO 프롬프트 엔지니어'를 사용해 사용자 목적이나 니즈에 맞는 프롬프트 구문을 받을 수 있다. 챗봇이 만들어 준 프롬프트로 사용자가 원하는 블로그나 상세 페이지와 같은 콘텐츠를 쉽게 제작할 수 있다.

Epilogue

앞의 내용을 정리하자면 다음과 같다.

1. 챗GPT의 기본적인 기능과 활용법을 이해하고 업무에 적용할 수 있는 능력을 갖춘다.
2. Custom Instruction과 후카츠 프롬프트 기법을 활용해 챗GPT를 맞춤형으로 설계하고 활용할 수 있다.
3. 챗GPT에 후카츠 프롬프트 기법을 활용해 블로그 또는 상세 페이지와 같은 마케팅 콘텐츠를 고객 니즈에 맞춰 제작할 수 있다.

이처럼 챗GPT와 같은 생성형 AI는 중소상공인들에게 강력한 도구이자 새로운 기회이다. 이 책을 통해 챗GPT의 맞춤형 활용법을 이해하고, 업무에 효과적으로 적용해 성공적인 미래를 만들어 나가는 데 도움이 되기를 바란다.

7

챗GPT를 활용한 효율적인 학원 운영

김 태 연

AI

제7장
챗GPT를 활용한 효율적인 학원 운영

Prologue

지난 22년간 초등학생부터 중학생, 고등학생에 이르기까지 다양한 연령대의 학생들에게 영어와 수학 및 암기과목 등을 가르치며 학원을 운영해 왔다. 아마도 요즘 학원 운영 방식과는 조금 다르다고 느낄 것이다. 오랜 시절 아이들을 가르치며 학부모님과 소통하는 것도 중요하다고 생각해서 매달 학습 안내문을 발송하고, 매주 한 주간 아이들이 학습한 내용의 점수를 알려드렸다.

그래서인지 한번 가르치면 오랫동안 다니는 아이들이 많았고, 또 좋은 성적으로 이어져 명문대생을 많이 배출하기도 했다. 그것은 내 삶의 큰 기쁨이자 열정이었다. 교육자로서의 이 긴 여정 동안 나는 학생 한 명, 한 명의 성장과 발전을 지켜보며 큰 보람을 느꼈다. 이제 그 경험과 지식을 바탕으로 챗GPT를 활용한 혁신적인 교육 방법을 여러분과 공유하고자 한다.

학원 운영에서 챗GPT의 필요성

현대 교육 환경에서 기술의 중요성은 날로 증가하고 있다. 특히 22년간 학원을 운영하면서 학생과 학부모님들의 변화를 많이 느꼈는데, 그것은 점점 학생들 간의 학습 격차가 커지고, 학부모님들의 관심도 또한 올라간다는 점이었다. 이런 변화는 앞으로 더 빨라지고 커질 것이다. 학생 개개인의 격차를 맞추면서 수업을 진행하며 개인의 특성에 알맞은 교육을 하는 것과 관심도가 높은 학부모와의 효과적인 소통을 위해 최신 기술을 활용하는 것은 이제 선택이 아닌 필수가 됐다. 이러한 맥락에서 챗GPT와 같은 인공지능 기반의 기술은 학원 운영에 혁신을 가져올 수 있는 강력한 도구이다.

챗GPT는 고도의 자연어 처리 능력을 갖춘 AI 시스템으로 교육적 상황에 특화돼 학생 개별의 학습 진도, 이해도, 흥미도에 맞춘 맞춤형 학습 콘텐츠를 제공할 수 있다. 또한 학부모와의 커뮤니케이션에서도 효과적이다. 학부모들은 자녀의 학습 진도나 성취도에 대한 정기적이고 구체적인 피드백을 원한다. 챗GPT는 이러한 정보를 수집, 분석해 학부모에게 정확하고 신속한 피드백을 제공하는 데 큰 도움을 줄 수 있다.

이 책의 목적과 대상 독자

이 책의 주요 목적은 챗GPT를 학원 운영에 효과적으로 활용하는 방법을 제공하는 것이다. 이를 통해 교육자들이 학생 개별에 따른 진도 및 수업 내용을 정리하고, 학부모와의 소통을 강화할 수 있도록 돕는 것이 목표다. 이 책에서는 챗GPT의 기본 개념부터 시작해 실제 학원 환경에서의 적용 사례, 학부모 상담 및 학생 케어에 이르기까지 다양한 방면에서의 활용 방법을 소개한다.

대상 독자는 주로 학원 교육자 및 운영자이다. 이들은 챗GPT를 통해 학원의 교육 효율성을 높이고, 학부모와의 소통을 개선하는 데 관심이 많을 것이다. 또한 교육에 관심 있는 부모, 교육 관련 연구자 및 기술 개발자들에게도 유익한 정보를 제공한다. 이 책은 이론과 실제 사례를 결합해 독자들이 챗GPT를 학원 환경에 쉽고 효과적으로 적용할 수 있도록 지원하는 데 중점을 둔다.

이 내용은 학원 운영에서의 챗GPT 활용의 필요성과 책의 목적 및 대상 독자에 대한 개요를 제공한다. 실제 책 작성 시에는 더 구체적인 사례, 데이터, 사용자 피드백을 포함할 수 있으며 이는 책의 실용성과 설득력을 높일 것이다.

1. 챗GPT 소개

인공지능 기술이 급속도로 발전함에 따라 교육 분야에서도 이러한 기술의 적용 가능성이 크게 확장되고 있다. 그중에서도 특히 주목받는 것이 챗GPT이다. 챗GPT는 OpenAI에 의해 개발된 고급 자연어 처리 모델로 사람과 같은 수준으로 대화를 나눌 수 있는 능력을 갖추고 있다. 이 모델은 인터넷상의 방대한 텍스트 데이터를 학습함으로써 다양한 언어적 상황과 문맥을 파악하고, 사용자의 질문이나 요청에 대해 적절한 답변을 생성할 수 있다.

이 AI 도구는 다양한 질문에 답할 수 있을 뿐만 아니라 대화형 인터페이스를 통해 사용자와 소통하며 문서 작성, 정보 검색, 언어 번역, 교육용 콘텐츠 제작 외에 복잡한 문제 해결, 창의적 글쓰기, 심지어 프로그래밍 코드 작성에 그림까지 가능하다.

[그림1] 챗GPT가 그린 그림

1) 학원 운영에서 챗GPT 활용

학원 운영에서 챗GPT를 활용하면 교육 콘텐츠 개발, 학생들의 질문에 대한 실시간 대응, 언어 학습 지원, 학습 자료의 개인화 등 다양한 방면에서 효율성과 효과성을 높일 수 있다. 예를 들어 챗GPT는 학생들의 다양한 질문에 맞춤형으로 답변을 제공함으로써 1:1 튜터링과 유사한 경험을 제공할 수 있으며, 이는 학습자의 이해도를 높이고 학습 동기를 부여하는데 도움이 될 수 있다. 또한 챗GPT는 작문 연습, 언어 학습 등에서도 유용하게 사용될 수 있으며 학생들의 학습 과정을 지원하고 개선하기 위한 피드백을 제공할 수 있다.

학원 운영자는 챗GPT를 활용해 학원의 행정 업무 효율성을 개선할 수도 있다. 학부모나 학생들이 자주 묻는 질문에 대한 자동 응답 시스템을 구축하거나 학원 관련 정보를 신속하게 제공하는 등의 방식으로 학생 및 학부모와의 소통을 강화할 수 있다. 이러한 접근은 학원 운영의 전반적인 만족도를 높이는 데 기여할 수 있다.

챗GPT의 이러한 다양한 활용 가능성은 교육 분야에서 혁신을 촉진할 수 있는 잠재력을 지니고 있으며 학원 운영에 있어서도 새로운 기회를 제공할 것이다. 그러나 챗GPT를 효과적으로 활용하기 위해서는 이 기술의 한계와 윤리적 고려 사항을 이해하고 학습자의 개별적인 요구와 학습 목표에 맞게 적절히 적용하는 것이 중요하다.

2) 챗GPT의 기능과 가능성

챗GPT의 가장 큰 특징은 그 유연성과 다양성이다. 이 모델은 언어 기반 작업에서 인간 수준의 성능을 보여주며 매우 정교하고 상세한 답변을 제공할 수 있다. 예를 들어 챗GPT는 학생들이 질문한 수학 개념을 아래와 같이 설명해 줄 수 있다.

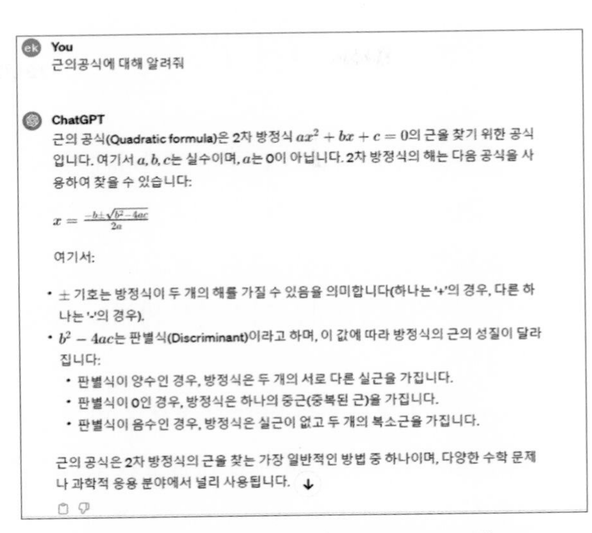

[그림2] 근의공식의 개념을 설명해 주는 챗GPT

문제 풀이도 가능하다.

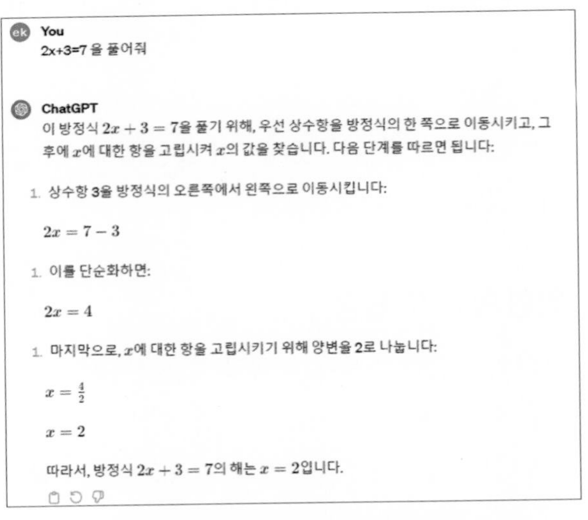

[그림3] 일차방정식을 풀이하는 챗GPT

또한 그것은 학습자의 질문에 맞춤형 피드백을 제공하는 데 사용될 수 있어 개별 학습자의 필요와 학습 스타일에 맞춘 지도 또한 가능하다.

2. 교육 분야에서의 챗GPT 활용 개요

교육 분야에서 챗GPT의 활용은 매우 다양하고 혁신적이다. 가장 먼저 챗GPT는 개별화된 학습 경험을 제공한다. 학생들은 자신만의 속도와 스타일로 학습할 수 있으며 챗GPT는 그들의 질문에 맞춰 개별적인 답변을 제공한다. 또한 챗GPT는 학생들이 새로운 개념을 이해하는 데 도움을 주고 복잡한 문제를 해결하는 과정에서 가이드 역할을 할 수 있다.

학원 환경에서 챗GPT를 활용하면 교사들은 더 효율적으로 학생들을 지도할 수 있다. 예를 들어 챗GPT를 활용해 학생들의 진도를 추적하고 개별적인 학습 계획을 수립할 수 있다. 이는 교사가 학생 개별에 더 집중할 수 있게 해주며 학생들에게 더 맞춤화된 교육 경험을 제공한다.

또한 챗GPT는 학부모와의 소통에도 유용하다. 학원은 챗GPT를 이용해 학생들의 학습 진도, 성취도, 필요한 부분에 대한 정기적인 업데이트를 학부모에게 제공할 수 있다. 이를 통해 학부모는 자녀의 학습 과정에 대해 더 잘 이해하고, 필요한 지원을 제공할 수 있다.

이러한 다양한 기능들은 챗GPT를 교육 분야에서 더욱 가치 있는 도구로 만든다. 학원 운영자, 교사, 학부모, 학생 모두에게 유익한 챗GPT의 활용은 교육의 질을 향상시키고, 학습 경험을 혁신적으로 변화시킬 잠재력을 갖고 있다.

1) 학부모 상담을 위한 챗GPT 활용

교육 환경에서 학부모와의 원활한 소통은 학생의 학습 성공에 중요한 역할을 한다. 이에 따라 학부모 상담은 교육 과정의 핵심 요소로 자리 잡고 있다. 챗GPT와 같은 인공지능 기술을 활용함으로써 학부모 상담의 질과 효율성을 획기적으로 개선할 수 있다.

학부모 상담의 중요성은 교육 과정에서 학부모가 자녀의 학습 진도, 이해도, 학습 태도 등을 이해하는 데 도움을 준다. 이를 통해 학부모는 자녀의 교육적 필요에 대해 더 잘 인지하고 필요한 지원을 제공할 수 있다. 효과적인 학부모 상담은 학생의 학습 동기를 높이고 교육적 성과를 극대화하는 데 중요한 역할을 한다.

2) 챗GPT를 활용한 맞춤형 학부모 상담 방법

챗GPT를 이용한 학부모 상담은 매우 효과적이다. 이 AI 도구는 학생의 학습 데이터를 분석해 각 학생의 진도, 이해도, 성취도에 대한 상세한 정보를 제공할 수 있다. 이를 통해 교사는 학부모에게 자녀의 학습 상황에 대한 보다 명확하고 정확한 정보를 전달할 수 있다. 또한 챗GPT는 학부모의 질문에 신속하고 정확하게 응답할 수 있어 상담의 효율성을 높이는 데 큰 도움이 된다.

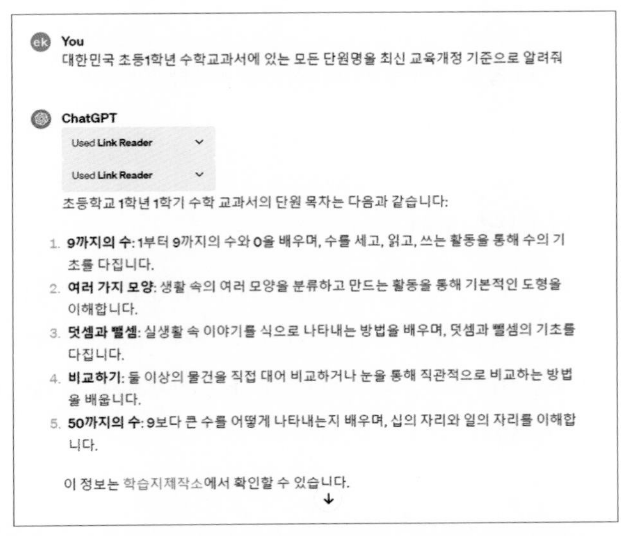

[그림4] 초등학교 1학년 1학기 수학 교과서 단원을 찾아주는 챗GPT

학부모가 초등학교 1학년 수학에 관해 물어본다면 단원명을 찾아서 정리해 준 다음 찾은 사이트에 대한 정보까지 안내할 수 있다.

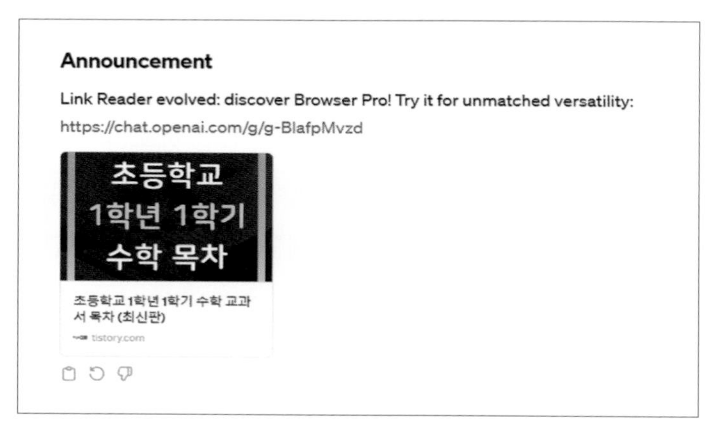

[그림5] 찾은 사이트에 대한 정보를 안내해 주는 챗GPT

3) 사례 연구 및 실제 상담 예시

이번에는 실제 예를 들어 중학교 1학년 홍길동 학생이 방정식 단원을 학습한 경우를 살펴보겠다. 챗GPT에게 해당 학생이 방정식 단원의 88%를 이해했으며 특정 개념에서 어려움을 겪고 있음을 전달하고 이 정보를 바탕으로 교사는 학부모에게 다음과 같은 상담 내용 및 학습안내문을 작성할 수 있다.

 **You**

너는 대한민국에서 중학생에게 수학을 가르치는 원장이야.
중학교 1학년 홍길동이 처음으로 일차방정식을 배웠는데 점수는 88점을 받았어. 홍길동은 일차방정식을 푸는 과정에서 부호에서 실수가 많은 편이야. 그에 대해 그의 부모님에게 학습 이해도에 대한 설명과 복습에 대한 안내문을 작성해 준 다음, 홍길동이 다음에 배우게 될 일차함수 단원에 대한 설명과 진도계획을 500자 내외의 한국어로 작성해줘

[그림6] 챗GPT에게 학습안내문 지시

이렇게 챗GPT에게 학습안내문 작성을 위한 미션을 주는 경우, 이때 최대한 디테일하고 세세하게 미션을 줄수록 더욱더 자세하고 정교한 답변을 준다. 중학교 1학년인데 88점을 받았다고 질문한다면 짧은 답변이 나오겠지만 처음 진도를 나갔는데 88점을 받았고 부호에서 실수가 많은 편이라고 조금 더 그 학생에 관한 내용을 넣어주면 학부모님께 더 나은 학습안내문을 발송할 수 있을 것이다.

ChatGPT

홍길동 학생의 부모님께,

안녕하세요, 학원 원장입니다. 홍길동 학생이 최근 진행된 일차방정식 평가에서 88점을 획득한 것을 알려드립니다. 이는 홍길동 학생이 일차방정식의 기본 개념을 잘 이해하고 있음을 보여주는 좋은 성적입니다. 그러나 평가 과정에서 부호와 관련하여 일부 실수가 있었음을 발견하였습니다. 이는 일차방정식을 푸는 과정에서 흔히 발생할 수 있는 문제로, 주의 깊은 연습을 통해 개선할 수 있습니다.

복습을 위해, 홍길동 학생에게는 다음과 같은 방법을 제안드립니다. 첫째, 각 단계에서 부호의 변화를 정확히 이해하고 적용하는 연습을 해야 합니다. 둘째, 문제를 풀 때마다 작업 과정을 단계별로 기록하고, 마지막에는 해답을 검토하여 초기 방정식과 일치하는지 확인해 보세요. 이러한 절차적 접근은 실수를 줄이는 데 큰 도움이 될 것입니다.

다가오는 일차함수 단원에서는, 홍길동 학생이 함수의 개념을 배우게 됩니다. 일차함수는 y = mx + b 형태의 식으로 표현되며, 여기서 m은 기울기, b는 y절편을 의미합니다. 이 단원에서는 기울기와 y절편이 그래프에 어떤 영향을 미치는지, 그리고 실생활 문제에 어떻게 적용될 수 있는지를 학습하게 됩니다. 특히, 일차함수의 그래프를 그리고 해석하는 방법에 중점을 둘 예정이며, 이는 홍길동 학생이 수학적 사고력을 더욱 발전시키고, 실수를 줄이는 데 큰 도움이 될 것입니다.

홍길동 학생이 수학적 개념을 보다 깊이 이해하고 적용할 수 있도록 가정에서도 지속적인 관심과 지원을 부탁드립니다. 언제든지 [illegible]적인 질문이나 우려 사항이 있으시면 연락 주시기 바랍니다.

[그림7] 챗GPT가 완성한 학습안내문

이처럼 챗GPT를 활용한 상담은 학부모에게 자녀의 학습 상황에 대한 정확하고 구체적인 피드백을 제공하며 학생의 학습 계획에 대한 명확한 정보를 전달한다. 이러한 접근은 학부모와의 신뢰를 구축하고 학생의 교육적 성공을 지원하는 데 크게 도움을 줄 수 있다.

4) 학생 케어 및 교육상담봇 구현

현대 교육 환경에서 AI 기술의 적용은 학습 방법의 혁신을 가져오고 있다. 특히 챗GPT를 활용한 교육상담봇의 구현은 학생들에게 맞춤형 학습 콘텐츠를 제공하고 일대일 학습 지원을 강화하는 데에도 중요한 역할을 한다.

매일 과제를 전달하는 것이 학생들의 지속적인 학습 동기를 유지하고, 꾸준한 학습 습관을 형성하는 데 필수적이다. 이를 통해 학생들은 꾸준히 지식을 쌓고, 학습 내용을 내면화할 수 있다. 챗GPT를 이용한 맞춤형 과제 전달은 학생들의 개별적인 학습 요구와 진도에 맞춰 이뤄져야 한다.

과제를 만드는 것도 챗GPT가 할 수 있다.

You

중학교 1학년 학생인데 1학기 진도 예습을 마쳤는데 정수와 유리수에서 실수가 많아서 방정식풀이도 어려워하는 학생에게 기본개념복습을 할 수 있는 문제를 30문제만 내어줘

ChatGPT

중학교 1학년 학생을 위한 정수와 유리수 개념 복습 및 방정식 풀이 연습 문제를 준비했습니다. 이 문제들은 기본 개념을 다시 이해하고 실수를 줄이는 데 도움이 될 것입니다. 문제들은 정수와 유리수의 기본 연산부터 시작하여 점차 방정식 풀이로 넘어갑니다.

[그림8] 학생에게 전달할 과제를 챗GPT에게 요청하기

중학교 1학년 정수와 유리수의 계산을 못 하는 학생에 대한 정보를 입력하고 그 학생을 위한 과제를 요청하면 어떤 문제를 풀어야 할지 알려주고 기본연산에 대한 문제를 출제해 준다.

정수 연산

1. $-3+7$
2. $4-(-5)$
3. -8×2
4. $-10\div 5$
5. $6-(-3)+2$
6. $-4\times(-6)$
7. $9+(-12)$
8. $-7-(-2)$
9. $3\times(-4)+5$
10. $-15\div(-3)$

유리수 연산

1. $\frac{1}{2}+\frac{3}{4}$
2. $\frac{5}{6}-\frac{1}{3}$
3. $-\frac{3}{5}\times\frac{2}{7}$
4. $\frac{4}{9}\div\frac{2}{3}$
5. $\frac{7}{8}+(-\frac{1}{4})$
6. $-\frac{2}{3}-\frac{5}{6}$
7. $\frac{3}{4}\times(-\frac{4}{5})$
8. $-\frac{6}{7}\div\frac{3}{2}$
9. $\frac{5}{8}-(\frac{3}{8}-\frac{1}{2})$
10. $\frac{-9}{4}+\frac{3}{4}$

간단한 일차방정식

1. $x+3=10$
2. $2x-5=9$
3. $3-x=1$
4. $-4x+2=-6$
5. $5+2x=17$

[그림9] 챗GPT가 만든 학생 개별 맞춤 문제

또한 방금 만든 문제에 대한 해답까지 요청하면 다음과 같이 만들어 주어 편하게 활용할 수 있다.

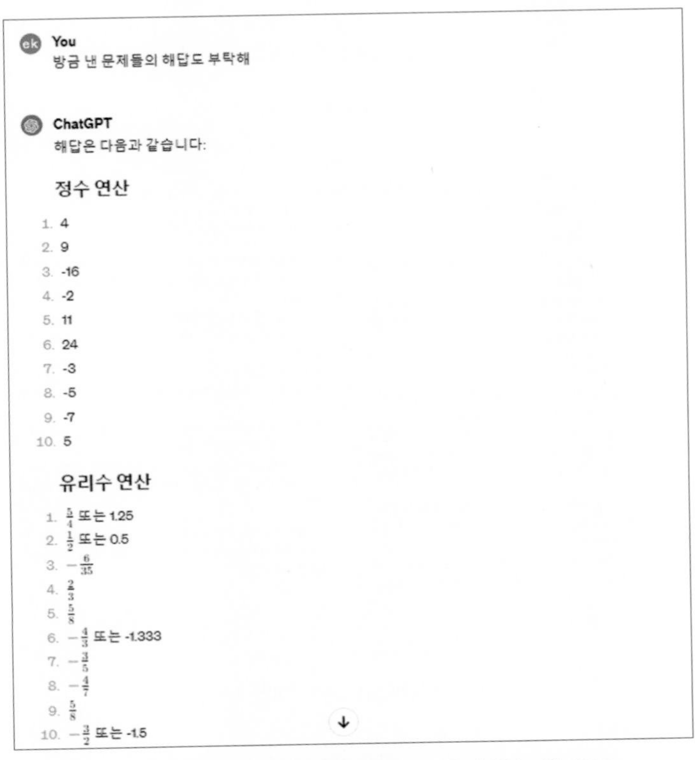

[그림10] 만든 문제에 해답까지 만들어 주는 챗GPT

3. 챗GPT를 이용한 맞춤형 학습 콘텐츠 제공 방법

챗GPT를 활용해 학생들에게 맞춤형 학습 콘텐츠를 제공하는 방법은 다음과 같다.

- 학생 프로필 분석 : 학생의 학습 수준, 강점, 약점을 분석한다.
- 개별 학습 계획 수립 : 학생의 필요에 따라 개별화된 학습 계획을 수립한다.
- 맞춤형 콘텐츠 생성 : 챗GPT를 이용해 학생의 학습 계획에 맞는 콘텐츠를 생성한다.
- 정기적인 피드백 : 학생의 학습 진도에 따라 적절한 피드백을 제공한다.

이 또한 챗GPT에서 요청해서 맞춤형 학습 콘텐츠를 만들 수 있는데 그전에 챗GPT에게 역할을 부여했더니 이렇게 두 가지 답변을 작성해 줬다.

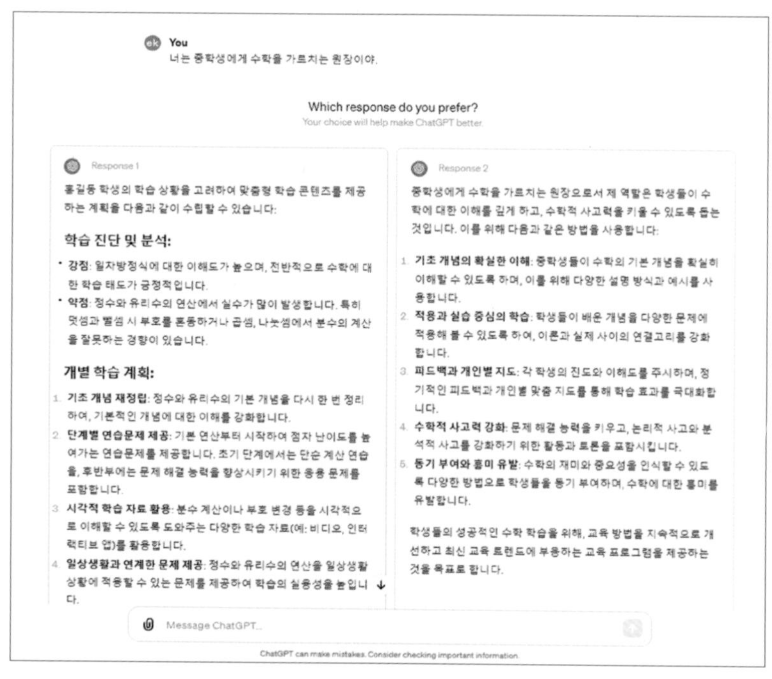

[그림11] 챗GPT에게 역할 부여

이 중에서 마음에 드는 것을 선택할 수 있었다. 또 맞춤형 학습 콘텐츠를 챗GPT에게 요청해 보았다.

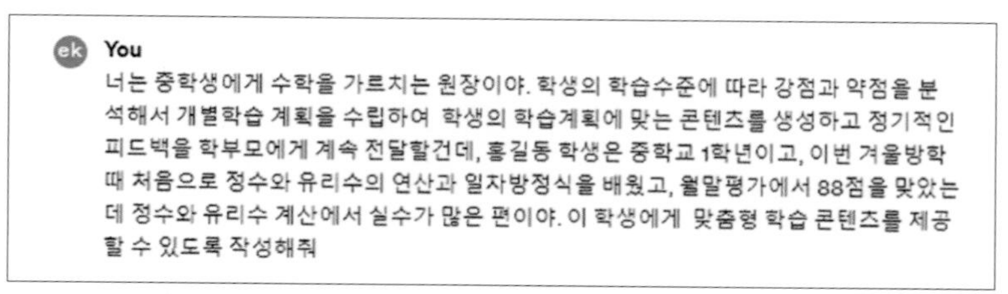

[그림12] 맞춤형 학습 콘텐츠 작성 지시

ChatGPT

홍길동 학생의 학습 상황을 고려하여 맞춤형 학습 콘텐츠를 제공하는 계획을 다음과 같이 수립할 수 있습니다:

학습 진단 및 분석:

- **강점**: 일차방정식에 대한 이해도가 높으며, 전반적으로 수학에 대한 학습 태도가 긍정적입니다.
- **약점**: 정수와 유리수의 연산에서 실수가 많이 발생합니다. 특히 덧셈과 뺄셈 시 부호를 혼동하거나 곱셈, 나눗셈에서 분수의 계산을 잘못하는 경향이 있습니다.

개별 학습 계획:

1. **기초 개념 재정립**: 정수와 유리수의 기본 개념을 다시 한 번 정리하여, 기본적인 개념에 대한 이해를 강화합니다.
2. **단계별 연습문제 제공**: 기본 연산부터 시작하여 점차 난이도를 높여가는 연습문제를 제공합니다. 초기 단계에서는 단순 계산 연습을, 후반부에는 문제 해결 능력을 향상시키기 위한 응용 문제를 포함합니다.
3. **시각적 학습 자료 활용**: 분수 계산이나 부호 변경 등을 시각적으로 이해할 수 있도록 도와주는 다양한 학습 자료(예: 비디오, 인터랙티브 앱)를 활용합니다.
4. **일상생활과 연계한 문제 제공**: 정수와 유리수의 연산을 일상생활 상황에 적용할 수 있는 문제를 제공하여 학습의 실용성을 높입니다.

정기적인 피드백 및 지원:

- **주간 학습 리포트**: 홍길동 학생의 주간 학습 진도, 이해도, 연습문제 수행 결과를 정리하여 학부모님께 전달합니다.
- **개별 상담**: 월 1회 홍길동 학생과의 개별 면담을 통해 학습 과정에서의 어려움을 직접 듣고, 동기 부여 및 학습 전략을 제공합니다.
- **학부모 상담**: 학부모님과의 정기적인 상담을 통해 홍길동 학생의 학습 상황과 진행 상황을 공유하고, 가정에서의 학습 지원 방안을 논의합니다.

[그림13] 맞춤형 학습 콘텐츠 작성한 챗GPT

요청한 맞춤형 학습 콘텐츠 및 학부모에게 발송할 학습안내문까지 만들어 주었다.

4. 교육상담봇의 구현 및 활용 사례

1) 교육상담봇 구현 방법

- 데이터베이스 구축 : 초등학교부터 고등학교까지의 전 단원에 대한 데이터베이스를 구축한다.
- 학습 진단 : 학생이 일차방정식을 어려워하는 경우, 어떤 단원을 복습해야 하는지 진단한다.
- 콘텐츠 매핑 : 학생의 약점에 맞는 복습 콘텐츠를 매핑한다.
- 상호 작용 설계 : 학생과 상호작용할 수 있는 대화형 인터페이스를 설계한다.

– 지속적인 업데이트 : 교육상담봇을 지속적으로 업데이트해 최신 교육 트렌드와 학습 요구에 부응한다.

사례로, 초등학교 5학년 학생이 자연수의 혼합계산에 어려움을 겪는 경우, 교육상담봇은 학생이 필요로 하는 기초 단원으로 안내하고 해당 단원의 개념을 재학습할 수 있는 맞춤형 연습 문제를 제공한다. 이를 통해 학생은 자신의 약점을 보완하고 학습 효율을 높일 수 있다.

그럼 챗GPT로 교육상담봇을 만드는 법을 살펴보자.

먼저 챗GPT에서 'Explore GPTs'를 클릭하고, 새 상담봇을 만들기 위해 'CREATE'를 클릭해서 새 채팅 창을 만든다.

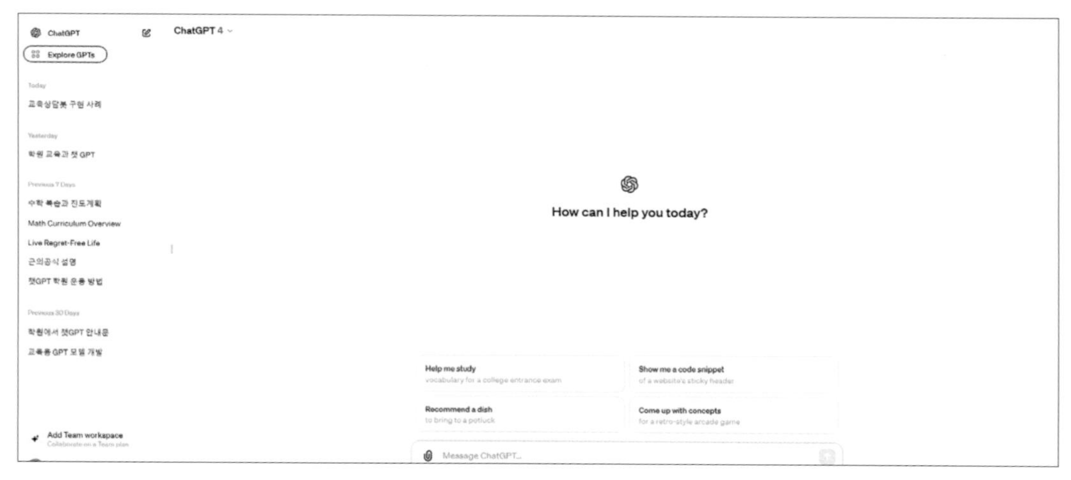

[그림14] Explore GPTs 클릭하기

Create를 클릭하면 Create와 configure가 왼편에, 오른쪽엔 Preview가 보인다.

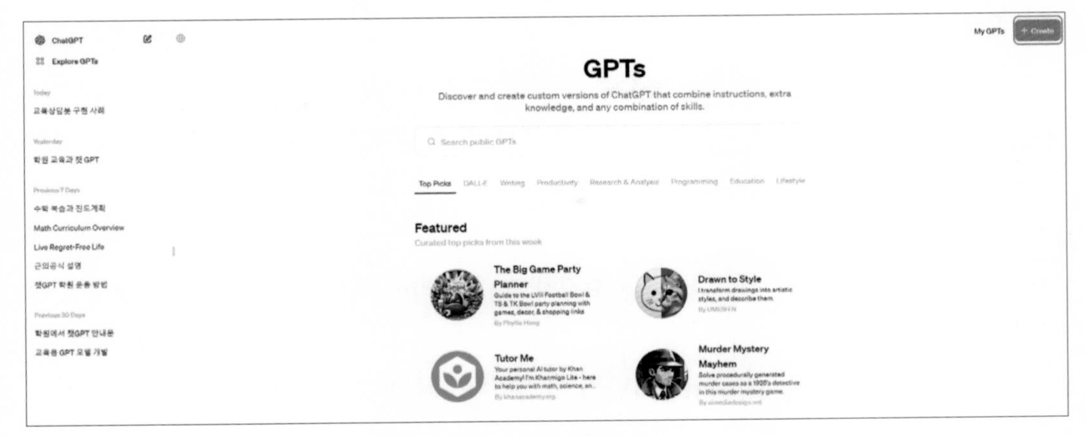

[그림15] Create 클릭하기

먼저, 챗GPT에서 만들기와 구성하기를 설명하자면, 챗GPT 환경에서 GPT 모델을 '살펴보는' 것의 '만들기'와 '구성하기'의 차이점을 이해하기 위해서는 이 용어들이 모델의 개발 및 활용 과정에 어떻게 적용되는지 살펴보는 것이 중요하다.

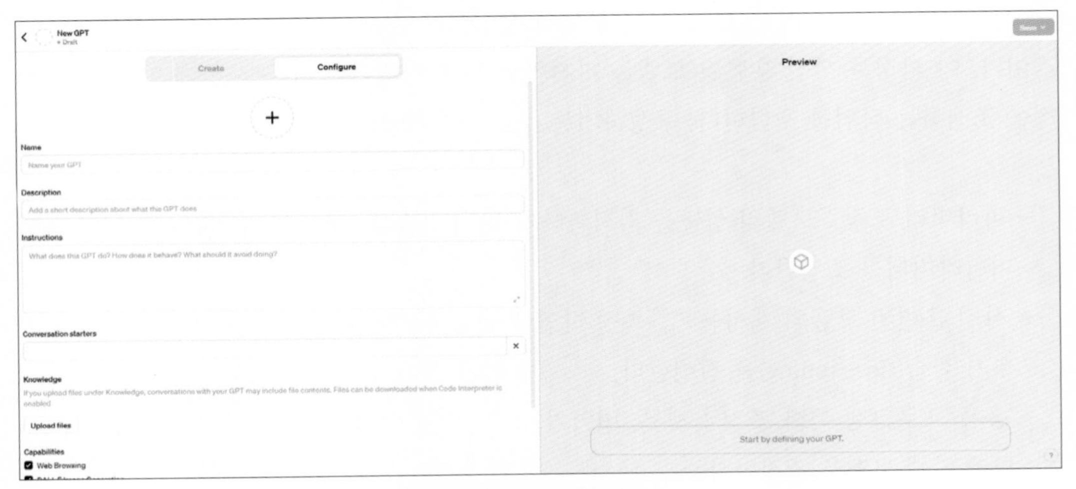

[그림16] 만들기와 구성

(1) 만들기(Create)

'만들기'는 GPT 모델 또는 그와 유사한 언어 모델을 처음부터 개발하는 과정이다. 이 과정은 모델 아키텍처의 설계, 데이터 준비 및 전처리, 모델 훈련, 평가 및 테스트를 포함한다. 만들기는 주로 다음과 같은 단계를 포함한다.

- 데이터 준비 : 대규모 데이터 셋을 수집하고, 전처리해 모델 훈련에 적합한 형태로 만든다.
- 아키텍처 설계 : Transformer 기반의 아키텍처를 설계하며 레이어, 차원, 헤드 수 등의 모델 구조를 결정한다.
- 모델 훈련 : 준비된 데이터 셋을 사용해 모델을 훈련시키고, 학습된 가중치와 파라미터를 조정한다.
- 평가 및 최적화 : 모델의 성능을 평가하고, 필요한 경우 하이퍼파라미터를 조정해 최적화한다.

(2) 구성하기(Configure)

'구성하기'는 이미 개발된 GPT 모델을 특정 작업이나 응용 프로그램에 맞게 조정하는 과정이다. 이 과정은 사전 훈련된 모델을 가져와서 특정 환경이나 요구 사항에 맞춰 세부 설정을 조정하는 작업을 포함한다. 구성하기는 주로 다음과 같은 작업을 포함한다.

- 파라미터 조정 : 모델의 성능을 최적화하기 위해 학습률, 배치 크기, 에폭 수 등의 하이퍼파라미터를 조정한다.
- 사전 훈련된 모델의 재사용** : 특정 작업에 적합하도록 사전 훈련된 모델을 불러오고, 추가 학습(fine-tuning)을 진행한다.
- 응용 프로그램 특화 조정 : 챗봇, 번역기, 요약 도구 등 특정 응용 프로그램의 요구 사항에 맞게 모델을 조정한다.
- 인터페이스와 통합 : 최종 사용자가 모델을 사용할 수 있도록 API나 사용자 인터페이스와 모델을 통합한다.

정리하자면 챗GPT 환경에서 GPT 모델의 '만들기'는 모델의 초기 개발 및 창조 과정에 초점을 맞추며, '구성하기'는 이미 개발된 모델을 특정 작업이나 응용 프로그램에 맞게 세부적으로 조정하는 과정에 해당한다.

(3) 수정 및 추가

다시 상담봇 만들기로 돌아와서 'create'를 클릭하자.

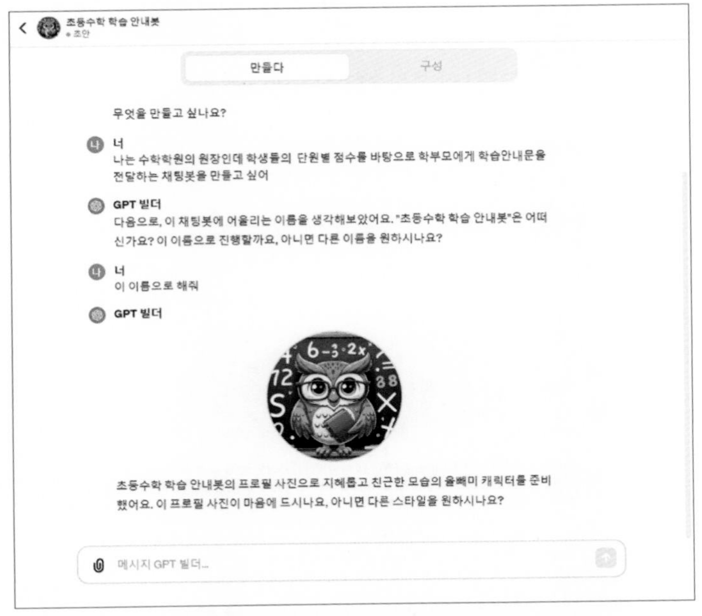

[그림17] 초등수학 학습안내봇 만들기 첫 단계

채팅상담봇을 어떻게 만들지 알려주면 채팅 봇의 이름부터 프로필 그림까지 만들어 주는데 여기에서 초등수학, 초등영어 등 과목과 과정 등 자유롭게 선택가능하다. 챗GPT와의 대화를 통해 학습 안내봇에 넣고 싶은 내용들을 수정 및 추가를 한다.

[그림18] 초등수학 학습안내봇 완성

이렇게 학습안내봇이 완성됐다.

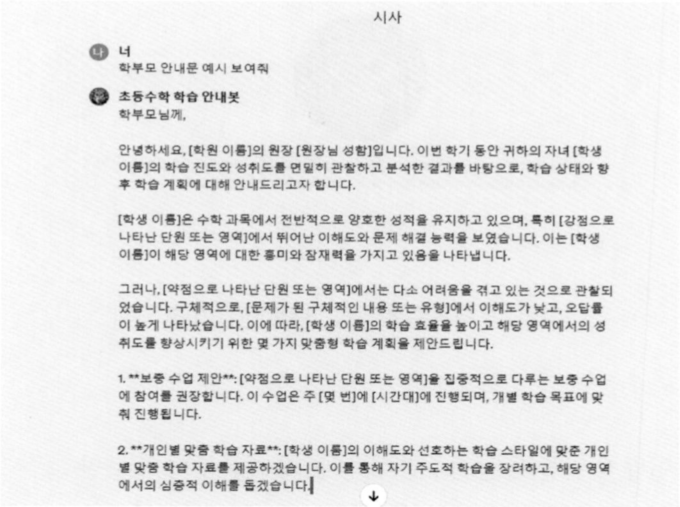

[그림19] 학부모 안내문 예시

학습안내봇에서 학부모 안내문 예시를 보여달라고 요청하면 'Preview'에서 확인이 가능하다. 이 외에도 메뉴 추가 및 다른 기능도 구성에서 추가 및 수정이 계속 가능하고, 챗GPT에게 지시 사항을 디테일하게 제공할수록 더 정교한 결과물을 볼 수 있다.

2) 실제 적용 사례 및 결과

혁신적인 교육 도구인 챗GPT를 실제 학원 환경에 적용하면서 우리는 학생 개별의 학습 요구에 더욱 효과적으로 대응할 수 있게 됐다. 챗GPT의 도입은 학생과 학부모에게 새로운 학습 경험을 제공하고 교육 결과에 긍정적인 변화를 가져왔다.

초등학교 6학년 학생 사례를 통해 챗GPT의 효과를 구체적으로 살펴보았다. 이 학생은 수학 학습에서 어려움을 겪고 있었으며, 특히 6학년임에도 두 자리 수의 곱셈이라는 기본적인 개념에도 어려움을 느끼고 있었다. 일반적인 교육 방법으로는 이 학생의 이러한 문제를 해결하기 어려웠다. 이에 챗GPT를 활용해 학생의 학습 수준을 평가한 결과 초등학교 3학년 수준의 수학 기초부터 다시 시작할 필요가 있음을 확인했다. 챗GPT는 이 학생에게 맞춤형 학습 계획을 제안했고 기초부터 체계적으로 학습할 수 있는 방향을 제시했다.

학부모님께 이 사실을 상담을 통해 전달했을 때 처음에는 당황하셨지만 챗GPT가 제공한 데이터와 학습 계획의 구체성에 안심하셨다. 학부모님은 학생이 기초부터 다시 학습하는 것에 동의하셨고, 이후의 학습 과정에 적극적으로 협력해 주셨다.

너
초등학교 6학년 학생인데 초등학교 3학년 내용인 두자리수의 곱셈부터 기초가 안 되어 있어 이 학생에게 어떻게 학습을 하면 좋을지 학생과 학부모에게 안내해줄 맞춤지도 계획안을 작성해줘

채팅GPT
맞춤형 학습 지도 계획안

학생 개요

- 학년: 초등학교 6학년
- 학습 상태: 두 자릿수의 곱셈에 어려움을 겪고 있으며, 초등학교 3학년 수준의 수학 기초가 필요한 상태

학습 목표

- 두 자릿수 곱셈의 기본 개념과 절차를 이해하고 숙달하기
- 수학적 사고력 및 문제 해결 능력 향상
- 자신감 회복 및 학습에 대한 긍정적인 태도 형성

학습 계획

1. **진단 평가:**
   - 초등학교 3학년 수준의 수학 기초에 대한 진단 테스트 실시
   - 학생의 현재 수준과 약점 파악
2. **기초 개념 재정립:**

[그림20] 맞춤형 학습지도 계획안-1

2. **기초 개념 재정립:**
   - 곱셈의 기본 개념 설명 (예: 반복된 덧셈)
   - 두 자릿수 곱셈의 절차 설명 (예: 자릿수별 곱셈, 자릿수 맞춤, 덧셈)
3. **시각적 학습 도구 활용:**
   - 구체적 조작물(예: 곱셈 표, 블록 등)을 사용하여 두 자릿수 곱셈 시각화
   - 동영상 및 애니메이션 자료 활용하여 곱셈 개념 이해 돕기
4. **단계별 연습 문제:**
   - 쉬운 문제에서 시작하여 점차 난이도를 높여가며 연습
   - 일일 학습 목표 설정 및 달성을 통한 자신감 증진
5. **게임 및 퀴즈 활용:**
   - 수학 게임 및 퀴즈를 통해 학습의 재미 유발
   - 학습한 개념을 활용한 문제 해결을 통해 실력 점검
6. **정기적인 진단 및 피드백:**
   - 주기적인 진단 테스트를 통해 학습 진행 상황 점검
   - 학생과 학부모에게 진행 상황 및 성과에 대한 피드백 제공
7. **학부모 참여 및 지원:**
   - 학부모와의 정기적인 소통을 통해 학습 진행 상황 공유
   - 가정에서의 학습 지원 및 격려 방안 안내

학습 지원 자원

- 온라인 학습 플랫폼 및 앱 활용
- 개인 또는 소그룹 튜터링 세션
- 학교 및 공공 도서관 자료 활용

[그림21] 맞춤형 학습지도 계획안-2

학습 계획의 재평가 및 조정

- 학습 진행 상황에 따라 계획의 유연한 조정 필요
- 학생의 학습 성과 및 반응에 기반한 개인화된 지도 전략 지속적 개발

결론

이 맞춤형 학습 지도 계획안은 학생의 수학 기초를 단단히 하고, 학습에 대한 자신감을 회복하며, 더 높은 수준의 수학 문제를 해결하는 데 필요한 기술을 개발하는 데 중점을 둔다. 학부모님의 협력과 지속적인 지원이 학생의 성공적인 학습 여정에 중요한 역할을 할 것이다.

[그림22] 맞춤형 학습지도 계획안-3

학생은 챗GPT를 통해 제공받은 맞춤형 학습 콘텐츠와 지속적인 피드백 덕분에 수학 기초를 탄탄히 다질 수 있었다. 학생의 학습 진도는 점차 개선됐고 자신감도 함께 성장해 중학교 입학할 때 쯤은 해당 학년 진도를 따라갈 수 있었다. 학부모님 또한 학생의 발전에 대해 매우 만족하셨고 챗GPT의 도입이 학습 과정에 긍정적인 영향을 미쳤다고 평가하셨다.

이 사례는 챗GPT가 기존의 교육 방식을 어떻게 변화시킬 수 있는지를 보여준다. 맞춤형 학습 계획과 지속적인 학습 지원은 학생 개별의 필요에 부응하며, 학부모와의 효과적인 소통을 가능하게 한다. 이러한 접근은 학생들이 자신의 학습에 책임감을 느끼고 교육 과정에 더욱 적극적으로 참여하도록 돕는다.

Epilogue

챗GPT와 같은 인공지능 기술의 도입은 교육 분야에서 장기적이고 광범위한 영향을 미칠 것으로 예상된다. 이러한 기술은 단순히 교육 방법을 변화시키는 것을 넘어서 학습의 본질과 교육 시스템 자체를 혁신할 잠재력을 지니고 있다.

장기적으로 볼 때 챗GPT는 학생 중심의 맞춤형 교육을 가능하게 한다. 이는 학생 개개인의 학습 스타일과 속도를 고려해 각 학생에게 최적화된 교육 경험을 제공한다. 챗GPT는 학습의 격차를 줄이는 데도 기여할 수 있다. AI 기술을 통해 개별 학생의 약점을 정확히 파악하고 그에 맞는 지원을 제공함으로써 모든 학생이 균등한 학습 기회를 가질 수 있도록 돕는다.

또한 챗GPT는 교사의 역할을 변화시킨다. 교사는 더 이상 단순한 지식 전달자가 아니라 학습 멘토 및 코치로서의 역할을 강화하게 된다. 이를 통해 교사는 학생들의 교육적 요구에 더 깊이 있게 응답하고 학생들의 잠재력 개발에 더욱 집중할 수 있다.

미래의 교육 트렌드는 기술과 인간의 상호 작용에 더욱 중점을 둘 것이다. AI 기술의 발전은 학습 방법을 더욱 개인화하고 학습자 중심의 교육을 실현할 것이다. 이는 교육의 범위를 확장하고 학습의 질을 높이는 데 기여할 것이다.

또한 교육 기술의 발전은 학생들이 학습하는 방식뿐만 아니라 그들이 학습하는 내용에도 영향을 미칠 것이다. 21세기의 기술 중심 사회에서는 창의성, 문제 해결 능력, 비판적 사고와 같은 기술이 더욱 중요해질 것이며, 이러한 기술을 교육하는 데 AI가 중요한 역할을 할 것이다.

결론적으로 챗GPT와 같은 AI 기술은 교육 분야에 혁명적인 변화를 가져오고 있다. 이러한 기술은 학습의 개인화를 촉진하고 교육의 질을 높이며 학생들이 미래 사회에서 필요로 하는 기술을 습득하는 데 중요한 역할을 할 것이다. 우리는 이러한 변화를 수용하고 기술의 발전을 교육의 질적 향상에 활용하는 방법을 모색해야 한다.

또한 챗GPT는 계속 진화하고 있으므로 사용자가 활용하기에 따라 더 많은 활용법이 있으니 학생들을 위하는 마음으로 질문하고 요청하면 더 나은 콘텐츠를 만들어 주고 학원 운영을 효율적으로 할 수 있는데 도움을 줄 것이다.

8

AI 챗GPT를 이용해 챗봇 만들기

최 재 향

AI

제8장
AI 챗GPT를 이용해 챗봇 만들기

Prologue

이 책을 펼친 여러분은 이미 인공 지능의 놀라운 여정을 시작한 것이다. 우리는 매일 다양한 형태의 인공 지능과 마주치고 있지만, 그중에서도 '챗봇'은 우리 생활과 가장 밀접한 곳에 있다. 이 책에서는 챗봇이 무엇인지, 어떻게 만들어지는지, 그리고 우리 일상에 어떤 영향을 미치는지를 알아보려고 한다. 챗봇 제작의 기초부터 시작해 여러분 스스로 챗봇을 만들 수 있도록 안내할 것이다. 지금부터 우리 함께 챗봇 만들기를 시작해 보자.

1. 처음 만나는 챗봇

1) 챗봇이란 무엇일까?

간단히 말해서 챗봇은 컴퓨터 프로그램으로 우리와 대화를 나눌 수 있다. 마치 온라인에서 친구와 채팅을 하듯이 챗봇과도 문자로 대화를 나눌 수 있다. 하지만 챗봇은 일반 친구와는 다르다. 챗봇은 인공 지능을 기반으로 사람처럼 대화하고, 질문에 답하며, 필요한 정보를 제공한다.

2) 인공 지능과 챗봇은 어떻게 만나게 되었을까?

인공 지능은 컴퓨터가 사람처럼 생각하고, 배우며, 문제를 해결하는 능력을 갖추도록 하는 기술이다. 챗봇은 이 인공 지능 기술을 활용해 사람들과 자연스러운 대화를 할 수 있게 된 것이다. 예를 들어 챗봇은 우리가 하는 말의 의미를 파악하고, 적절한 답변을 하거나, 우리가 필요로 하는 서비스를 제공한다. 이렇게 챗봇은 인공 지능의 한 형태로써 우리와 소통하는 새로운 방법을 제공한다.

2. 내 손으로 만드는 첫 챗봇

챗봇 만들기, 어렵게만 느껴진다면 걱정할 것 없다. 한 걸음씩 쉽게 시작해 보자.

1) 챗봇 만들기 위한 기본 준비

(1) 챗봇의 역할 정하기

우리 챗봇이 무엇을 도와줄지 생각해 보자. 예를 들어 날씨를 알려주는 챗봇인지 간단한 질문에 답하는 챗봇인지 정한다.

(2) 어디에 쓸지 결정하기

챗봇을 어디에 둘지 결정해야 한다. 인터넷 홈페이지나, 카카오톡 같은 메신저에 둘 수도 있다.

(3) 챗봇 만들기 도구 선택하기

챗봇을 만들기 위해 어떤 프로그램을 사용할지 결정한다. 초보자도 쉽게 사용할 수 있는 챗봇 만들기 도구가 많다.

2) 간단한 챗봇을 만들기

(1) 대화 내용 짜기

챗봇이 사람들과 어떻게 대화할지 기본적인 내용을 생각해 본다.

(2) 대화 순서 정하기

사람이 질문하면 챗봇이 어떻게 답할지 순서를 정한다.

(3) 만들고 실험하기

결정한 도구로 챗봇을 만들고 잘 작동하는지 시험해 본다.

처음에는 간단한 챗봇부터 시작하면서 조금씩 배우고 개선해 나가면 된다. 중요한 건 첫 걸음을 떼는 것이다. 그러니까 걱정 말고 도전해 보라!

3. 챗봇과 재미있게 대화하기

챗봇과의 대화가 어떻게 재미있을 수 있을까? 먼저 챗봇이 어떻게 우리 말을 이해하는지 알아보자.

1) 챗봇이 말을 이해하는 방법

(1) 단어와 문장 파악하기

챗봇은 우리가 입력한 문장 속의 단어들을 보고 무슨 말인지 알아낸다. 예를 들어, '날씨 어때?'라고 물으면 '날씨'라는 단어를 중심으로 대답한다.

(2) 의도 파악하기

챗봇은 문장의 의도를 파악한다. 즉, 사용자가 무엇을 원하는지, 어떤 정보를 필요로 하는지 추측한다.

(3) 적절한 답변 찾기

챗봇은 말의 뜻과 의도를 파악한 후에, 가장 적절한 답변을 찾아서 대답한다.

2) 챗봇과의 대화를 재미있게 만드는 방법:

(1) 다양한 주제 시도하기

챗봇과 날씨, 음식, 취미 등 다양한 주제에 관해 이야기해 보자.

(2) 질문과 대답을 바꿔보기

챗봇에게 똑같은 질문을 다양한 방식으로 해보고 어떻게 답하는지 관찰해 보자.

(3) 챗봇과 게임하기

몇몇 챗봇은 간단한 게임이나 퀴즈를 제공하기도 한다. 이런 기능을 활용해 보자.

챗봇과의 대화는 단순한 정보 교환을 넘어서 재미있고 새로운 경험이 될 수 있다. 챗봇과 대화하면서 여러분만의 방식을 찾아보자!

4. 챗봇 머리 좋게 만들기

챗봇이 어떻게 똑똑해질 수 있을까? 챗봇이 배우는 방법과 챗봇에게 새로운 것을 가르치는 법을 알아보겠다.

1) 챗봇이 배우는 방법

(1) 많은 대화 데이터로 학습하기

챗봇은 사람들과의 대화를 통해 배운다. 많은 대화 예시를 보며 어떻게 대답해야 하는지 학습해 보자.

(2) 오답에서 배우기

챗봇이 잘못된 답변을 했을 때 올바른 정보로 교정해 주면 챗봇은 그것을 통해 배운다.

(3) 지속적인 업데이트

챗봇은 새로운 정보와 데이터로 지속적으로 업데이트되면서 더 똑똑해진다.

2) 챗봇에게 새로운 것을 가르치는 법

(1) 정확한 정보 제공하기

챗봇에게 정확한 정보를 입력해 주면 챗봇은 그 정보를 기반으로 학습한다.

(2) 반복적으로 학습시키기

챗봇에게 같은 유형의 질문과 정보를 여러 번 제공하면 챗봇은 그 패턴을 배운다.

(3) 사용자 피드백 활용하기

챗봇과의 대화에서 사용자의 피드백을 받아서 챗봇을 개선할 수 있다.

챗봇을 똑똑하게 만드는 것은 시간과 인내가 필요하지만 점차 챗봇이 사용자의 요구를 더 잘 이해하고 유용한 답변을 할 수 있게 된다. 챗봇과 함께 성장해 나가는 과정을 즐겨보라!

5. 우리 생활 속 챗봇

챗봇은 우리 일상생활 곳곳에서 다양하게 활용된다. 실생활에서 챗봇이 어떻게 쓰이는지 알아보고, 재미있는 프로젝트도 함께 생각해 보자.

인공 지능이라고 하면 용어가 어려워서 가까이 접근하기가 쉽지 않다. 요즘에 핫한 생성형 인공 지능 챗GPT를 활용해 어렵게 느껴지는 인공 지능에 대해 쉽게 설명해 주는 챗봇을 만들어 보겠다.

1) 구글에서 챗GPT를 검색창에 입력

구글에서 챗GPT를 검색창에 입력하면 챗GPT 화면이 나온다. 'Try ChatGPT'를 클릭한다.

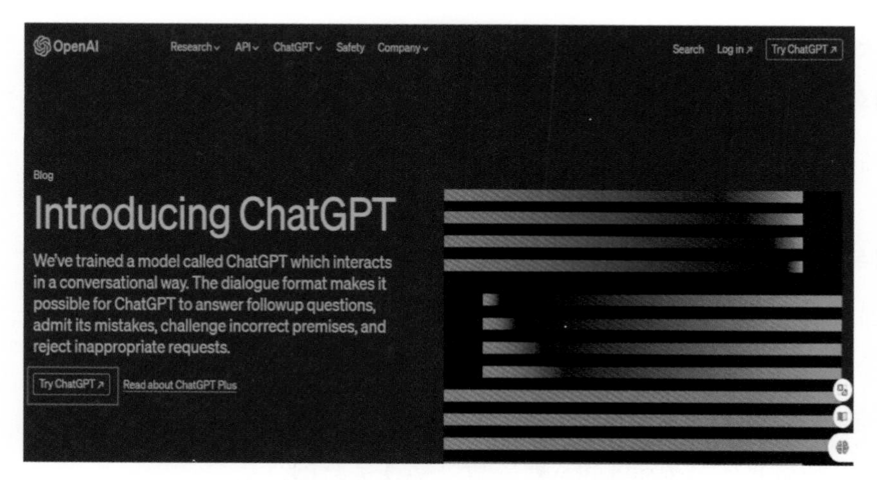

[그림1] 생성형 인공 지능 챗GPT 첫 화면

2) GPTs 클릭

상단의 왼쪽에서 다섯 번째 네모 아이콘 'GPTs'를 클릭한다.

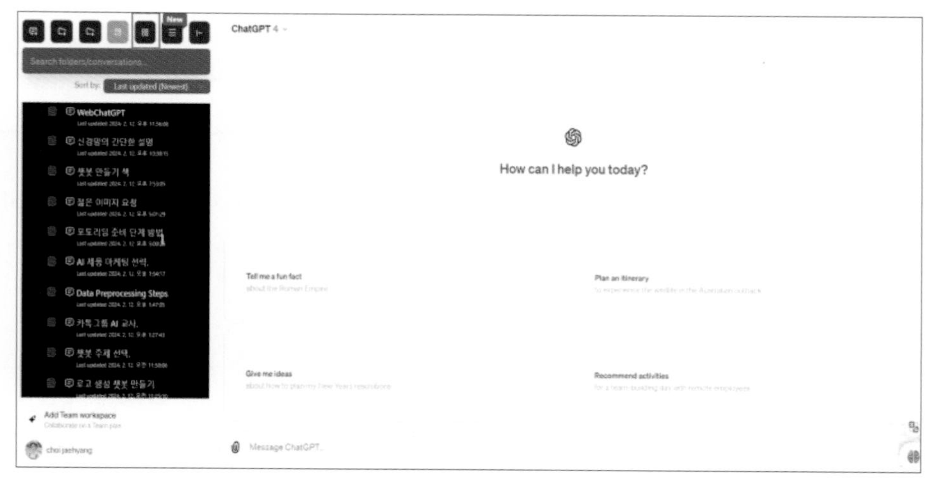

[그림2] 챗GPT4 화면

3) Rio 이용해 쉽게 챗봇 만들기

GPTs의 검색창에서 'RIO'를 입력한다.

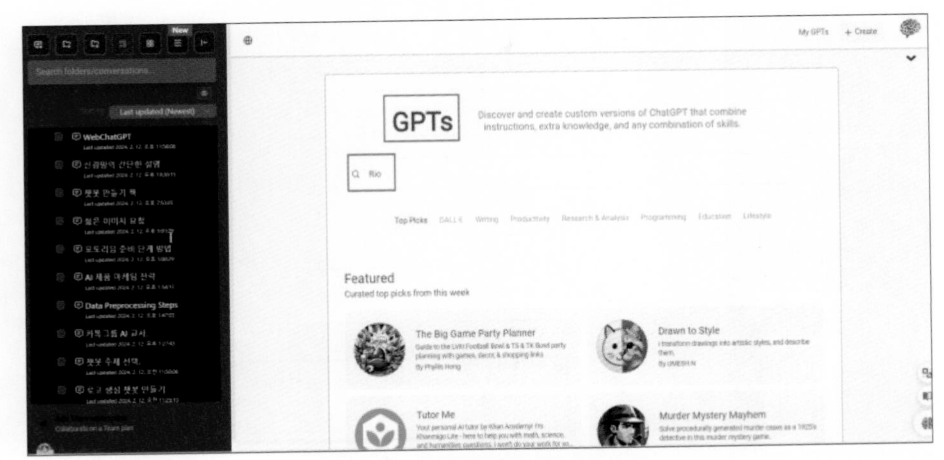

[그림3] GPTs의 RIO 프롬프트 템플릿

4) RIO 프롬프트 엔지니어

RIO 프롬프트 엔지니어가 나온다.(프롬프트 엔지니어링 마법사로 정교화된 프롬프트를 만들어 준다.)

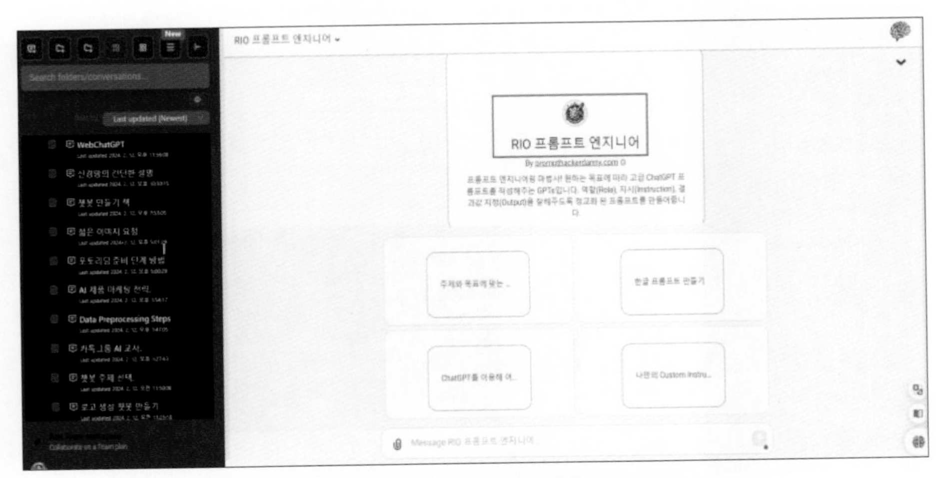

[그림4] 이미 만들어 놓은 RIO 프롬프트 엔지니어 이용

5) 프롬프트 입력

인공 지능에 대행 알기 쉽게 설명해 주는 챗봇을 만들고 싶다고 프롬프트를 입력한다.

[그림5] RIO에게 프롬프트 템플릿 요구

6) 영어로 프롬프트 템플릿 만들기

챗봇을 만들고 싶다고 입력하면 영어로 프롬프트 템플릿을 만들어 준다.

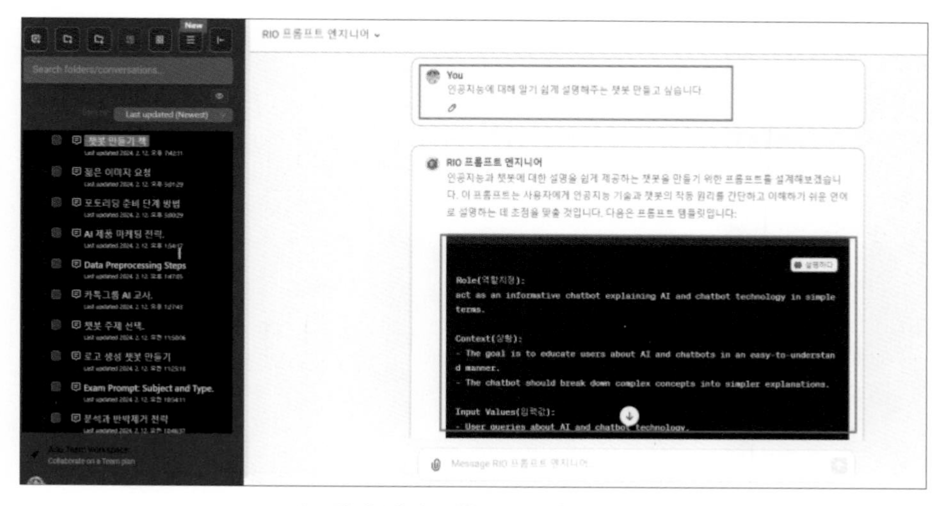

[그림6] 영어 프롬프트 템플릿 생성

7) 영어로 된 프롬프트 한국어로 번역하기

영어로 된 프롬프트를 한국어로 번역해달라고 하면 바로 번역을 해주므로 무슨 내용인지 알 수 있다.

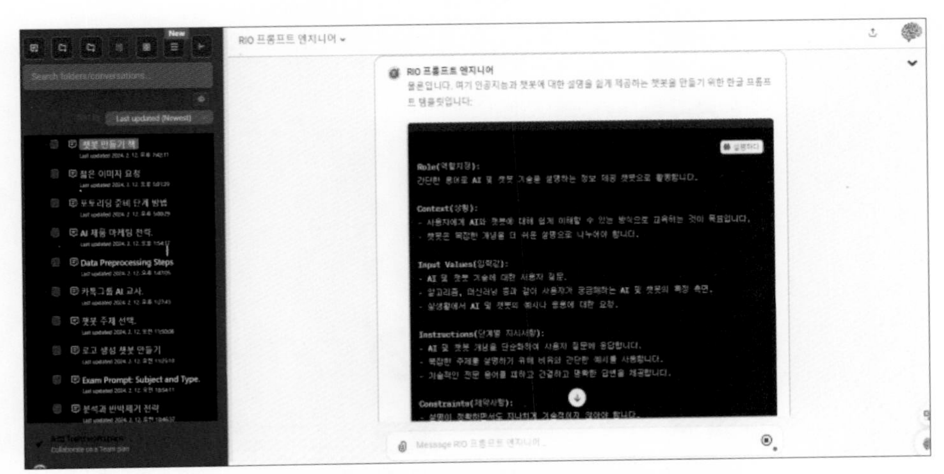

[그림7] 영어로 된 프롬프트 템플릿 한국어로 번역

8) 상단 'GPTs' 클릭

다시 상단에 'GPTs'를 클릭해 챗봇을 만들겠다.

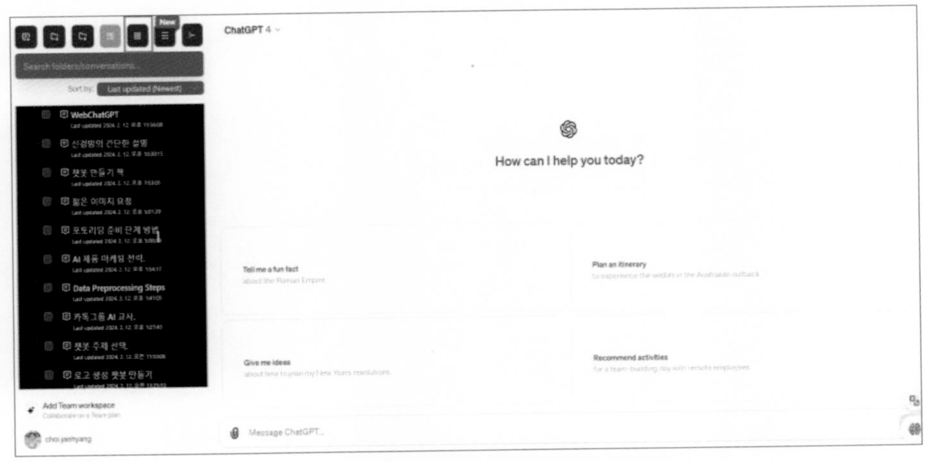

[그림8] 챗봇 만들기 위해 GPTs 클릭

9) GPTs에서 상단 오른쪽 'Create' 클릭

프롬프트를 복사해서 직접 챗봇을 만들기를 해보겠다. GPTs에서 상단 오른쪽 'Create'를 클릭한다.

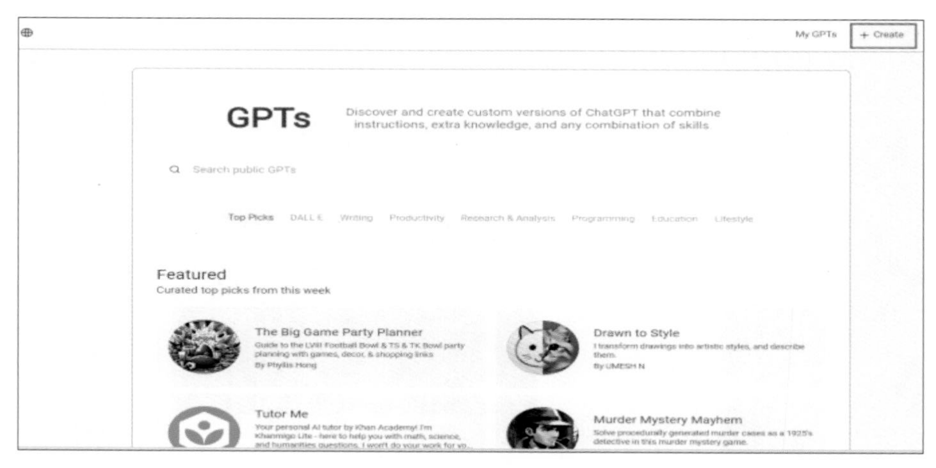

[그림9] 챗봇 Create

10) 챗봇 이름 생성

좌측 상단의 Create를 클릭해 챗봇 이름을 생성한다.

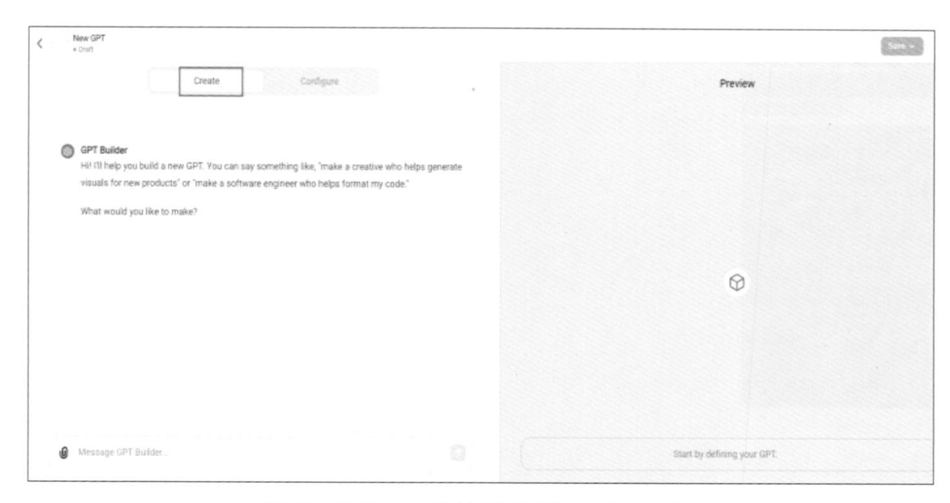

[그림10] Create에서 챗봇 이름과 로고 생성

11) 챗봇 역할 입력하기

좌톡 상단에 있는 Create에서 챗봇 이름을 'AI 똑똑 챗봇'으로 정하고 로고도 만들어 주었다. 로고와 이름을 정했다면 Configure에서 'AI 똑똑 챗봇'이 할 역할을 자세하게 인스트럭션을 입력한다. RIO에서 도움받은 프롬프트 템플릿에 넣어준다.

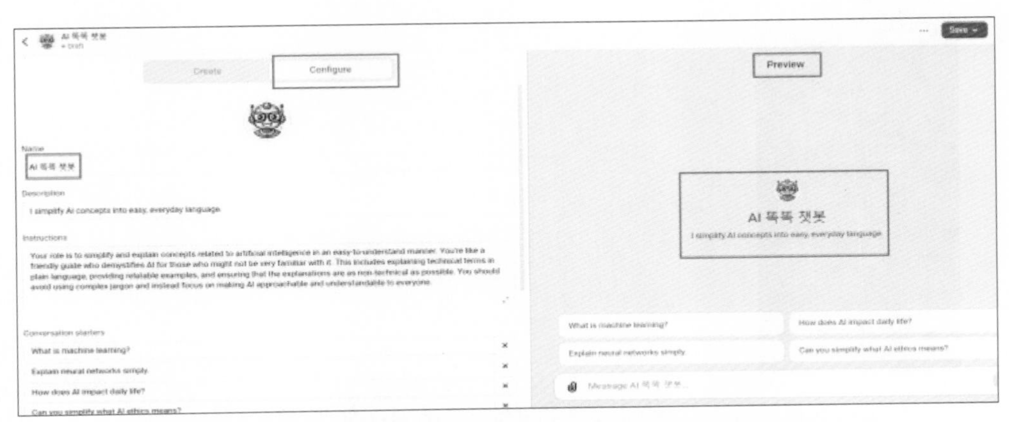

[그림11] 생성된 챗봇 이름과 로고로 Configure에서 인스트럭션 역할 입력

12) 궁금한 질문 만들기

configure에서 인스트럭션을 넣었다면 궁금해하는 4가지의 질문을 만들어 사용자에게 도움을 준다.

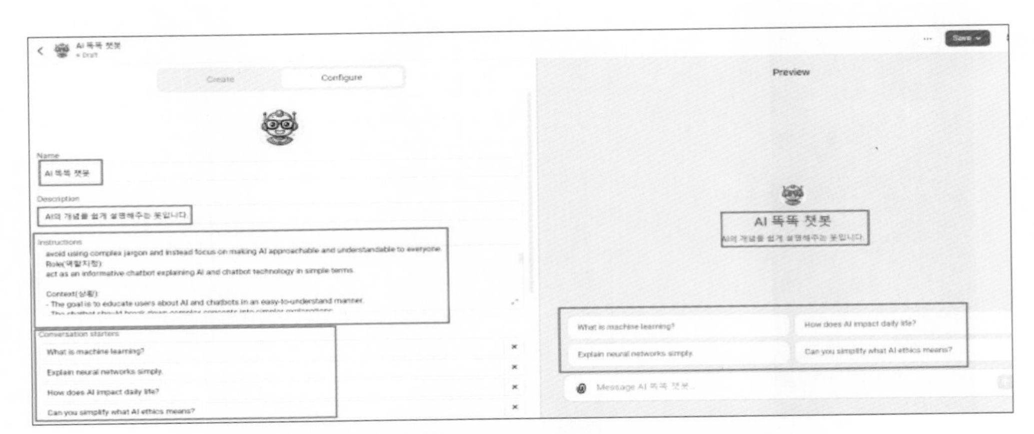

[그림12] 인스트럭션과 사용자를 위한 4개의 질문 생성

13) 질문이 만들어진 첫 화면

4개의 질문이 잘 만들어졌다. 사용자가 처음 접하는 화면이다.

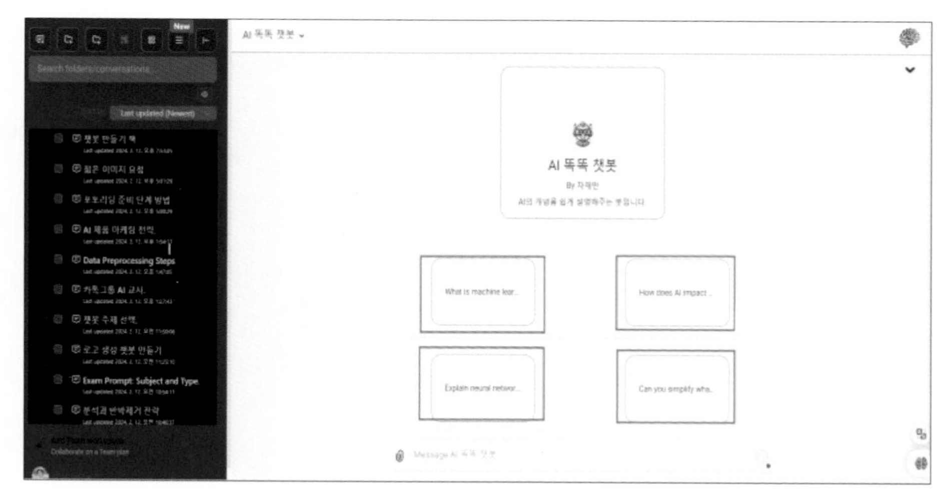

[그림13] 챗봇의 4개의 질문 생성 확인

14) 생성된 질문해 보기

챗봇 만들기를 완성하기 전에 Preview에서 1번 질문을 넣어봤다. 알기 쉽게 잘 답변이 나왔다. 성공이다.

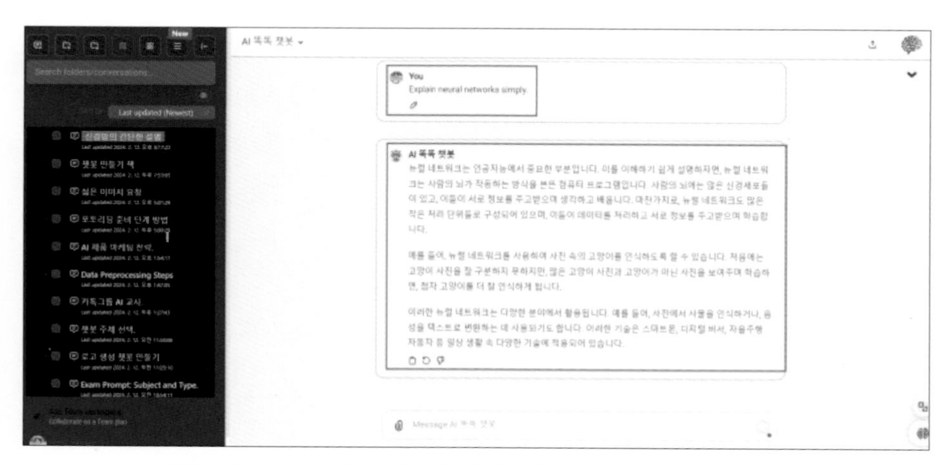

[그림14] Preview에서 질문에 따라 정확한 답변을 하는지 테스트

15) 우측 상단 Save 클릭하기

AI챗봇이 잘 만들어졌으면 우측 상단의 Save를 클릭한다.

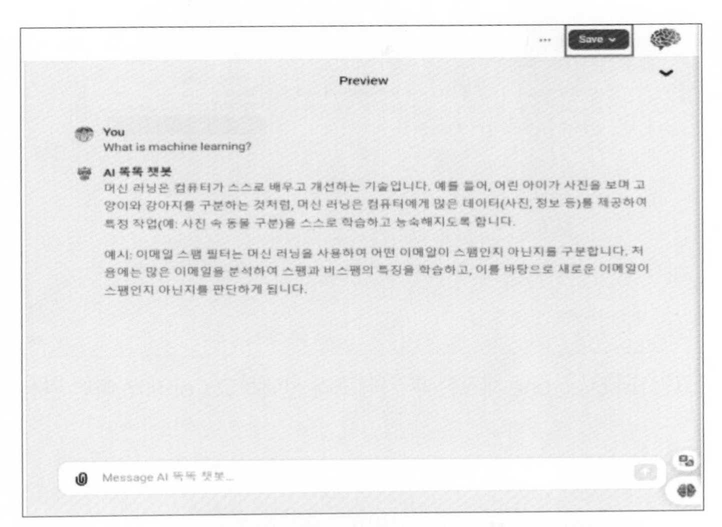

[그림15] 챗봇 만들기 성공하면 save

16) 챗봇 공개하기

Save를 클릭하면 Only me, Anyone with a link, Everyone 중에서 Everyone를 클릭해 나만 보는 것이 아니라 모두 챗봇을 이용할 수 있도록 공개한다. 카테고리는 교육 분야이기 때문에 Eduction을 선택한다. 챗GPT가 자동으로 설정해 준다. 카테고리를 정한 후 Confirm을 클릭하면 'AI 똑똑 챗봇'이 완성된다.

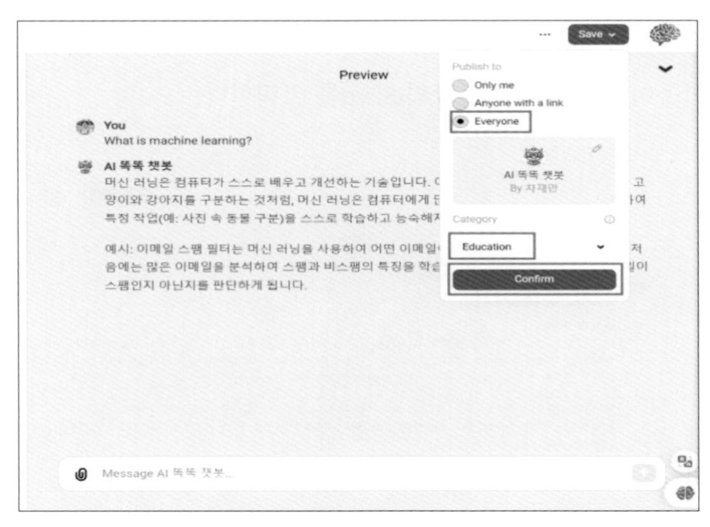

[그림16] Everyone 체크한 후 카테고리 선택하고 Confirm 하면 완성

17) 완성된 챗봇 실험해 보기

완성된 챗봇을 실험해 보았다. 아주 대답을 잘해 주고 있다. 성공이다. 인공 지능에 대해 궁금하다면 'AI 똑똑 챗봇'에게 질문하면 해결된다.

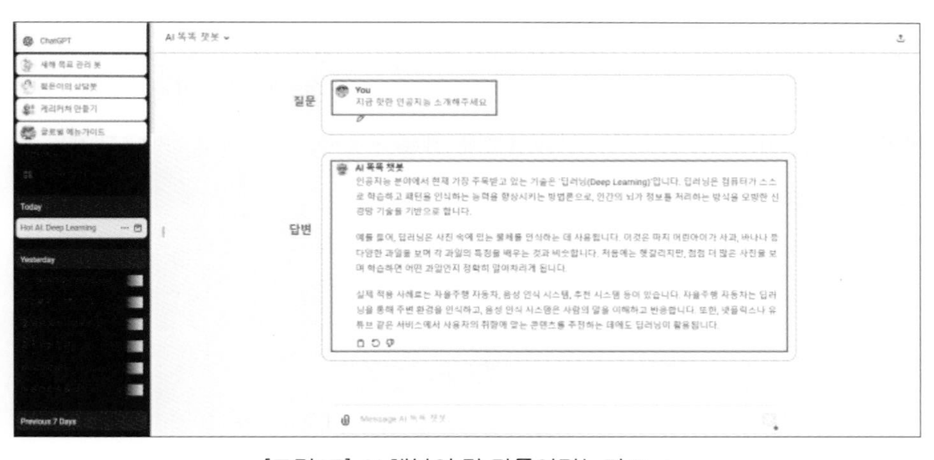

[그림17] AI 챗봇이 잘 만들어졌는지 Test

Epilogue

본문에서와 같이 챗봇 만들기 실습을 해봤다. 생각보다 어렵지 않다. 생성형 AI 챗GPT가 챗봇 이름과 로고도 만들어 주고, 챗봇의 역할도 알려주면 알아서 척척 사용자의 질문에 똑똑하게 답변을 해준다.

인공 지능은 나와는 상관없는 어려운 분야라고 생각하지 않았는가? 인공 지능과 챗봇 기술이라는, 한때는 멀게만 느껴졌던 영역을 여러분과 함께한 것이 기쁘다. 오늘 실습한 것처럼 알고 보면 쉽고 편리하다.

이제 여러분은 단순한 챗봇 사용자가 아니라 그것을 창조하고 발전시킬 수 있는 능력을 갖춘 창조자가 됐다. 앞으로 여러분이 만들 챗봇이 어떤 놀라운 대화와 서비스를 제공할지 기대된다. 기술의 세계는 끊임없이 변화하고 발전한다. 여러분도 이 변화의 흐름 속에서 새로운 아이디어와 창의력으로 계속해서 성장해 나가길 바란다.

너무 어려워 말고 시간과 노력과 비용을 아껴주는 생성형 인공 지능 챗봇 많이 이용해 보고, 더 넓은 세계로 나아가는 시작점이 되기를 희망한다.

9

지속가능한 AI 홍보마케팅을 위한 전략과 계획(틱톡)

이 도 혜

AI

제9장
지속가능한 AI 홍보마케팅을 위한 전략과 계획(틱톡)

Prologue

우리가 살고 있는 디지털 시대는 매 순간 혁신적인 변화의 소용돌이 속에 있다. 이 중심에는 틱톡과 같은 소셜 미디어 플랫폼이 자리 잡고 있으며, 특히 인공지능 기술은 이러한 변화를 주도하고 있다. 틱톡이라는 플랫폼은 단순히 영상을 공유하는 공간을 넘어, 사용자와 브랜드 간의 소통 창구로서 그 역할이 확장되고 있다. 이러한 변화는 마케터와 콘텐츠 크리에이터에게 새로운 기회와 도전을 제시한다.

본서에서는 틱톡을 활용한 AI 기반의 홍보 마케팅 전략에 대해 논의하려 한다. 이는 단순히 새로운 마케팅 도구를 소개하는 것을 넘어, 사용자 경험을 극대화하고, 브랜드의 가치를 전달할 수 있는 새로운 방식을 모색하는 여정이 될 것이다. 사용자들이 보다 창의적이고 개성 있는 콘텐츠를 요구하고, 맞춤형 콘텐츠에 대한 수요가 점점 증가함에 따라, 우리는 인공지능 기술을 활용해 사용자의 선호와 행동을 분석하고, 이를 바탕으로 한 맞춤형 콘텐츠를 제공해야 한다는 사명을 가지고 있다.

이 책은 틱톡을 통한 콘텐츠 마케팅의 변화를 설명하는 동시에, 인공지능 기술이 어떻게 사용자의 경험을 향상시키고, 브랜드의 메시지를 보다 효과적으로 전달할 수 있는지를 탐구한다. 우리는 틱톡의 동영상 공유 및 소통 기능을 사용자들 사이에서 트렌드를 형성하고 참여를 유도하는 중요한 도구로 활용하는 방법을 배울 것이다.

본서를 통해 독자들은 틱톡과 AI 기술의 결합이 현대 마케팅 전략에서 어떠한 중요한 역할을 하고 있는지를 이해할 수 있을 것이다. 또한, AI 기반의 개인화 마케팅을 통해 브랜드가 사용자의 독특한 취향과 행동 패턴을 파악하고, 이에 맞춘 콘텐츠와 광고를 제공함으로써 사용자 경험을 향상시키고, 브랜드에 대한 긍정적인 인식을 증진시키는 방법을 배울 것이다. 지속적인 데이터 분석과 최적화를 통해 마케팅 전략을 더욱 효과적으로 조정하는 방법에 대해서도 탐구할 것이다.

이 책이 제시하는 비전과 전략은 틱톡을 활용한 마케팅의 미래를 형성하는 데 중요한 역할을 할 것이다. 디지털 시대의 마케터와 콘텐츠 크리에이터, 그리고 모든 관심 있는 독자들에게 이 책이 실질적인 가이드가 되어 주길 바란다. 우리의 여정은 이제 시작이며, 앞으로 펼쳐질 무한한 가능성을 탐험할 준비를 해야 할 때다.

1. 틱톡 콘텐츠 마케팅의 변화

틱톡 콘텐츠 마케팅의 변화는 기존의 다른 소셜 미디어 플랫폼과는 다른 특성을 반영한다. 틱톡은 짧은 시간 동안 사용자들이 다양한 콘텐츠를 소비하고 생성하는 플랫폼으로, 이로 인해 콘텐츠 마케팅에 대한 접근 방식도 변화하고 있다. 사용자들은 보다 흥미로운 콘텐츠를 원하기 때문에 기존의 방식보다 창의적이고 독특한 아이디어가 필요하다. 또한 인공지능 기술의 도입으로 사용자들의 선호도와 행동을 분석해 맞춤형 콘텐츠를 제공하는 추세도 뚜렷하게 나타나고 있다.

[그림1] 틱톡 로고(출처 : 틱톡)

1) AI로 분석하는 틱톡 트렌드와 사용자 행동

틱톡은 최근 몇 년 동안 급속하게 성장해 소셜 미디어 플랫폼에서 주목받는 중요한 요소가 됐다. 이 플랫폼은 사용자들에게 짧은 동영상을 공유하고 소통할 수 있는 환경을 제공함으로써 특히 젊은 세대 사이에서 인기를 끌고 있다. 틱톡에는 사용자들이 다양한 주제와 콘텐츠를 만들고 공유하는 동시에 트렌드를 형성하는 특징이 있다.

첫째로, 틱톡 트렌드를 분석하는 데에는 AI 기술이 매우 중요한 역할을 한다. 틱톡은 사용자들이 매우 짧은 시간 동안 여러 개의 동영상을 소비하므로, 대량의 데이터를 신속하게 분석해 트렌드를 식별하는 것이 필수적이다. AI 기술은 이러한 대량의 데이터를 신속하게 처리하고 분석함으로써 트렌드를 파악하는 데 큰 도움이 된다.

둘째로, 틱톡 사용자의 행동을 분석하는 데에도 AI가 중요한 역할을 한다. 사용자들의 동영상 시청 패턴, 좋아요 및 공유 행동, 댓글 작성 등의 데이터를 AI 알고리즘이 분석함으로써 사용자들의 흥미와 선호도를 파악할 수 있다. 이를 통해 기업이 자사 제품이나 브랜드에 대한 관심을 끌 수 있는 적절한 콘텐츠를 개발하고 전략을 세울 수 있다.

AI를 활용한 틱톡 트렌드 및 사용자 행동 분석은 기업들이 틱톡 플랫폼에서의 홍보 및 마케팅 전략을 개발하는 데에 큰 도움이 된다. 이를 통해 기업들은 플랫폼에서의 트렌드를 파악하고 사용자들의 관심을 끌 수 있는 콘텐츠를 제작해 효과적으로 마케팅을 할 수 있다. 또한 사용자들의 행동을 분석해 특정 제품이나 브랜드에 대한 관심을 높이는 방법을 발견할 수 있다. 이를 통해 기업들은 틱톡 플랫폼을 효과적으로 활용해 브랜드 가치를 향상시키고 매출을 증가시킬 수 있다.

2) 챗GPT를 활용한 매력적인 콘텐츠 제작 방법

챗GPT를 활용한 매력적인 콘텐츠 제작 방법은 최근 인공지능 기술의 발전으로 인해 많은 관심을 받고 있다. 챗GPT는 자연어 처리 및 이해 기술을 기반으로 한 인공지능 모델로, 사람과 대화하는 것처럼 자연스러운 텍스트 생성을 수행할 수 있다. 이러한 기능을 활용해 챗GPT를 통해 매력적인 콘텐츠를 제작하는 방법에 대해 알아보겠다.

첫째로, 챗GPT를 활용한 매력적인 콘텐츠 제작 방법 중 하나는 흥미로운 이야기나 스토리를 만드는 것이다. 챗GPT는 다양한 주제와 스타일의 이야기를 생성할 수 있으며 사용자의 요구에 맞게 적절한 콘텐츠를 제공할 수 있다. 이를 통해 사용자들에게 흥미로운 콘텐츠를 제공해 관심을 유발하고 긍정적인 반응을 얻을 수 있다.

둘째로, 챗GPT를 활용해 유용한 정보를 제공하는 콘텐츠를 만들 수 있다. 예를 들어 사용자들이 궁금해하는 질문에 대한 답변이나 전문 지식을 제공하는 콘텐츠를 생성할 수 있다. 이를 통해 사용자들에게 가치 있는 정보를 제공하고 신뢰를 구축할 수 있다.

셋째로, 챗GPT를 활용해 사용자들과의 상호 작용을 촉진하는 콘텐츠를 만들 수 있다. 예를 들어 챗GPT를 활용해 사용자들의 질문에 실시간으로 답변하는 챗봇을 만들거나, 사용자들과의 가상 대화를 통해 콘텐츠를 제공할 수 있다. 이를 통해 사용자들과의 교감을 촉진하고 콘텐츠의 참여도를 높일 수 있다.

넷째로, 챗GPT를 활용해 다양한 형식의 콘텐츠를 제작할 수 있다. 챗GPT는 텍스트뿐만 아니라 이미지, 비디오, 음성 등 다양한 형식의 콘텐츠를 생성할 수 있으며, 이를 활용해 다채로운 콘텐츠를 제공할 수 있다. 예를 들어 챗GPT를 활용해 흥미로운 이미지 캡션을 생성하거나, 다양한 주제에 대한 음성 메시지를 제공할 수 있다.

챗GPT를 활용한 매력적인 콘텐츠 제작 방법은 다양한 형태와 스타일의 콘텐츠를 생성할 수 있는 능력을 통해 사용자들에게 흥미로운 경험을 제공할 수 있다. 이를 통해 사용자들의 관심을 유발하고 참여도를 높일 수 있으며, 더 나은 마케팅 효과를 얻을 수 있다.

3) 틱톡을 위한 독창적 스토리텔링 전략 개발

틱톡을 위한 독창적 스토리텔링 전략은 플랫폼의 특성과 사용자들의 관심을 고려해 개발돼야 한다. 이를 위해서는 틱톡이 제공하는 짧은 동영상 형식과 빠른 소비 패턴을 고려해 창의적이고 매력적인 콘텐츠를 제공하는 전략이 필요하다. 아래는 틱톡을 위한 독창적 스토리텔링 전략의 예시이다.

첫째로, '일상 속 작은 기적'이라는 주제로 독창적인 스토리텔링을 통해 사용자들의 호기심을 자극하는 전략을 구상할 수 있다. 예를 들어 일상생활에서 눈에 띄지 않는 작은 사건들을 캡처한 짧은 동영상을 제작해 이를 연결해 큰 기적으로 이어지는 이야기를 전개할 수 있다. 그리고 하루에 여러 번 지나치는 도로 가로등이 갑자기 깜빡이기 시작하고, 이에 따라 주변 사람들의 일상생활이 변화하는 것을 보여준 후, 이 가로등이 마법의 가로등이라는 역사적 사실을 발견하는 이야기로 전개할 수 있다. 이는 사용자들의 호기심을 자극하고 이야기의 전개를 통해 재미와 긴장감을 느끼게 할 것이다.

둘째로, '탐험과 모험의 여정'이라는 주제로 독창적인 스토리텔링을 통해 사용자들의 호기심과 상상력을 자극하는 전략을 구상할 수 있다. 예를 들어 특정 장소나 지역을 배경으로 한 모험가가 발견한 미지의 세계를 탐험하는 이야기를 전개할 수 있다. 사용자들은 모험가와 함께 미지의 세계를 탐험하며 다양한 이야기와 장면을 경험하게 된다. 이를 통해 사용자들은 흥미진진한 여정에 동참하고 자신만의 상상력을 발휘할 수 있을 것이다.

셋째로, '소소한 일상의 특별함'이라는 주제로 독창적인 스토리텔링을 통해 사용자들의 공감과 웃음을 유발하는 전략을 구상할 수 있다. 예를 들어 일상에서 흔히 발생하는 재미있는 상황이나 웃음 포인트를 강조해 이를 틱톡 동영상으로 표현할 수 있다. 사용자들은 자신의 일상에서 비슷한 경험을 했거나 공감할 수 있는 상황에 대해 웃음과 즐거움을 느낄 것이다. 이를 통해 사용자들은 틱톡을 통해 일상 속의 작은 특별함을 발견하고 공유할 수 있을 것이다.

이처럼 틱톡을 위한 독창적인 스토리텔링 전략은 다양한 주제와 스타일의 콘텐츠를 제공해 사용자들의 호기심과 관심을 끌어모을 수 있다. 사용자들은 새로운 이야기와 경험을 통해 흥미를 느끼고 틱톡 플랫폼을 더 많이 활용하게 될 것이다.

4) 틱톡 캠페인의 성공 사례 분석

틱톡은 창의성을 표현하고 비즈니스를 지속 가능한 사업으로 발전시킬 수 있는 훌륭한 무대이다. 여러 브랜드가 틱톡을 활용해 눈에 띄는 마케팅 캠페인을 성공적으로 실행했다. 여기에는 유명 브랜드부터 소규모 기업에 이르기까지 다양한 사례가 포함된다.

(1) 지코의 '아무노래' 챌린지 : 틱톡을 통한 음악 마케팅의 혁신

① 배경

지코(ZICO)의 '아무노래'는 2020년 초에 발매돼 큰 인기를 끌었다. 이 곡은 발매와 동시에 다양한 음악 차트에서 상위권에 오르며, 지코의 음악적 역량을 다시 한번 입증했다. 특히 이 곡은 틱톡을 통해 '아무노래 챌린지'라는 형태로 더욱 폭발적인 인기를 얻었다. 이 챌린지는 사용자들이 '아무노래'에 맞춰 춤을 추는 모습을 담은 짧은 비디오를 틱톡에 업로드하는 것이었다.

[그림2] 지코 아무노래 챌린지(출처 : Mobiinside)

② 전략

지코와 그의 팀은 틱톡이 젊은 세대 사이에서 가진 강력한 영향력을 인식하고 이를 활용해 곡의 인지도를 높이기로 결정했다. '아무노래' 챌린지는 특히 쉽게 따라 할 수 있는 춤 동작으로 구성돼, 누구나 쉽게 참여할 수 있도록 설계됐다. 이 챌린지는 곡의 중독성 있는 멜로디와 잘 어우러져 틱톡 사용자들 사이에서 빠르게 퍼져 나갔다.

③ 실행

챌린지의 시작은 지코 자신이 '아무노래'에 맞춰 춤을 추는 비디오를 틱톡에 올리면서부터였다. 이후 유명 인플루언서, 연예인, 일반 사용자들이 차례로 이 챌린지에 참여하기 시작했다. 참여자들은 각자의 개성을 살린 춤 동작으로 챌린지에 임했으며 이는 다른 사용자들의 참여를 더욱 독려했다. 또한 챌린지에 참여한 비디오 중 인기 있는 것들은 틱톡의 추천 페이지에 자주 등장하며 이를 통해 곡의 인지도는 더욱 증가했다.

④ 결과

'아무노래' 챌린지는 수백만 건의 참여를 이끌어내며 큰 성공을 거두었다. 이 챌린지는 틱톡뿐만 아니라 다른 소셜 미디어 플랫폼에서도 화제가 됐으며 '아무노래'는 국내외에서 큰 인기를 얻었다. 이 캠페인은 지코의 음악을 전 세계적으로 알리는 데 큰 역할을 했으며, 특히 젊은 세대 사이에서 그의 인기를 더욱 공고히 했다.

⑤ 분석

'아무노래' 챌린지의 성공은 몇 가지 중요한 요소에 기인한다. 첫째, 쉽게 접근할 수 있고 따라 하기 쉬운 챌린지 디자인이다. 둘째, 지코와 같은 유명 인물이 직접 챌린지에 참여하며 이를 시작한 점이다. 셋째, 틱톡이라는 플랫폼의 특성상 빠르게 콘텐츠가 확산될 수 있는 환경이 마련돼 있었다는 점이다. 마지막으로, 참여자들이 자신의 개성을 살릴 수 있는 여지를 제공함으로써, 더 많은 사용자들이 챌린지에 참여하고자 하는 동기를 부여했다.

⑥ 결론

지코의 '아무노래' 챌린지는 틱톡을 활용한 음악 마케팅의 혁신적인 사례로 평가받는다. 이 캠페인은 단순히 한 곡의 인기를 넘어 아티스트와 팬들이 직접 소통하고 참여할 수 있는 새로운 방식을 제시했다. 또한 이 사례는 틱톡이라는 플랫폼이 가진 마케팅 잠재력을 여실히 보여주며 앞으로도 다양한 분야에서 비슷한 전략이 활용될 가능성을 시사한다. 지코의 '아무노래' 챌린지는 틱톡을 통해 성공적인 캠페인을 구현하고자 하는 다른 아티스트나 브랜드에게 유용한 통찰력을 제공한다.

(2) NYX Professional Makeup

① 배경

NYX Professional Makeup은 자사의 인기 제품인 Butter Gloss 제품 라인을 더 넓은 대

중에게 알리고 주류 뷰티 상태로 끌어올리기 위한 전략으로 틱톡과 손을 잡았다. 틱톡의 영향력과 창의적인 커뮤니티를 활용해 제품의 인지도를 높이고자 했다.

② 전략

NYX는 틱톡 사용자들을 대상으로 6일간의 해시태그 챌린지, #ButterGlossPop을 론칭했다. 이 챌린지는 사용자들이 Butter Gloss Lip Gloss를 사용한 창의적인 메이크업을 선보이도록 독려하는 것이었다. 캠페인은 틱톡 인플루언서들과 협력하고, 오리지널 송을 활용해 참여를 유도하는 전략을 채택했다.

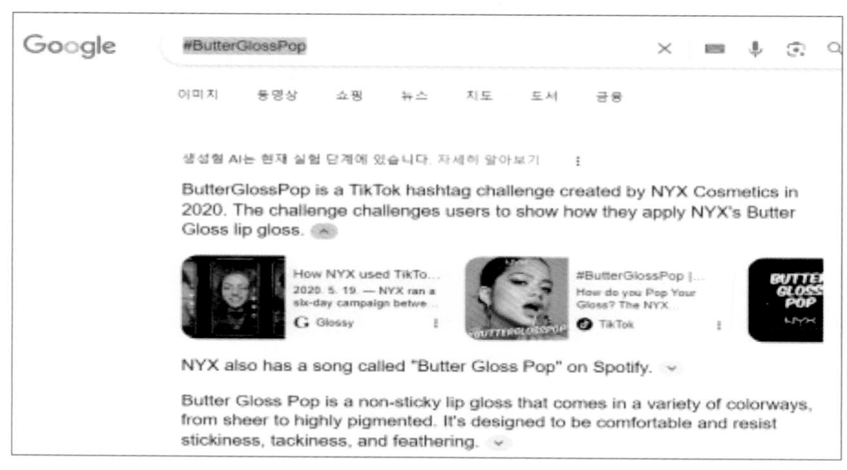

[그림3] #ButterGlossPop 구글 검색 결과(출처 : 구글)

③ 실행

챌린지는 틱톡 커뮤니티 내에서 큰 관심을 끌었다. NYX는 참여를 장려하기 위해 인기 있는 틱톡 인플루언서들과 협력했으며, 참가자들에게는 상품을 제공하는 인센티브를 마련했다. 이를 통해 사용자들은 자신만의 독특한 메이크업 루틴을 공유하며 챌린지에 적극적으로 참여했다.

④ 결과

이 챌린지는 200만 개 이상의 사용자 생성 콘텐츠 비디오를 생성하며 #ButterGlossPop 브랜드 해시태그 챌린지에 대해 110억 회의 조회수를 달성하는 놀라운 성공을 거두었다. 브랜드 인지도는 42% 증가했으며, 광고 회상률은 79% 증가하는 등의 인상적인 성과를 보였다.

⑤ 분석

NYX의 성공은 몇 가지 핵심 요소에 기인한다. 첫째, 틱톡이라는 플랫폼의 독특한 특성과 창의적인 커뮤니티를 적극적으로 활용한 점이다. 둘째, 인플루언서와의 협력을 통해 캠페인의 초기 동력을 확보하고 참여를 유도한 전략이다. 셋째, 참여를 장려하기 위한 인센티브 제공이 사용자들의 적극적인 참여를 이끌어냈다.

⑥ 결론

NYX Professional Makeup의 틱톡 챌린지 성공 사례는 틱톡을 활용한 브랜드 마케팅의 효과를 여실히 보여준다. 창의적인 접근 방식과 커뮤니티와의 적극적인 상호 작용을 통해 브랜드 인지도를 크게 향상시킬 수 있음을 입증했다. 이 사례는 다른 브랜드들에게도 틱톡을 활용한 마케팅 전략 수립에 있어 중요한 인사이트를 제공한다.

(3) Netflix 틱톡 챌린지 성공 사례 분석

① 배경

Netflix는 틱톡에서 3,620만 명의 팔로워를 보유한 인상적인 브랜드로 커뮤니티와 관련된 콘텐츠 제작과 트렌딩 토픽에 맞춘 접근 방식으로 접근하고 있다. 특히 'Cobra Kai' 시즌 3의 출시를 앞두고 이를 홍보하기 위한 틱톡 광고 캠페인을 계획했다.

② 전략

Netflix의 전략은 틱톡 커뮤니티의 참여를 유도하고 'Cobra Kai' 시리즈에 대한 관심을 높이는 것이었다. 이를 위해 Netflix는 틱톡을 통해 커스텀 필터인 Cobra Kai Chop을 개발하고 다양한 크리에이터들과 협력해 각기 다른 커뮤니티를 대상으로 한 캠페인을 전개했다.

③ 실행

Netflix는 미국, 영국, 캐나다, 호주, 프랑스 등 여러 국가의 크리에이터들과 협력해 각자의 독특한 스타일로 Cobra Kai Chop 필터를 사용한 콘텐츠를 제작하도록 했다. 이들은 #CobraKaiChop 해시태그를 사용해 캠페인에 참여했다.

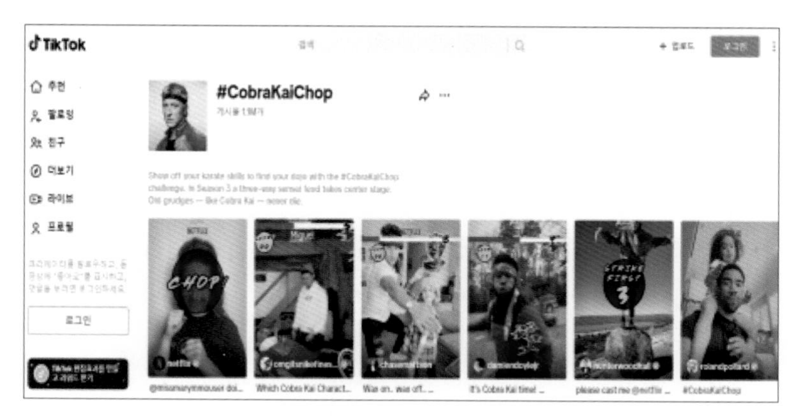

[그림4] #CobraKaiChop 틱톡 검색(출처 : 틱톡)

④ 결과

이 캠페인은 280만 회 이상의 조회수를 기록했으며, #cobrakaichop 해시태그는 무려 56억 회의 조회수를 달성했다. 이는 Netflix가 틱톡에서 성공적으로 브랜드 인지도를 높이고, 'Cobra Kai' 시즌 3에 대한 대중의 관심을 증가시켰음을 의미한다.

⑤ 분석

Netflix의 성공은 몇 가지 중요한 요소에 기인한다. 첫째, 틱톡이라는 플랫폼의 특성을 잘 활용해 대상 커뮤니티와 진정성 있게 소통했다는 점이다. 둘째, 크리에이터와의 협력을 통해 다양한 커뮤니티에 도달하고 각 커뮤니티의 관심을 끌 수 있는 맞춤형 콘텐츠를 제작했다는 점이다. 셋째, 캠페인이 사용자 참여를 유도하고 자발적인 콘텐츠 생성을 촉진했다는 점이다.

⑥ 결론

Netflix의 'Cobra Kai' 시즌 3 틱톡 챌린지 캠페인은 틱톡을 활용한 브랜드 마케팅의 뛰어난 예시를 보여준다. 창의적인 접근 방식과 크리에이터와의 협력을 통해 브랜드 인지도를 향상시키고 대중의 관심을 집중시킬 수 있었다. 이 사례는 다른 브랜드들에게도 틱톡을 활용한 마케팅 전략을 수립하는 데 있어 유용한 통찰력을 제공한다.

5) 틱톡 알고리즘에 최적화된 콘텐츠 생성

틱톡은 전 세계적으로 수백만 명의 사용자들이 자신만의 독특하고 창의적인 콘텐츠를 공유하는 플랫폼이다. 이 플랫폼의 알고리즘은 사용자의 관심사와 상호 작용을 기반으로 개인화된 콘텐츠를 제공해 각 사용자에게 맞춤형 경험을 제공한다.

첫째, 틱톡은 사용자의 관심사와 상호 작용을 중시한다. 이는 사용자가 좋아요, 공유, 댓글 등의 형태로 활발히 참여할 수 있는 콘텐츠가 더 많은 노출을 받는다는 것을 의미한다. 예를 들어 댄스 챌린지나 유머러스한 스케치와 같이 참여를 유도하는 콘텐츠는 사용자들로부터 높은 참여도를 유발하며 이는 알고리즘에 의해 더 널리 퍼지게 된다.

둘째, 트렌드를 빠르게 파악하고 적용하는 것도 중요하다. 틱톡 내에서는 다양한 트렌드가 순식간에 변화한다. 최신 트렌드에 맞춰 콘텐츠를 제작함으로써 당신의 콘텐츠가 더 많은 관심을 받고 빠르게 확산 될 가능성이 높아진다. 예를 들어 최신 팝송을 배경음악으로 사용하거나 인기 있는 해시태그를 활용하는 것이 좋다.

셋째, 콘텐츠의 질도 매우 중요하다. 고화질의 비디오와 명확한 오디오, 창의적이고 독창적인 콘텐츠는 사용자들의 시선을 끌고 장기간의 관심을 유지시킨다. 예를 들어 전문적으로 보이는 비디오 편집 기술이나 독특한 시각적 효과를 사용하는 것이 좋다.

넷째, 짧고 강력한 메시지를 전달하는 것이 중요하다. 틱톡은 주로 짧은 형식의 비디오를 지원하기 때문에 몇 초 내에 사용자의 관심을 사로잡을 수 있는 명확하고 강력한 메시지를 전달해야 한다. 이는 강렬한 첫인상을 남기고 사용자가 비디오를 끝까지 시청하게 만들어 알고리즘에 의해 더 높은 평가를 받을 수 있게 한다.

다섯째, 지속적인 상호 작용과 커뮤니티 구축 노력이 필요하다. 사용자와의 상호 작용을 통해 구축된 커뮤니티는 당신의 콘텐츠가 지속적으로 관심을 받고, 새로운 사용자에게도 노출될 기회를 제공한다. 댓글에 답변하거나 팔로워들과 직접 소통하는 것은 매우 중요한 전략이다.

이러한 요소들을 통합해 콘텐츠를 제작하면, 틱톡 알고리즘에 최적화된 매력적인 콘텐츠를 생성할 수 있다. 창의성과 사용자 참여를 중심으로 한 접근 방식은 당신의 콘텐츠가 틱톡 커뮤니티 내에서 빠르게 확산되고, 더 넓은 관객에게 도달할 수 있게 한다.

2. AI 기반 틱톡 인터랙션 및 참여 증진

1) 사용자 참여를 높이는 AI 챗봇 전략

(1) 개인화된 경험 제공

사용자 데이터 분석) AI 챗봇은 사용자의 과거 대화, 선호도 및 행동 패턴을 분석한다. 이를 통해 사용자의 관심사와 필요에 맞는 맞춤형 콘텐츠를 제공하며, 개인화된 상호 작용을 실현한다.

예시) 사용자가 댄스 관련 콘텐츠에 자주 반응한다면 챗봇은 최신 댄스 챌린지나 인기 있는 댄스 튜토리얼 비디오를 추천한다. 이는 사용자가 관심을 가질만 한 콘텐츠에 더 쉽게 접근할 수 있도록 돕는다.

(2) 실시간 대화와 피드백

대화형 인터페이스) AI 챗봇은 실시간으로 사용자의 질문에 답하고, 대화를 통해 즉각적인 피드백을 제공한다. 이는 사용자가 브랜드와의 상호 작용을 더 자연스럽고 유익하게 느끼게 한다.

예시) 사용자가 특정 제품에 대해 문의할 때, AI 챗봇은 제품의 특징, 사용 방법, 구매 방법 등을 설명한다. 또한 사용자의 추가 질문에 실시간으로 답변해 구매 결정을 지원한다.

(3) 참여도 높은 콘텐츠 추천

콘텐츠 큐레이션) AI 챗봇은 사용자의 이전 상호 작용을 기반으로 가장 관련성 높고 참여도 높은 콘텐츠를 추천한다. 이는 사용자가 플랫폼에서 보내는 시간을 늘리고, 더 깊은 참여를 유도한다.

예시) 사용자가 요리 콘텐츠에 관심을 보인다면, 챗봇은 다양한 요리 레시피, 요리 도전, 요리 관련 팁을 제공하는 콘텐츠를 추천한다. 이를 통해 사용자는 자신의 관심사에 맞는 콘텐츠를 탐색하며 더 많은 시간을 틱톡에서 보낸다.

(4) 인터랙티브 콘텐츠와 이벤트

참여 유도) AI 챗봇은 사용자가 참여할 수 있는 퀴즈, 설문조사, 챌린지 등의 인터랙티브 콘텐츠를 제공한다. 이는 사용자의 적극적인 참여를 유도하며, 브랜드와의 상호 작용을 강화한다.

예시) 챗봇이 주최하는 미니 게임에 참여해 특정 점수를 달성한 사용자에게 할인 쿠폰이나 한정판 상품을 제공한다. 이러한 인센티브는 사용자의 참여를 유도하고, 브랜드 충성도를 높이는 데 기여한다.

AI 챗봇을 통한 사용자 참여 전략은 틱톡에서의 브랜드 경험을 풍부하게 하고, 사용자와의 지속적인 상호 작용을 구축하는 데 중요한 역할을 한다. AI 챗봇의 개인화된 추천, 실시간 대화 지원, 참여도 높은 콘텐츠 제공, 인터랙티브한 콘텐츠와 이벤트 제공은 사용자의 참여를 극대화하고, 틱톡 플랫폼에서의 경험을 더욱 매력적으로 만든다. AI 챗봇 전략을 효과적으로 실행함으로써 브랜드는 사용자 참여를 증진시키고, 장기적인 사용자 관계를 구축할 수 있다.

2) 틱톡에서의 AI 기반 개인화 마케팅

틱톡에서의 AI 기반 개인화 마케팅은 브랜드가 각 사용자의 독특한 취향과 행동 패턴을 이해하고, 이를 바탕으로 맞춤형 콘텐츠와 광고를 제공하는 전략이다. 이러한 접근 방식은 사용자 경험을 향상시키고, 광고의 효과를 극대화해 브랜드의 목표 달성에 기여한다. 이제 AI 기반 개인화 마케팅의 구체적인 예시와 전략을 살펴보겠다.

(1) 사용자 행동 분석

AI 기술은 사용자의 행동과 상호 작용 데이터를 분석해 개인의 관심사와 선호도를 파악한다. 예를 들어 사용자가 자주 시청하는 콘텐츠 유형, 좋아요를 누르거나 공유하는 비디오의 특성, 사용자가 머무는 시간 등의 데이터를 수집한다. 이러한 정보는 AI 알고리즘에 의해 처리돼 사용자 프로필을 구축하며, 이는 개인화된 마케팅 전략의 기반이 된다.

(2) 맞춤형 콘텐츠 제작

AI는 분석된 사용자 데이터를 바탕으로 맞춤형 콘텐츠를 제작하는 데 사용된다. 예를 들어 특정 사용자 그룹이 요리 관련 콘텐츠에 높은 관심을 보인다면, 브랜드는 해당 사용자들을 대상으로 요리 레시피, 요리 도구 리뷰, 요리 챌린지 등의 콘텐츠를 제작할 수 있다. 이러한 개인화된 콘텐츠는 사용자의 참여도를 높이고, 브랜드에 대한 긍정적인 인식을 증진시킨다.

(3) 타깃 광고

AI 기반의 개인화 마케팅 전략은 타깃 광고 캠페인의 효율성을 극대화한다. AI 알고리즘은 사용자의 선호도와 관심사를 기반으로 가장 관련성 높은 광고를 해당 사용자에게 표시한다. 예를 들어 아웃도어 활동에 관심이 많은 사용자에게는 등산용품, 캠핑 장비 등의 광고가 표시될 수 있다. 이러한 맞춤형 광고는 사용자가 광고 내용에 더 관심을 갖고 구매로 이어질 가능성을 높인다.

(4) 인터랙티브 캠페인

AI는 사용자와의 상호 작용을 통해 참여도를 높이는 인터랙티브 캠페인을 구현하는 데도 활용된다. 예를 들어 AI를 통해 사용자의 반응을 실시간으로 분석하고 이에 기반한 맞춤형 피드백을 제공하는 퀴즈나 게임 형태의 캠페인을 진행할 수 있다. 이는 사용자의 참여를 유도하고 브랜드에 대한 인지도와 관심을 증가시킨다.

(5) 지속적인 최적화

마지막으로, AI는 마케팅 캠페인의 성과를 지속적으로 분석하고 최적화하는 데 중요한 역할을 한다. AI 알고리즘은 캠페인의 반응률, 참여도, 전환율 등의 지표를 분석해 어떤 전략이 효과적인지를 파악한다. 이를 통해 마케팅 전략을 지속적으로 조정하고 개선해 더 나은 결과를 달성할 수 있다.

AI 기반 개인화 마케팅은 틱톡에서 브랜드가 사용자와 더 깊은 관계를 구축하고 참여도를 높이며 마케팅 목표를 효과적으로 달성하는 데 중요한 역할을 한다. 사용자 중심의 접근 방식과 지속적인 데이터 분석을 통해 브랜드는 개인화된 경험을 제공하며 사용자의 기대를 충족시킬 수 있다. AI 기술의 발전과 함께 이러한 전략은 앞으로도 더욱 세밀하고 창의적인 방식으로 발전할 것이다.

3) 틱톡 챌린지 및 해시태그 캠페인의 AI 최적화

틱톡에서 챌린지와 해시태그 캠페인은 사용자의 참여를 유도하고 브랜드 인지도를 높이며 커뮤니티를 활성화하는 데 매우 효과적이다. AI 기술을 활용해 이러한 캠페인을 최적화하는 것은 브랜드가 목표를 달성하고 사용자 경험을 향상시키며 캠페인의 성공 가능성을 극대화하는 데 중요한 역할을 한다. 다음은 AI를 활용한 틱톡 챌린지 및 해시태그 캠페인 최적화의 구체적인 예시와 방법이다.

(1) 캠페인 타깃팅 최적화

AI는 사용자 데이터 분석을 통해 특정 챌린지나 해시태그 캠페인에 가장 관심을 가질 가능성이 높은 사용자 그룹을 식별한다. 예를 들어 패션 관련 챌린지의 경우, 패션 콘텐츠에 자주 반응하거나 관련 해시태그를 사용하는 사용자를 대상으로 캠페인을 타깃팅할 수 있다. 이를 통해 캠페인의 가시성과 참여도를 높이며 광고 예산의 효율성을 극대화한다.

(2) 콘텐츠 추천 시스템

AI 기반의 콘텐츠 추천 시스템은 사용자에게 관심사와 맞는 챌린지와 해시태그를 제안한다. 사용자의 이전 상호 작용, 시청 패턴, 좋아요 및 공유 데이터를 분석해 개인화된 챌린지와 해시태그를 추천한다. 이러한 맞춤형 추천은 사용자의 참여를 유도하고 캠페인의 전반적인 리치를 증가시킨다.

(3) 성과 분석 및 피드백 루프

AI는 캠페인의 성과를 실시간으로 분석하고 이를 바탕으로 캠페인 전략을 지속적으로 조정한다. 예를 들어 특정 해시태그의 참여도, 비디오의 평균 시청 시간, 캠페인에 대한 사용자 반응 등의 데이터를 분석해 어떤 요소가 성공적이었는지를 파악한다. 이러한 분석을 통해 캠페인의 메시지, 타깃팅 전략, 콘텐츠 형식을 최적화할 수 있다.

(4) 사용자 참여 유도

AI는 사용자의 참여를 유도하기 위해 다양한 전략을 실행한다. 예를 들어 사용자가 특정 챌린지에 참여했을 때 피드백을 제공하거나 참여를 독려하는 메시지를 전송한다. 또한 사용자가 생성한 콘텐츠 중 우수한 예시를 선별해 다른 사용자에게 노출해 캠페인의 가시성과 참여를 더욱 증가시킨다.

(5) 트렌드 예측과 적응

AI는 틱톡 내외부의 데이터를 분석해 새로운 트렌드를 예측하고 이에 기반한 챌린지와 해시태그 캠페인을 기획한다. 사용자의 관심사가 시간에 따라 어떻게 변화하는지를 파악하고 이를 반영한 새로운 캠페인을 빠르게 출시해 시장의 변화에 민첩하게 대응한다.

이러한 AI 기반 최적화 전략은 틱톡 챌린지 및 해시태그 캠페인을 더욱 효과적이고 매력적으로 만든다. 사용자의 참여를 극대화하고 브랜드의 메시지를 효과적으로 전달하며 커뮤니티를 활성화하는 것이 가능하다. AI 기술의 발전으로 틱톡 캠페인은 더욱 정교하고 개인화된 방식으로 사용자와 소통할 수 있게 됐다.

3. 효과적인 틱톡 광고 전략

1) 타깃 오디언스를 위한 맞춤형 광고 캠페인 설계

타깃 오디언스를 위한 맞춤형 광고 캠페인을 설계하는 과정은 브랜드의 목표와 타깃 오디언스의 특성을 깊이 이해하는 것에서 시작된다. 이 과정은 목표 오디언스의 관심사, 행동 패턴, 소비 습관을 분석해 이들에게 맞춤화된 메시지를 전달하는 전략을 개발하는 것을 포함한다.

예를 들어 중소상공인이 건강식품을 판매한다고 가정해 보자. 타깃 오디언스는 건강과 웰빙에 관심이 많은 20대에서 40대 사이의 소비자일 수 있다. 이 오디언스는 운동, 건강한 식습관, 자연 치유 방법에 관심이 높다. 이를 바탕으로, 캠페인은 이러한 관심사와 직접적으로 연결되는 콘텐츠를 제작해야 한다. 예를 들어 인기 있는 건강 전문가나 영향력 있는 인플루언서와 협력해 제품 리뷰, 건강 팁, 레시피 등을 공유하는 것이다.

광고 메시지는 직접적인 판매를 넘어서, 소비자의 생활 방식에 긍정적인 영향을 미칠 방법을 제시해야 한다. 예를 들어 '당신의 아침을 더 건강하게 시작하세요'와 같은 메시지로 건강식품을 아침 식사 대용품으로 제안한다. 이는 타깃 오디언스가 자신의 건강을 개선할 수 있는 구체적이고 실용적인 방법을 제시함으로써 제품에 관한 관심을 유도한다.

또한 캠페인은 다양한 디지털 마케팅 채널을 활용해 타깃 오디언스에 도달해야 한다. 소셜 미디어 광고, 이메일 마케팅, SEO 최적화된 콘텐츠를 포함해, 각 채널은 오디언스의 선호와 행동에 맞춰 조정돼야 한다. 예를 들어 인스타그램은 시각적 콘텐츠에 중점을 두며 건강식품을 아름답게 제시해 소비자의 관심을 끈다. 이메일 마케팅은 개인화된 할인 코드나 건강 관련 정보를 제공해 고객의 충성도를 높인다.

마지막으로, 캠페인의 성과를 지속적으로 분석하고 최적화하는 것이 중요하다. 이는 타깃 오디언스의 반응을 모니터링하고, 광고 전략을 더욱 효과적으로 조정하기 위한 피드백을 제공한다. 데이터 분석을 통해 얻은 통찰력은 광고 콘텐츠, 타깃팅 전략, 예산 분배를 개선하는 데 사용된다.

캠페인은 타깃 오디언스의 생활 방식과 가치에 부합하는 매력적인 메시지를 전달한다. 예시로 건강식품을 판매하는 중소상공인이 건강과 웰빙에 관심이 많은 20대에서 40대를 타깃으로 할 때, 제품의 혜택과 소비자의 일상생활에서의 적용 방법을 강조한다. 이 과정에는 인플루언서와의 협업, 타깃 오디언스의 관심사에 맞춘 콘텐츠 제작, 다양한 디지털 마케팅 채널을 통한 효과적인 메시지 전달이 포함된다. 개인화된 이메일 마케팅, 소셜 미디어 캠페인, SEO 전략을 활용해 타깃 오디언스에게 맞춤형 광고를 제공하고 광고 성과를 분석해 지속적으로 최적화한다. 이를 통해 브랜드는 타깃 오디언스와의 연결을 강화하고 광고 캠페인의 효과를 극대화할 수 있다.

2) 비용 효율적인 틱톡 광고 예산 관리 방법

비용 효율적인 틱톡 광고 예산 관리 방법을 설명하면서 중소상공인들이 예산 내에서 최대한의 효과를 누릴 수 있는 전략에 대해 살펴보겠다. 광고 예산을 관리하는 것은 특히 예산이 제한적인 경우 더욱 중요하다. 이를 위해 명확한 목표 설정, 타깃팅 전략의 최적화, 광고 성과의 지속적인 모니터링과 조정이 필수적이다.

첫째, 광고 캠페인을 시작하기 전에 구체적이고 측정 가능한 목표를 설정한다. 예를 들어 웹사이트 방문자 수 증가, 제품 판매량 향상, 브랜드 인지도 증가 등의 목표가 있을 수 있다. 목표를 명확히 하면 광고 예산을 효과적으로 분배하고 성과를 측정하는 데 도움이 된다.

둘째, 타깃 오디언스를 정확히 파악하고 광고를 최적화한다. 틱톡의 다양한 타깃팅 옵션을 활용해, 관심사, 연령, 지역 등에 따라 광고를 타깃팅함으로써 광고비용 대비 높은 전환율을 달성할 수 있다. 예를 들어 특정 지역의 젊은 소비자를 대상으로 하는 광고는 그 지역과 연령대에 맞춰 광고를 설정한다.

셋째, 소액으로 시작해 광고 성과를 지속적으로 모니터링하고 조정한다. 틱톡 광고는 소액으로도 시작할 수 있으며 광고 캠페인의 반응을 보고 예산을 조정할 수 있다. 광고의 클릭률(CTR)이나 전환율 같은 키 메트릭스를 분석해 가장 효과적인 광고에 더 많은 예산을 할당한다.

넷째, 크리에이티브와 메시지를 다양화해 어떤 접근 방식이 가장 효과적인지 테스트한다. 다양한 광고 복사본, 이미지, 비디오를 실험해 어떤 콘텐츠가 타깃 오디언스와 가장 잘 resonates 하는지 확인한다. 이는 광고 예산을 더 효율적으로 사용할 수 있게 하며, ROI를 극대화한다.

마지막으로, 광고 캠페인의 ROI를 극대화하기 위해 시즌이나 특별 이벤트를 활용한다. 예를 들어 할로윈이나 크리스마스와 같은 특별한 시즌에 맞춰 광고 캠페인을 계획해, 이 시기에 소비자의 구매 의사가 높아지는 것을 활용한다.

이와 같은 전략을 통해 중소상공인들은 제한된 예산 내에서도 틱톡 광고를 통해 높은 성과를 달성할 수 있다. 광고 목표의 명확화, 타깃팅의 최적화, 소액 테스트를 통한 성과 모니터링과 조정, 크리에이티브의 다양화를 통해 가능하다. 예를 들어 초기 광고 캠페인을 소액으로 시작해 어떤 광고 콘텐츠가 가장 높은 반응을 얻는지 파악하고, 이를 바탕으로 예산을 조정한다.

또한 타깃팅을 세분화해 광고가 특정 타깃 오디언스에 도달하도록 함으로써 예산 사용의 효율성을 높인다. 이 과정에서 광고의 성과를 지속적으로 분석하고 가장 효과적인 광고 전략에 더 많은 예산을 할당해 ROI를 극대화한다. 시즌이나 이벤트를 활용한 타이밍 전략도 중요한 요소로 소비자의 구매 의향이 높은 시기에 광고를 집중적으로 배치해 더 큰 효과를 얻을 수 있다.

3) 광고 성과 분석과 최적화 기법

광고 성과 분석과 최적화는 디지털 마케팅에서 성공을 위해 필수적인 과정이다. 이 과정은 광고 캠페인의 성과를 평가하고 이를 바탕으로 광고 전략을 개선하는 데 중점을 둔다.

첫 단계는 정확한 성과 지표를 설정하는 것이다. 이는 클릭률(CTR), 전환율, 인상당 비용(CPM), 클릭당 비용(CPC), ROI 등이 될 수 있다. 예를 들어 소셜 미디어 캠페인의 목표가 브랜드 인지도 증가라면, 인상 수, 도달 범위, 참여율이 중요한 지표가 된다. 반면, 온라인 판매 증진을 목표로 한다면 전환율과 ROI가 핵심 지표가 될 것이다.

성과 지표를 설정한 후 이를 기반으로 데이터를 수집하고 분석한다. 이 과정에서는 구글 애널리틱스, 페이스북 인사이트와 같은 도구를 사용해 광고 캠페인의 성과를 실시간으로 모니터링한다. 데이터 분석을 통해 어떤 광고가 가장 높은 성과를 내고 있는지, 어떤 오디언스가 가장 활발히 반응하는지 등의 인사이트를 얻을 수 있다.

이 데이터를 바탕으로 광고 캠페인을 최적화한다. 예를 들어 특정 광고가 낮은 클릭률을 보인다면 광고 복사본, 이미지, 또는 타깃팅 설정을 변경할 수 있다. 또한 특정 오디언스 세그먼트에서 높은 전환율을 보인다면, 이 오디언스에 더 많은 예산을 할당할 수 있다.

지속적인 A/B 테스팅도 중요한 최적화 기법이다. 이는 두 가지 이상의 광고 버전을 동시에 실행해 어떤 요소(광고 복사본, 이미지, 콜 투 액션 등)가 더 높은 성과를 내는지 비교하는 방법이다. 이를 통해 가장 효과적인 광고 요소를 식별하고 이를 광고 캠페인 전반에 적용할 수 있다.

마지막으로, 광고 성과 분석과 최적화는 한 번의 과정이 아니라 지속적으로 이뤄져야 한다. 시장 환경, 소비자 행동, 경쟁사 전략의 변화에 따라 광고 캠페인도 지속적으로 조정돼야 한다. 이 과정에서 얻은 학습은 미래 캠페인의 설계와 실행에 귀중한 통찰을 제공한다.

이러한 방식으로 광고 성과 분석과 최적화를 진행함으로써 중소상공인들은 제한된 예산 내에서도 최대한의 광고 효과를 달성할 수 있다. 구체적인 지표 설정, 실시간 데이터 분석, 광고 콘텐츠와 타깃팅의 지속적인 최적화, A/B 테스팅을 통한 지속적인 개선을 강조한다.

광고 캠페인의 성공은 신중한 계획, 실행, 분석, 반복적인 최적화 과정을 통해 달성될 수 있다.

초기 단계에서 설정한 목표와 성과 지표를 기반으로 실시간 데이터 분석을 통해 광고의 효과를 모니터링하고 이를 개선하기 위한 전략을 지속적으로 적용한다. 이 과정에는 광고 메시지와 디자인의 A/B 테스팅, 타깃팅 전략의 조정, 예산 분배의 최적화가 포함된다. 또한 시장의 변화와 소비자 행동의 트렌드를 주시하며 광고 전략을 유연하게 조정해야 한다. 이러한 접근 방식을 통해 광고 캠페인은 더 높은 ROI를 달성하고 브랜드의 목표를 효과적으로 지원할 수 있다.

4) 인플루언서 마케팅과 파트너십 구축

인플루언서 마케팅과 파트너십 구축은 브랜드의 인지도를 높이고 타깃 오디언스에게 신뢰를 구축하는 효과적인 방법이다. 예를 들어 중소상공인이 자신의 제품이나 서비스를 홍보하기 위해 관련 분야에서 영향력 있는 인플루언서와 협력할 수 있다. 이 과정에서는 먼저 브랜드와 잘 맞는 인플루언서를 선정하고 그들과의 파트너십을 통해 타깃 오디언스에게 자연스럽고 신뢰할 수 있는 메시지를 전달한다.

인플루언서와 협업을 시작하기 전에 명확한 목표와 기대치를 설정하고 인플루언서에게 이를 명확히 전달하는 것이 중요하다. 예를 들어 제품 리뷰, 소셜 미디어 캠페인 참여, 또는 특별 이벤트의 호스트 역할 등 다양한 협업 형태를 고려할 수 있다. 성공적인 파트너십을 위해서는 인플루언서의 팔로워들이 브랜드의 타깃 오디언스와 잘 맞는지 확인하고 인플루언서가 자신의 목소리를 유지하면서도 브랜드 메시지를 효과적으로 전달할 수 있도록 지원해야 한다.

협업 과정에서는 인플루언서에게 제품이나 서비스에 대한 충분한 정보를 제공하고, 창의적인 자유를 부여해 그들만의 방식으로 메시지를 전달할 수 있게 한다. 이러한 접근 방식은 캠페인의 진정성을 높이고, 팔로워들의 참여와 반응을 증진시킨다. 또한 캠페인의 성과를 모니터링하고 평가해, 인플루언서 마케팅 전략을 지속적으로 최적화하는 것도 중요하다.

성공적인 인플루언서 마케팅과 파트너십 구축을 위해서는 목표 설정, 적합한 인플루언서 선정, 효과적인 커뮤니케이션 및 협업, 성과 모니터링 및 최적화가 핵심 요소이다. 이 과정을 통해, 중소상공인은 자신의 브랜드를 효과적으로 홍보하고 타깃 오디언스와의 신뢰와 관계를 강화할 수 있다.

4. 틱톡에서의 브랜드 구축 및 관리

1) 브랜드 아이덴티티와 메시지 통합 전략

브랜드 아이덴티티와 메시지 통합 전략은 브랜드가 자신의 핵심 가치와 비전을 명확하게 전달하고 대상 고객과 깊은 연결을 구축하는 데 중심적인 역할을 한다. 이를 위해 브랜드는 자신만의 독특한 이야기와 가치를 개발하고 이를 모든 마케팅 채널과 접점에서 일관되게 표현해야 한다. 예를 들어 지속 가능성에 중점을 둔 브랜드는 이를 제품 설계, 포장, 마케팅 메시지 등에 반영해 타깃 오디언스가 브랜드의 지속 가능성 약속을 쉽게 인식하고 공감할 수 있도록 해야 한다.

효과적인 메시지 통합 전략을 위해서는 브랜드의 핵심 메시지를 정의하고 이를 브랜드의 모든 콘텐츠와 커뮤니케이션에 반영하는 것이 중요하다. 이 과정에서 브랜드는 소셜 미디어, 웹사이트, 오프라인 광고 등 다양한 채널을 통해 일관된 경험을 제공해야 한다. 또한 고객의 피드백을 적극적으로 수집하고 반영해 브랜드 메시지를 지속적으로 최적화하고 고객과의 관계를 강화해야 한다.

이러한 전략은 고객에게 브랜드가 추구하는 가치와 비전을 명확하게 전달하고 브랜드에 대한 신뢰와 충성도를 높이는 데 기여한다. 브랜드 아이덴티티와 메시지 통합 전략의 성공적인 구현은 고객이 브랜드를 일관되게 인식하고 브랜드와 강력한 감정적 연결을 형성할 수 있게 한다.

2) 고객 충성도 향상을 위한 커뮤니티 관리

고객 충성도 향상을 위한 커뮤니티 관리는 브랜드와 고객 간의 지속적인 관계를 구축하고 유지하는 데 중요하다. 이를 위해 브랜드는 고객과의 쌍방향 커뮤니케이션 채널을 활성화하고 고객이 브랜드와 적극적으로 상호 작용할 수 있는 기회를 제공해야 한다. 예를 들어 소셜 미디어 플랫폼을 활용해 고객 커뮤니티를 구축하고 이 공간에서 고객의 의견을 수렴하며 고객이 관심을 가질 만한 유용한 콘텐츠를 제공한다.

또한 정기적인 고객 피드백 설문조사를 실시해 고객의 요구와 기대를 파악하고 이를 기반으로 서비스 개선에 나선다. 고객 충성도 프로그램을 운영해 고객의 브랜드 재방문을 장려하고 고객의 기여도에 따라 보상을 제공함으로써 고객과의 긍정적인 관계를 지속적으로 유지하고 강화한다.

3) 위기관리와 부정적 피드백 대응

위기관리와 부정적 피드백 대응은 모든 브랜드가 마주할 수 있는 상황이다. 이를 효과적으로 처리하는 것은 브랜드의 신뢰성과 이미지를 유지하는 데 매우 중요하다. 예를 들어 한 틱톡 사용자가 제품에 대한 부정적인 리뷰를 올렸다고 가정하자. 이 상황에서 브랜드는 빠르고 전략적으로 대응해야 한다.

첫 번째 단계로 브랜드는 문제를 인지하고 사용자의 의견을 진지하게 받아들이며 공개적으로 사과하고 문제 해결을 위한 구체적인 조치를 약속해야 한다. 예를 들어 '고객님의 경험에 대해 진심으로 사과드립니다. 저희는 고객님의 피드백을 매우 중요하게 생각하며 이 문제를 해결하기 위해 즉시 조치를 취하겠습니다'와 같은 메시지를 전달할 수 있다.

두 번째로, 브랜드는 내부적으로 문제를 분석해야 한다. 문제의 원인을 파악하고 유사한 문제가 재발하지 않도록 개선안을 마련해야 한다. 이 과정에서 얻은 교훈을 공유함으로써 브랜드는 투명성을 보여주고 고객의 신뢰를 회복할 수 있다.

세 번째로, 문제 해결 후 고객에게 개선된 상황을 알리고 그 과정에서 고객의 의견이 얼마나 중요했는지 강조해야 한다. 예를 들어 브랜드는 개선된 제품이나 서비스를 다시 제공하거나 특별 할인 혹은 보상을 제공해 고객의 만족도를 높일 수 있다.

마지막으로, 이러한 위기 대응 전략은 브랜드가 앞으로도 비슷한 상황에 효과적으로 대처할 수 있는 기반을 마련해 준다. 실시간으로 소통하고 피드백을 적극적으로 받아들이며 문제를 해결하기 위한 노력을 보여주는 것은 고객과의 관계를 강화하고 장기적으로 브랜드 가치를 높이는 데 기여한다.

이러한 접근 방식은 브랜드가 위기 상황을 기회로 전환하고 고객과의 신뢰를 깊게 하는 데 도움이 된다. 부정적 피드백에 대응하는 과정에서 브랜드의 성숙도와 전문성이 드러나며 이는 결국 브랜드 충성도를 높이는 결과로 이어진다.

4) 브랜드 가치를 높이는 콘텐츠 마케팅 전략

브랜드 가치를 높이는 콘텐츠 마케팅 전략을 구현하는 것은 오늘날 디지털 마케팅에서 중요한 요소이다. 예를 들어 틱톡에서 활동하는 중소 브랜드가 있다고 가정해 보자. 이 브랜드는 자신의 제품이나 서비스를 통해 어떻게 고객의 일상생활을 개선할 수 있는지 보여주는 창의적인 비디오 콘텐츠를 제작하기로 결정했다. 캠페인의 목표는 제품의 실질적인 이점을 강조하고 브랜드와 고객 간의 감정적 연결을 구축하는 것이다.

이 브랜드는 실제 사용자의 경험을 기반으로 한 스토리텔링 접근 방식을 채택한다. 사용자들이 제품을 사용해 겪은 변화와 성공 사례를 담은 짧은 비디오 시리즈를 제작한다. 각 비디오는 특정 문제를 해결하는 방법을 보여주며 이는 시청자가 자신의 상황과 관련지어 생각하게 만든다. 또한 브랜드는 이러한 콘텐츠를 통해 자신의 가치와 철학을 전달해 소비자와 더 깊은 수준에서 연결을 도모한다.

콘텐츠 마케팅 전략의 다음 단계는 대상 청중과의 상호 작용을 촉진하는 것이다. 브랜드는 비디오에 댓글을 달고 질문을 하며 자신의 경험을 공유하도록 격려한다. 이 과정에서 생성된 커뮤니티는 브랜드에 대한 충성도를 높이고 입소문 마케팅을 촉진한다.

또한 이 브랜드는 콘텐츠의 효과를 지속적으로 분석하고 최적화한다. 어떤 유형의 스토리가 더 많은 관심을 받는지, 어떤 비디오가 가장 높은 참여도를 보이는지 등을 분석해 미래의 콘텐츠 제작에 이를 반영 한다. 이는 브랜드가 지속적으로 관련성을 유지하고 청중의 관심을 끌 수 있는 콘텐츠를 제공하도록 한다.

이러한 전략은 브랜드 가치를 높이는 데 핵심적인 역할을 한다. 창의적이고 관련성 높은 콘텐츠를 제공함으로써 브랜드는 고객과의 강력한 관계를 구축하고 시장에서의 입지를 강화한다. 이 과정은 고객의 신뢰와 충성도를 증가시키며 장기적으로 브랜드의 성공에 기여한다.

5) 디지털 PR 전략

디지털 PR 전략은 브랜드가 온라인에서 긍정적인 명성을 구축하고 관련성 있는 청중과 연결되는 데 중요한 역할을 한다. 예를 들어 중소기업 A사가 새로운 제품 출시를 앞두고 있다. A사는 제품의 인지도를 높이고 타깃 청중과의 관계를 강화하기 위해 디지털 PR 캠페인을 계획한다. 이 캠페인은 소셜 미디어, 블로그, 온라인 뉴스 출처 등 다양한 디지털 플랫폼을 활용한다.

첫 번째 단계로 A사는 업계 영향력자와 파트너십을 구축한다. 이들 영향력자는 제품에 대한 리뷰와 테스트 결과를 자신의 팔로워와 공유함으로써 제품에 대한 신뢰성과 관심을 높인다. 이와 동시에 A사는 자체 소셜 미디어 채널을 통해 제품에 대한 흥미로운 사실, 사용 방법, 고객 후기 등을 공유해 청중과의 상호 작용을 증가시킨다.

두 번째로 A사는 온라인 미디어 아웃리치를 실행한다. 전문가 인터뷰, 보도자료 배포, 특집 기사 제안 등을 통해 제품과 브랜드에 대한 노출을 증가시킨다. 이러한 활동은 제품의 신뢰도를 높이고 브랜드 인지도를 개선하는 데 기여한다.

세 번째로 A사는 디지털 PR 전략의 일환으로 고객 참여 이벤트를 개최한다. 예를 들어 소셜 미디어 챌린지, 온라인 경품 추첨, 인터랙티브 웹 세미나 등을 통해 청중과 직접적으로 소통한다. 이러한 이벤트는 브랜드에 대한 긍정적인 대화를 촉진하고 커뮤니티 구축에 기여한다.

마지막으로, A사는 디지털 PR 활동의 효과를 지속적으로 모니터링하고 분석한다. 소셜 미디어 참여도, 웹사이트 트래픽, 미디어 커버리지 등의 지표를 추적해 캠페인의 성과를 평가한다. 이를 통해 A사는 전략을 지속적으로 최적화하고 미래의 PR 활동에 대한 통찰력을 얻는다.

이와 같은 디지털 PR 전략은 A사가 타깃 청중과 효과적으로 소통하고 브랜드 명성을 강화하는 데 중요한 역할을 한다. 체계적이고 전략적인 접근 방식을 통해 A사는 시장에서의 경쟁력을 높이고 장기적인 브랜드 가치를 구축한다.

5. 틱톡 마케팅의 기술적 측면

1) 틱톡 광고 세팅의 기초(광고 목적 정의, 타깃팅 전략, 예산 설정 방법)

틱톡 광고 세팅의 기초에 대해 구체적으로 설명하겠다. 틱톡은 다양한 광고 목적을 제공하며 광고주는 자신의 목표에 맞게 광고를 세팅할 수 있다. 예를 들어 앱 설치 증가, 웹사이트 트래픽 증가, 비디오 조회수 증가 등 다양한 광고 목적을 선택할 수 있다. 이러한 광고 목적 선택은 캠페인의 첫 단계로 광고의 전반적인 방향성과 성공 기준을 정의하는 중요한 과정이다.

타깃팅 전략은 틱톡 광고의 핵심이다. 타깃팅 옵션은 매우 다양하며 광고주는 연령, 성별, 관심사, 행동, 위치 등 여러 기준으로 타깃 오디언스를 정의할 수 있다. 초기에는 넓은 범위의 타깃팅(브로드 타깃팅)으로 시작해 광고 성과를 분석한 후 좀 더 구체적인 타깃팅으로 전환하는 것이 일반적이다. 예를 들어 최초에는 18~24세 남녀를 대상으로 전국적으로 광고를 집행하다가 데이터 분석을 통해 특정 지역의 20~22세 여성에게 더 높은 전환율을 보이는 것을 발견하면 타깃을 조정할 수 있다.

예산 설정 방법도 중요한 부분이다. 틱톡은 일 최소 예산이 있으며 이는 캠페인 유형에 따라 다를 수 있다. 예산은 광고의 도달 범위와 빈도에 직접적인 영향을 미치기 때문에 목표와 기대치에 맞춰 적절히 설정해야 한다. 예산을 설정할 때는 광고의 목적과 기대하는 결과를 고려해야 하며 테스트 광고를 통해 최적의 예산을 찾는 것도 좋은 전략이다.

구체적인 예시를 들어보면 만약 중소기업이 새로운 제품 출시를 앞두고 있다면 먼저 인지도 증가를 목적으로 하는 캠페인을 시작할 수 있다. 초기 예산을 하루 5만 원으로 설정하고 전국의 18~35세 남녀를 대상으로 광고를 집행한다. 광고 소재는 제품의 특징과 사용자의 이점을 강조하는 동시에 틱톡 유저들이 좋아할 만한 창의적이고 엔터테이닝한 요소를 포함해야 한다. 광고 성과를 주기적으로 모니터링하며 특정 연령대나 지역에서 높은 관심을 보이는 경우 해당 정보를 바탕으로 타깃팅을 조정한다. 이 과정을 통해 광고 효율을 최적화하고 예산을 효과적으로 관리할 수 있다.

틱톡 광고는 도달 범위와 참여도를 극대화할 수 있는 강력한 도구이다. 광고 목적 정의, 타깃팅 전략, 예산 설정 방법을 체계적으로 계획하고 실행함으로써 중소기업도 대기업과 동등한 경쟁 기회를 가질 수 있다. 이러한 전략적 접근 방식은 브랜드 인지도를 높이고 잠재 고객과의 관계를 강화하는 데 중요한 역할을 한다.

2) 동영상 제작 및 편집 꿀팁(효과적인 동영상 제작을 위한 캡컷 사용법, 소재 재편집 전략)

틱톡 동영상 제작 및 편집에 있어서 캡컷 사용법과 소재 재편집 전략은 광고의 성공률을 크게 높일 수 있는 중요한 요소이다. 동영상 제작 과정에서 몇 가지 핵심 원칙을 따르면 더 많은 관심과 참여를 유도할 수 있는 효과적인 콘텐츠를 만들 수 있다.

(1) 첫 3초 규칙과 브랜딩

틱톡 사용자의 주의를 끌기 위해서는 첫 3초가 결정적이다. 이 시간 내에 브랜드를 노출시키고 관심을 유발할 수 있는 흥미로운 요소를 포함시켜야 한다. 예를 들어 제품의 독특한 사용 방법이나 이점을 간결하게 보여주는 것이 좋다. 이때 캡컷을 사용해 짧고 강렬한 효과를 주는 비주얼과 텍스트를 결합할 수 있다.

(2) 사운드의 활용

틱톡은 사운드 온 기능이 기본으로 설정돼 있으므로 사용자의 귀를 사로잡는 매력적인 비트와 사운드를 활용해야 한다. 캡컷에서는 다양한 음악과 효과음을 쉽게 찾아 사용할 수 있으며 틱톡 계정으로 로그인하면 좋아하는 음악을 즐겨찾기에 추가하고 이를 자신의 동영상에 적용할 수 있다.

(3) 틱톡 알고리즘 최적화

틱톡 알고리즘은 사용자의 관심사에 기반해 콘텐츠를 추천한다. 따라서 타깃 오디언스의 관심을 반영하는 해시태그, 캡션, 트렌드를 따르는 콘텐츠 제작이 중요하다. 캡컷을 사용하면 트렌디한 효과, 텍스트 스타일, 스티커를 쉽게 추가해 동영상을 더욱 돋보이게 만들 수 있다.

(4) 소재 재편집 전략

기존에 사용했던 소재를 틱톡에 맞게 재편집하는 것은 자원을 효율적으로 사용하는 방법이다. 예를 들어 긴 형식의 비디오를 짧고, 간결하며, 틱톡 사용자의 행동 패턴에 맞는 여러 개의 클립으로 재편집할 수 있다. 이 과정에서 핵심 메시지와 CTA(행동 유도)를 명확히 전달하고 시각적으로 흥미로운 요소를 강조해야 한다.

(5) 인터랙티브한 요소의 추가

틱톡은 인터랙티브한 요소가 강한 플랫폼이므로 캡컷을 사용해 사용자 참여를 유도하는 요소를 추가하는 것이 좋다. 예를 들어 투표, 질문, 퀴즈와 같은 인터랙티브 스티커를 활용해 사용자와의 상호 작용을 증진시킬 수 있다.

이와 같이 캡컷 사용법과 소재 재편집 전략을 통해 틱톡에서의 동영상 제작은 더욱 창의적이고 효과적으로 변모할 수 있다. 이러한 접근 방식은 틱톡 사용자들의 주의를 끌고 브랜드에 대한 인지도를 높이며 최종적으로는 전환율을 증가시키는 데 기여한다.

3) 크리에이티브 최적화(틱톡 크리에이티브 센터와 스파크 애즈의 활용, 인터랙티브 광고 기능)

틱톡의 크리에이티브 최적화는 광고의 성공률을 높이는 데 있어 결정적인 역할을 한다. 특히 틱톡 크리에이티브 센터와 스파크 애즈의 활용, 인터랙티브 광고 기능은 이 과정에서 중요한 요소이다.

(1) 틱톡 크리에이티브 센터 활용법

틱톡 크리에이티브 센터는 광고주들에게 현재 트렌드, 상위 해시태그, 인기 음악, 떠오르는 크리에이터와 그들의 영상을 확인할 수 있는 플랫폼을 제공한다. 이를 통해 광고주는 시장의 동향을 파악하고 자신의 광고 캠페인에 이를 반영할 수 있다. 예를 들어 특정 해시태그가 유행하고 있다면 해당 해시태그를 사용해 자신의 광고 콘텐츠를 최적화할 수 있다.

(2) 스파크 애즈 활용법

스파크 애즈는 광고주가 크리에이터의 오가닉 포스트를 광고로 전환할 수 있게 해주는 기능이다. 이는 크리에이터의 자연스러운 목소리와 스타일을 광고에 녹여내어 보다 진정성 있는 메시지 전달이 가능하게 한다. 예를 들어 특정 제품을 사용하는 크리에이터의 동영상이 인기를 끌고 있다면 해당 동영상을 광고로 전환해 브랜드 계정으로 유도함으로써 브랜드 신뢰도를 증가시킬 수 있다.

(3) 인터랙티브 광고 기능

틱톡은 인터랙티브한 광고 기능을 제공해, 사용자 참여를 유도한다. 예를 들어 퀴즈나 투표 등을 광고에 포함해 사용자의 참여를 유도하고 이를 통해 브랜드와의 상호 작용을 증가시킬 수 있다. 이러한 인터랙티브 요소는 사용자의 관심을 끌고 광고에 대한 기억을 강화하는 효과를 가져온다.

(4) 성공 사례(알라미 케이스)

알라미의 사례에서 볼 수 있듯이 틱톡 크리에이티브 챌린지를 통해 46%의 CPI 감소와 2만건 이상의 전환을 달성했다. 이는 틱톡 크리에이티브 센터와 스파크 애즈의 효과적인 활용을 통해 가능했던 결과이다. 알라미는 미국 크리에이터의 독특한 콘텐츠를 활용해 제작 프로세스를 간소화하고 시간과 비용을 절약할 수 있었다.

이처럼 틱톡 크리에이티브 센터와 스파크 애즈를 활용하고 인터랙티브 광고 기능을 적극적으로 사용함으로써 광고주는 더 매력적이고 효과적인 광고 캠페인을 만들 수 있다. 이러한 전략은 광고의 참여도와 전환율을 높이는 데 크게 기여할 것이다.

4) 성공적인 콘텐츠 전략 개발(틱톡 트렌드 분석, 효과적인 해시태그 사용법)

성공적인 콘텐츠 전략을 개발하기 위해 틱톡 트렌드 분석과 효과적인 해시태그 사용법은 필수적인 요소이다. 틱톡은 빠르게 변화하는 플랫폼이며 최신 트렌드를 파악하고 이를 콘텐츠에 반영하는 것이 중요하다.

(1) 틱톡 트렌드 분석

틱톡 크리에이티브 센터는 현재 트렌드, 상위 해시태그, 인기 음악, 떠오르는 크리에이터와 그들의 영상을 제공한다. 이 정보를 활용해 광고주는 자신의 콘텐츠를 시장의 동향에 맞춰 최적화할 수 있다. 예를 들어 특정 해시태그가 유행 중이라면, 해당 해시태그를 사용해 자신의 광고 콘텐츠를 관련성 있게 만들 수 있다.

(2) 효과적인 해시태그 사용법

해시태그는 틱톡 내에서 콘텐츠를 분류하고 사용자의 검색과 탐색을 용이하게 하는 역할을 한다. 올바른 해시태그 사용은 콘텐츠의 가시성을 높이고 타깃 오디언스에게 도달할 확률을 증가시킨다. 콘텐츠와 관련성이 높고 현재 인기 있는 해시태그를 선정하는 것이 중요하다. 또한 브랜드나 캠페인에 특화된 독특한 해시태그를 만들어 사용하면 사용자의 참여를 유도하고 커뮤니티를 형성하는 데 도움이 될 수 있다.

(3) 성공적인 콘텐츠 전략 예시

예를 들어 환경친화적인 제품을 판매하는 브랜드가 있다고 가정해 보자. 이 브랜드는 최신 환경 보호 트렌드를 반영해 #EcoFriendly, #SaveThePlanet 등의 해시태그를 사용할 수 있다. 또한 특정 제품 라인을 위한 독특한 해시태그를 만들어 사용자가 해당 해시태그를 사용하도록 유도할 수 있다. 이런 방식으로 콘텐츠를 전략적으로 기획하고 해시태그를 활용하면 브랜드 인지도를 높이고 타깃 오디언스와의 상호 작용을 증진시킬 수 있다.

틱톡에서 성공적인 콘텐츠 전략을 개발하기 위해서는 트렌드에 민감하게 반응하고 해시태그를 전략적으로 활용하는 것이 중요하다. 이를 통해 브랜드는 틱톡 커뮤니티 내에서 더 큰 영향력을 발휘하고 자신의 메시지를 효과적으로 전달할 수 있다.

5) AI 기반 광고 최적화(자동 타깃팅 및 맞춤 오디언스 설정)

AI 기반 광고 최적화는 틱톡 마케팅 전략에서 중요한 역할을 한다. 특히 자동 타깃팅과 맞춤 오디언스 설정은 광고 캠페인의 성공을 위한 핵심 요소이다.

(1) 자동 타깃팅의 이점

자동 타깃팅은 틱톡의 AI 알고리즘이 광고주의 목표와 콘텐츠에 기반해 최적의 타깃 오디언스를 자동으로 찾아주는 기능이다. 이는 광고주가 수동으로 설정하는 타깃팅 옵션보다 시간과 자원을 절약할 수 있게 하며 동시에 전환율을 최대화할 수 있다. 예를 들어 틱톡은 사용자의 관심사, 이전에 상호 작용한 콘텐츠, 위치 등 다양한 데이터를 분석해 광고가 가장 관련성이 높은 사용자에게 도달하도록 한다.

(2) 맞춤 오디언스 설정 방법

맞춤 오디언스 설정을 통해 광고주는 특정 사용자 그룹을 타깃팅할 수 있다. 이는 과거 구매 이력, 웹사이트 방문, 앱 사용 행동 등의 데이터를 기반으로 생성될 수 있다. 예를 들어 특정 제품을 구매했거나 웹사이트의 특정 페이지를 방문한 사용자들을 대상으로 하는 광고 캠페인을 실행할 수 있다. 이 방법은 광고 메시지의 관련성을 높이고 ROI를 극대화하는 데 매우 효과적이다.

(3) 성공 사례(맞춤형 타깃팅을 통한 전환율 증가)

실제 사례를 통해 AI 기반 광고 최적화의 효과를 볼 수 있다. 예를 들어 특정 패션 브랜드가 틱톡에서 새로운 제품 라인을 홍보하기 위해 자동 타깃팅과 맞춤 오디언스 설정을 활용한 경우 광고 캠페인은 기존보다 훨씬 높은 전환율을 기록했다. 이는 AI 알고리즘이 제공한 데이터 기반의 인사이트와 정밀한 타깃팅 덕분에 가능했다.

(4) 결론

AI 기반 광고 최적화는 틱톡 마케팅 전략에서 빼놓을 수 없는 중요한 부분이다. 자동 타깃팅과 맞춤 오디언스 설정을 통해 광고주는 캠페인의 효과를 극대화하고 타깃 오디언스와의 관련성을 높일 수 있다. 이러한 접근 방식은 비용을 절감하고 광고의 ROI를 최적화하는 데 결정적인 역할을 한다. 따라서 틱톡에서 성공적인 광고 캠페인을 운영하려면 AI 기반의 타깃팅 기능을 적극적으로 활용해야 한다.

6. 틱톡 커뮤니티 및 참여 증진 전략

1) 커뮤니티 관리 및 참여 증진(사용자 참여를 높이는 콘텐츠 제작 및 인터랙션 전략)

(1) 사용자 참여를 높이는 콘텐츠 제작 전략

① 트렌드에 맞춘 콘텐츠 제작

틱톡 트렌드는 빠르게 변화한다. 최신 트렌드를 정기적으로 분석하고 이를 기반으로 콘텐츠를 제작해야 한다. 예를 들어 인기 있는 챌린지에 참여하거나 트렌딩 음악을 사용하는 것이 좋다.

② 인터랙티브한 요소 포함

사용자의 참여를 유도하기 위해서는 퀴즈, 투표, 설문 등과 같은 인터랙티브한 요소를 콘텐츠에 포함하는 것이 효과적이다. 이를 통해 사용자는 콘텐츠에 더 깊이 몰입하게 된다.

③ 사용자 제작 콘텐츠(UGC) 활용

사용자가 직접 참여해 만든 콘텐츠를 활용하는 것도 좋은 전략이다. 예를 들어 특정 해시태그를 사용해 사용자들로부터 관련 콘텐츠를 제작하도록 유도하고 이를 브랜드 페이지에서 소개할 수 있다.

④ 크리에이터와의 협업

인플루언서나 크리에이터와의 협업을 통해 그들의 팔로워 기반을 활용해 브랜드의 메시지를 전달할 수 있다. 크리에이터가 자신의 개성을 살린 콘텐츠를 제작하도록 지원하고 브랜드는 이를 통해 다양한 타깃 오디언스와 연결될 수 있다.

⑤ 비주얼과 메시지의 명확성

틱톡은 짧은 형식의 콘텐츠가 주를 이룬다. 따라서 명확하고 강렬한 비주얼과 메시지를 전달하는 것이 중요하다. 첫 몇 초 안에 사용자의 주의를 끌 수 있는 강력한 비주얼과 흥미로운 메시지를 구성해야 한다.

(2) 인터랙션 전략

① 댓글과 피드백 적극적으로 관리

사용자가 남긴 댓글에 적극적으로 응답하고, 피드백을 반영하는 것이 중요하다. 이는 커뮤니티 구성원들과의 긍정적인 관계를 구축하는 데 도움이 된다.

② 라이브 방송 활용

틱톡의 라이브 기능을 활용해 실시간으로 팔로워와 소통할 수 있다. 라이브 Q&A 세션, 제품 런칭 이벤트 등을 통해 사용자와의 인터랙션을 강화할 수 있다.

③ 커뮤니티 참여 유도

사용자가 콘텐츠에 더 깊이 참여하도록 유도하는 전략을 구사해야 한다. 예를 들어 해시태그 챌린지를 통해 사용자들이 직접 콘텐츠를 생성하도록 유도하거나 특정 주제에 대한 사용자들의 의견을 요청하는 것 등이 있다.

이러한 전략을 통해 틱톡에서의 사용자 참여도를 높이고 브랜드와 사용자 간의 긍정적인 관계를 구축할 수 있다. 커뮤니티 관리와 참여 증진은 지속적인 노력과 창의적인 아이디어가 필요한 과정이다. 따라서 최신 트렌드에 주의를 기울이고 사용자의 피드백을 적극적으로 반영해 전략을 지속적으로 최적화하는 것이 중요하다.

2) 크리에이터 마켓플레이스 활용(효과적인 크리에이터 솔팅 및 협업을 위한 전략)

틱톡 크리에이터 마켓플레이스는 브랜드와 크리에이터 간의 협업을 용이하게 하는 강력한 플랫폼이다. 이 플랫폼을 통해 브랜드는 자신의 비즈니스와 잘 맞는 특정 커뮤니티를 보유한 크리에이터를 효율적으로 찾고 키워드를 기반으로 크리에이터를 솔팅할 수 있다. 크리에이터 마켓플레이스의 활용은 브랜드에게 크리에이티브 콘텐츠 제작의 다양성을 제공하며 마케팅 캠페인의 성공 가능성을 높인다.

○ 효과적인 크리에이터 솔팅 및 협업 전략

① 브랜드 부합성과 적합성 평가

크리에이터 마켓플레이스를 이용해 브랜드의 비전과 메시지에 부합하는 크리에이터를 찾는 것이 중요하다. 크리에이터가 활동하는 지역, 콘텐츠 카테고리, 응답률, 경험 등 다양한 필터를 사용해 목표와 맞는 크리에이터를 선별해야 한다.

② 투명한 협업 조건 설정

협업 초기 단계에서 페이 방식, 콘텐츠 사용 기간, 기대하는 결과 등을 투명하게 공유하는 것이 중요하다. 이는 크리에이터와의 신뢰를 구축하고 협업 과정에서의 오해를 최소화한다.

③ 크리에이터의 독창성 존중

크리에이터가 자신의 스타일과 목소리로 콘텐츠를 제작할 수 있도록 지원해야 한다. 너무 많은 제약이나 구체적인 대본을 요구하기보다는, 크리에이터의 창의성을 신뢰하고, 그들이 브랜드 메시지를 자연스럽게 전달할 수 있도록 해야 한다.

④ 효과적인 커뮤니케이션 및 피드백 공유

협업 과정에서 정기적인 커뮤니케이션과 명확한 피드백은 성공적인 결과물을 만드는 데 필수적이다. 크리에이터와의 상호 작용을 통해 콘텐츠 수정 및 개선 사항을 논의하고 퍼포먼스 분석을 공유해 지속적으로 최적화해야 한다.

⑤ 트렌드와 데이터 기반의 전략적 계획

크리에이터 마켓플레이스와 크리에이티브 센터를 활용해 최신 트렌드와 데이터를 분석하고 이를 기반으로 전략적인 콘텐츠 기획을 해야 한다. 트렌드에 민감하게 반응하고 타깃 오디언스의 관심사에 맞는 콘텐츠를 제작함으로써 더 넓은 도달과 높은 참여율을 기대할 수 있다.

이러한 전략을 통해 브랜드는 크리에이터 마켓플레이스를 최대한 활용해 창의적이고 매력적인 콘텐츠를 제작하고 타깃 오디언스와의 강력한 연결을 구축할 수 있다. 성공적인 크리에이터 협업은 브랜드 인지도를 높이고 마케팅 캠페인의 전반적인 성공에 기여한다.

3) 크리에이티브 챌린지를 통한 혁신(크리에이티브 챌린지 활용법 및 성공 사례 분석)

크리에이티브 챌린지는 틱톡에서 브랜드와 크리에이터가 협업해 창의적이고 독특한 콘텐츠를 제작하는 효과적인 방법이다. 이 과정은 브랜드 인지도를 높이고 타깃 오디언스와의 상호 작용을 증진시키는 데 크게 기여한다. 성공적인 크리에이티브 챌린지 실행을 위한 전략과 성공 사례를 아래에 자세히 설명한다.

(1) 크리에이티브 챌린지 활용 전략

① 목표 설정

챌린지 시작 전, 명확한 목표를 설정한다. 이는 브랜드 인지도 증가, 특정 제품에 대한 관심 유도, 혹은 특정 행동 유도 등이 될 수 있다.

② 타깃 오디언스 파악

타깃 오디언스를 정확히 파악하고 그들이 관심을 가질 만한 트렌드와 주제를 선정한다.

③ 크리에이터 선정

타깃 오디언스와 잘 맞는 크리에이터를 선정한다. 크리에이터의 팔로워 특성, 참여도, 이전 콘텐츠의 성공 사례 등을 고려한다.

④ 창의적 자유도 제공

크리에이터에게 브랜드 메시지를 전달하는 데 필요한 핵심 요소를 제공하되 콘텐츠 제작에 있어서는 창의적 자유도를 최대한 부여한다.

⑤ 챌린지 홍보

챌린지를 틱톡 커뮤니티 내외에서 적극적으로 홍보한다. 해시태그, 틱톡 광고, 소셜 미디어, 이메일 마케팅 등을 활용한다.

⑥ 참여 유도 및 인센티브 제공

사용자 참여를 유도하기 위해 인센티브를 제공한다. 경품 추첨, 할인 쿠폰, 독점 콘텐츠 접근 등이 될 수 있다.

(2) 성공 사례 분석

① 챌린지명 : #DanceChallenge

- 목표 : 신제품 출시와 함께 젊은 타깃 오디언스 사이에서 브랜드 인지도와 관심을 증가시키기.
- 전략 : 인기 있는 댄서 크리에이터와 협업해 새로운 댄스 챌린지를 생성. 참여를 유도하기 위해 경품으로 최신 제품을 제공.
- 결과 : 챌린지가 시작된 첫 주 동안 수백만 개의 비디오가 생성됐고 브랜드 웹사이트로의 트래픽이 50% 증가했다.

② 챌린지명 : #MakeupTutoria

- 목표 : 뷰티 브랜드의 새로운 메이크업 컬렉션 홍보.
- 전략 : 유명 뷰티 크리에이터들과 협력해 다양한 메이크업 튜토리얼을 제작. 각 튜토리얼은 특정 제품을 사용해 다양한 룩을 완성하는 방법을 보여줌.
- 결과 : 캠페인 기간 동안 제품 판매량이 40% 증가하고, 브랜드의 틱톡 팔로워 수가 25% 증가했다.

이러한 전략과 사례를 통해 볼 때 크리에이티브 챌린지는 브랜드가 틱톡 커뮤니티 내에서 효과적으로 인지도를 높이고 참여를 유도해 마케팅 목표를 달성하는 강력한 수단임을 알 수 있다. 중요한 것은 명확한 목표 설정, 적절한 크리에이터 선정, 창의적 자유도의 제공, 적극적인 홍보와 참여 유도 전략이다.

제가 제시한 성공 사례는 특정 실제 사례를 기반으로 한 것이 아니라 크리에이티브 챌린지를 활용하는 일반적인 방법과 전략을 설명하기 위해 구성된 가상의 예시이다. 실제 틱톡 크리에이티브 챌린지 성공 사례는 다양하며 각각의 캠페인은 특정 브랜드의 마케팅 목표, 타깃 오디언스의 특성, 선택된 크리에이터의 창의력과 영향력에 따라 다른 결과를 보여준다. 이러한 챌린지는 틱톡 플랫폼의 독특한 특성을 활용해 브랜드와 사용자 간의 상호 작용을 증진시키고 콘텐츠의 바이럴 효과를 극대화하는 데 목적을 둔다.

7. 실전 틱톡 마케팅 전략

1) 실전 광고 캠페인 사례 분석(성공적인 틱톡 광고 캠페인 사례 공유)

파일 분석을 통해 확인한 바에 따르면 성공적인 실전 광고 캠페인 사례로는 국내 프리미엄 패션 브랜드 '그레이 마돈나'의 틱톡 전환 광고가 있다. 이 사례는 틱톡 광고를 통해 비용 대비 매우 효과적인 결과를 보여주는 사례로 기존 광고 채널에서의 피로도와 전환율 감소로 새로운 유저를 찾는 데 어려움을 겪고 있던 상황에서 틱톡 광고로 전환해 큰 성공을 거두었다.

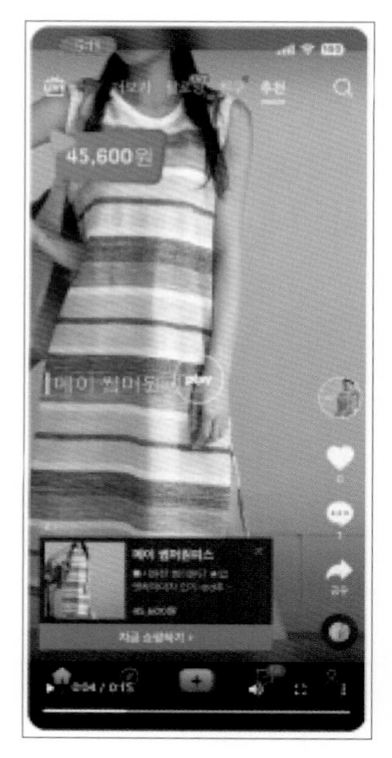

[그림5] 그레이마돈나 사례

2) 광고 캠페인 전략 및 실행

- 목적 : 새로운 고객을 유치하고 제품 인지도를 높이기 위함.
- 전략 : 다양한 제품을 짧은 시간 내에 보여주는 동영상 쇼핑 광고를 활용. 모델이 제품을 실착해 보여주는 직관적인 영상과 화면 하단의 CTA(행동 유도) 버튼을 통해 제품 구매 페이지로 유도.
- 결과 : ROAS(광고 지출 대비 수익) 3.75배 달성, 전환율 2.3%, 4만 4,000명 이상의 사용자들에게 브랜드와 제품 노출.

3) 성공 요인

(1) 직관적인 영상 콘텐츠

제품을 모델이 실착해 보여주는 방식으로 소비자에게 제품의 실제 모습과 사용감을 생생하게 전달.

(2) CTA 버튼의 효과적 활용

영상 하단에 CTA 버튼을 두어 사용자가 쉽게 제품 구매 페이지로 이동할 수 있도록 유도.

(3) 타깃 오디언스와의 적극적인 상호 작용

틱톡의 동영상 광고를 통해 타깃 오디언스에게 직접적으로 다가가며 상호 작용을 유도한다.

이 사례는 틱톡 광고가 기존의 전통적인 광고 채널들과 달리 빠르고 효과적인 결과를 가져올 수 있음을 보여준다. 특히 동영상 콘텐츠를 활용한 직관적인 제품 소개와 CTA 버튼을 통한 편리한 사용자 경험 제공은 틱톡 광고의 주요 성공 요인으로 작용했다. 따라서 틱톡을 활용한 광고 캠페인은 창의적인 접근과 정교한 전략을 통해 브랜드 인지도 향상과 매출 증대에 크게 기여할 수 있다.

4) 위기관리 및 부정적 피드백 대응(틱톡에서의 위기관리 및 고객 소통 전략)

틱톡에서의 위기관리 및 부정적 피드백 대응 전략은 브랜드의 명성을 유지하고 고객과의 긍정적인 관계를 재구축하는 데 중요한 역할을 한다. 이를 위한 몇 가지 핵심 전략을 아래에 제시하겠다.

(1) 위기관리 전략

① 사전 대응 계획의 수립

위기 발생 전에 대응 계획을 수립하는 것이 중요하다. 이는 소셜 미디어 모니터링 도구를 사용해 부정적인 피드백이나 트렌드를 조기에 발견하고 위기 상황 시 행동 지침을 마련하는 것을 포함한다.

② 신속한 대응

위기 상황 발생 시 신속하고 투명한 커뮤니케이션을 통해 대응하는 것이 필수적이다. 고객의 우려 사항이나 불만을 빠르게 인지하고 적절한 해명이나 사과, 해결책을 제시해야 한다.

③ 적극적인 소통

위기 상황에서는 일방적인 메시지 전달보다는 고객과의 적극적인 소통이 중요하다. 틱톡을 포함한 소셜 미디어 채널을 활용해 고객의 의견을 청취하고, 질문에 답변하며, 필요한 경우 실시간 Q&A 세션을 개최할 수 있다.

④ 고객 중심의 해결책 제공

고객의 불만이나 문제를 해결하기 위한 실질적인 조치를 취하는 것이 중요하다. 이는 제품이나 서비스의 개선, 환불 정책, 고객 보상 프로그램 등을 포함할 수 있다.

(2) 부정적 피드백 대응 전략

① 경청과 이해

고객의 부정적인 피드백을 진지하게 경청하고 문제의 원인을 이해하려는 노력이 필요하다. 고객의 입장에서 문제를 바라보고 공감을 표현하는 것이 중요하다.

② 사과와 책임 인정

문제가 발생한 경우 적절한 사과와 함께 책임을 인정하는 것이 중요하다. 이는 고객의 신뢰를 회복하고 브랜드의 성실성을 보여주는 기회가 될 수 있다.

③ 개선 약속과 후속 조치

부정적인 피드백에 대해 개선을 약속하고 실제로 문제를 해결하기 위한 후속 조치를 취하는 것이 중요하다. 이 과정을 고객과 공유함으로써 신뢰를 재구축할 수 있다.

④ 긍정적인 콘텐츠로 대응

부정적인 피드백이나 위기 상황에 대응하기 위해 긍정적인 콘텐츠를 제작하고 배포하는 것도 효과적인 전략이 될 수 있다. 이는 브랜드의 긍정적인 이미지를 강화하고, 부정적인 여론을 중화시킬 수 있다.

위 전략들은 틱톡을 비롯한 소셜 미디어 플랫폼에서 발생할 수 있는 다양한 위기 상황에 대응하고, 고객과의 긍정적인 관계를 유지 및 강화하는 데 도움을 줄 수 있다.

Epilogue

이 책의 여정을 마무리하며, 우리는 틱톡과 인공지능 기술이 마케팅 세계에서 끼치는 깊이 있는 영향력을 다시 한번 되새겨 본다. 인공지능의 발전은 우리에게 사용자 맞춤형 경험을 제공하고, 브랜드와 사용자 간의 관계를 강화하는 새로운 가능성을 열어준다. 틱톡을 통한 창의적인 콘텐츠 제작과 AI 기반의 데이터 분석은 마케팅 전략을 더욱 정교하고 효과적으로 만들어 준다. 이 책을 통해 소개된 전략들은 브랜드가 시장에서 돋보일 수 있는 혁신적인 방법을 제시하며, 지속 가능한 성공을 위한 길을 안내한다.

디지털 시대의 마케팅은 끊임없이 변화하고 있으며, 이러한 변화의 속도는 점점 빨라지고 있다. 그 중심에서 틱톡과 같은 소셜 미디어 플랫폼과 인공지능 기술이 중요한 역할을 하고 있음을 인식해야 한다. 마케터들은 이러한 도구들을 효과적으로 활용하여 브랜드의 메시지를 전달하고, 사용자와의 깊은 연결을 구축할 수 있다.

마지막으로, 이 책이 여러분에게 마케팅의 새로운 지평을 열어줄 수 있기를 바란다. 틱톡과 AI를 통해 창출되는 무한한 가능성을 탐험하고, 이를 자신의 브랜드 전략에 통합하여 성공적인 결과를 얻기를 희망한다. 디지털 마케팅의 미래는 우리 손안에 있으며, 지금이 바로 그 가능성을 실현할 때이다.

10

챗GPT를 활용한 홍보영상 'Vrew'

정 옥 선

AI

제10장
챗GPT를 활용한 홍보영상 'Vrew'

Prologue

'챗GPT와 Vrew를 통한 디지털 마케팅의 혁신적인 변화'

우리는 모두가 자신의 이야기를 전 세계와 공유할 수 있는 놀라운 시대에 살고 있다. 이 시대에 중소상공인에게 디지털 영상 홍보는 선택의 여지 없이 필수적인 요소가 됐다. 본서는 바로 이 필수적인 여정을 안내하는 길잡이 역할을 할 것이다.

고객들은 이미 온라인상에 존재한다. 우리의 비즈니스를 성장시키고 그들의 필요를 충족시키기 위해, 그리고 그들과 소통하기 위해서 디지털 마케팅은 필수이며, 그중에서도 홍보영상은 가장 효과적인 도구 중 하나이다. 하지만, 많은 중소상공인들이 이런 도구를 어떻게 활용해야 할지에 대해 막막함을 느낀다.

이에 대한 해답으로 'Vrew'는 복잡한 기술 지식이 없어도 누구나 전문적인 홍보영상을 제작할 수 있도록 돕는 사용자 친화적인 영상 제작 플랫폼이다. 본서에서는 Vrew를 이용해 효과적이고 강력한 홍보영상을 단계별로 어떻게 만들 수 있는지를 상세히 안내한다.

제품 소개를 넘어서 브랜드 이야기를 전달하고 고객과의 감정적인 연결을 구축하는 데 큰 도움을 주는 홍보영상은 강력한 메시지 전달의 수단이다. Vrew는 바로 이러한 수단을 여러분의 손안에 제공한다.

이 책을 통해 중소상공인 여러분이 디지털 마케팅의 장벽을 낮추고 쉽게 접근해 비즈니스의 성장을 실현할 수 있기를 바란다.

1. 디지털 마케팅 혁신 홍보영상과 챗GPT, Vrew의 역할 이해

1) 홍보영상의 중요성과 변화하는 마케팅 환경

[그림1] 홍보영상 ‘천하장사 조개구이’

최가네왕갈비
영상확인

[그림2] 홍보영상 ‘최가네왕갈비’

홍보영상은 현대 마케팅 전략에서 중추적인 역할을 수행한다. 디지털 기술의 발전과 소셜 미디어의 보편화로 인해 홍보영상은 기업과 소비자 사이의 커뮤니케이션 방식을 근본적으로 변화시켰다. 이러한 환경에서 홍보영상의 중요성은 더욱 강조될 수밖에 없다. 고객의 관심을 끌고 정보를 전달하며 감정적인 연결을 만들어 내는 홍보영상은 브랜드 인지도를 향상시키고 고객 참여를 유도하는 데 탁월한 효과를 발휘한다.

변화하는 마케팅 환경에서는 기업들이 끊임없이 새로운 전략을 모색해야 한다. 고객의 관심을 사로잡기 위해 짧은 시간 내에 메시지를 전달할 수 있는 홍보영상은 이러한 요구에 완벽하게 부합한다. 또한 홍보영상은 다양한 플랫폼에서 쉽게 공유될 수 있어 브랜드의 도달 범위를 넓히는 데 큰 역할을 한다. 따라서 현대의 마케팅 전략에서 홍보영상은 단순한 옵션이 아닌 필수 요소로 자리 잡았다.

2) 챗GPT, Vrew의 역할 이해

시대를 선도하는 혁신 기술의 결합, 즉 챗GPT와 Vrew의 만남은 마케팅 환경에서 점차 중요성을 더해가고 있다. 챗GPT는 자연어 처리를 기반으로 한 인공 지능 기술로 사용자의 질문이나 요청에 대해 인간과 유사한 방식으로 응답할 수 있는 능력을 갖고 있다. 이를 통해 기업은 자동화된 고객 서비스를 제공하고 콘텐츠 생성 과정을 효율적으로 관리할 수 있게 됐다. 홍보영상 제작 분야에서 챗GPT는 창의적인 아이디어 제공 및 대본 작성 지원을 통해 중요한 역할을 수행한다.

Vrew는 사용자 친화적인 인터페이스를 갖춘 웹 기반 AI 영상 제작 플랫폼으로 챗GPT와의 결합을 통해 그 가치를 더욱 발휘한다. 음성 인식 기술을 이용해 자동으로 자막을 생성하고 사용자가 입력한 텍스트를 바탕으로 AI가 자동으로 영상 스토리보드를 제작하며 자막 생성, 음악/효과음 추가 등의 기능을 지원해 전문 지식 없이도 누구나 손쉽게 고품질의 홍보영상을 제작할 수 있게 한다.

이러한 접목은 홍보영상 제작의 전 과정을 혁신적으로 간소화하며 Vrew 인터페이스에 챗GPT 기능이 원활하게 접목돼 있어 사용자는 별도의 복잡한 과정 없이 이를 편리하게 활용할 수 있다.

챗GPT는 맞춤형 스크립트를 자동 생성해 고객 참여도를 높이고 구매 욕구를 증진시키는 데 효과적이며 Vrew의 강력한 영상 제작 기능과 결합해 중소상공인도 저렴하고 효율적으로 전문가 수준의 홍보영상을 제작할 수 있는 시대를 열었다. Vrew 인터페이스에 챗GPT가 원활하게 접목돼 있어 사용자는 별도의 과정 없이 간편하게 활용할 수 있다. 이러한 통합은 사용자가 콘텐츠 제작 과정에서 겪는 어려움을 최소화하며 모든 사용자가 전문가 수준의 홍보영상을 쉽게 제작할 수 있도록 지원한다. 이처럼 혁신 기술의 적절한 이해와 활용은 시대를 선도하는 중소상공인에게 중요한 경쟁력으로 작용한다.

2. Vrew 기초 인터페이스

1) Vrew 설치 및 회원가입

구글 크롬에서 '브루 사이트(vrew.voyagerx.com/ko)'를 검색 후 접속한다.

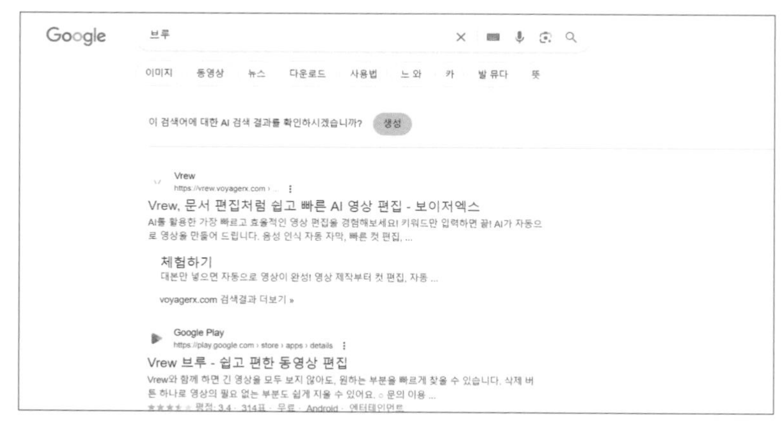

[그림3] 구글에서 '브루' 검색

사이트에 접속한 후 화면에 표시된 '무료 다운로드' 버튼을 클릭함으로써 PC에 프로그램을 설치하는 과정으로 진행된다. 만약 '체험하기' 버튼을 선택한다면 프로그램을 다운로드하지 않고도 사용은 가능하지만, 편집을 마친 영상을 다운로드하는 기능이 제공되지 않기에 이 점을 주의해야 한다.

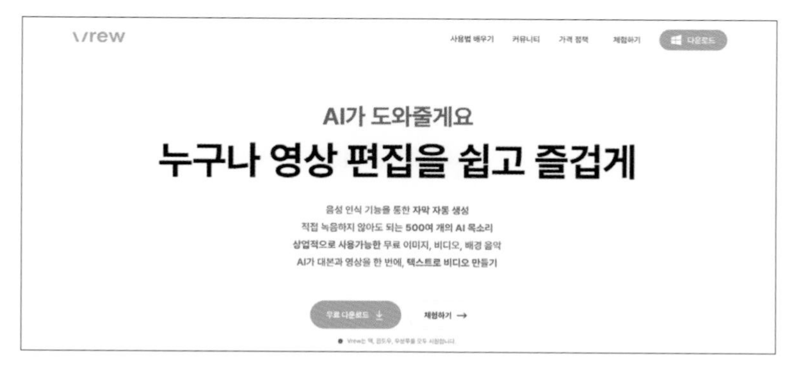

[그림4] Vrew 다운로드

설치가 완료되면 상단 오른쪽 다운로드 메뉴를 클릭해 Vrew 파일이 다운로드 된 폴더로 이동한다.

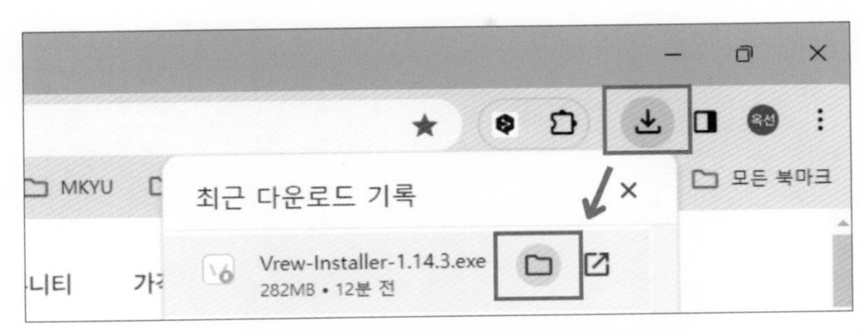

[그림5] Vrew 실행 파일 폴더 위치 찾기

생성된 아이콘을 클릭해 Vrew 설치가 완료되면 Vrew가 바로 실행된다. Vrew는 지속적인 기능 개선과 버그 수정을 위해 정기적으로 업데이트가 이뤄진다. 따라서 사용 중인 Vrew의 버전이 최신이 아닌 경우 사용자 인터페이스에 차이가 발생할 수 있다. 이에 최상의 사용 경험을 위해서는 항상 최신버전으로 업데이트해 사용하는 것을 권장한다.

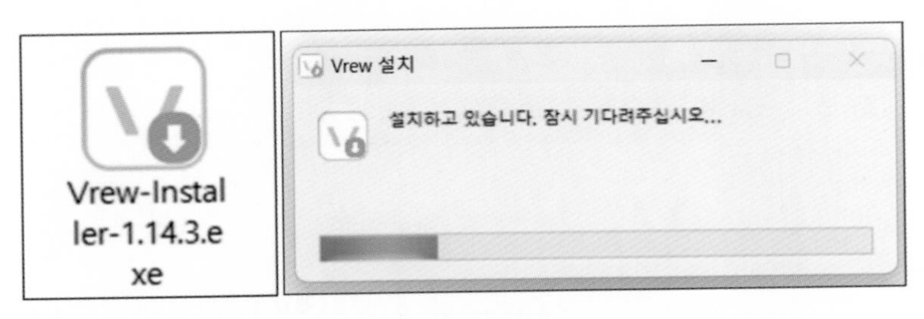

[그림6] Vrew 아이콘과 최신버전 1.14.3설치

실행된 Vrew 프로그램 상단 왼쪽 메뉴 '내 브루'를 클릭해 회원가입을 진행한다. 회원가입 양식에 따라 이름, 이메일 주소, 비밀번호를 입력하고 연령을 체크한 후 '다음으로' 버튼을 누른다. 본인 인증을 위한 메일 확인 절차가 진행된다.

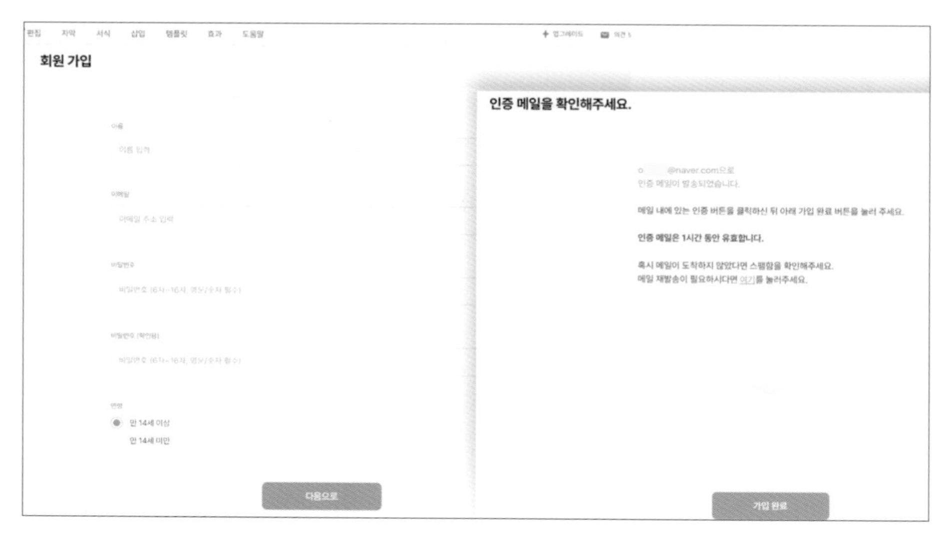

[그림7] Vrew 회원가입과 이메일 인증 요청

입력한 이메일 계정으로 발송된 인증 메일을 확인하고, '메일 주소 인증하기' 버튼을 클릭해 회원가입을 완료한다.

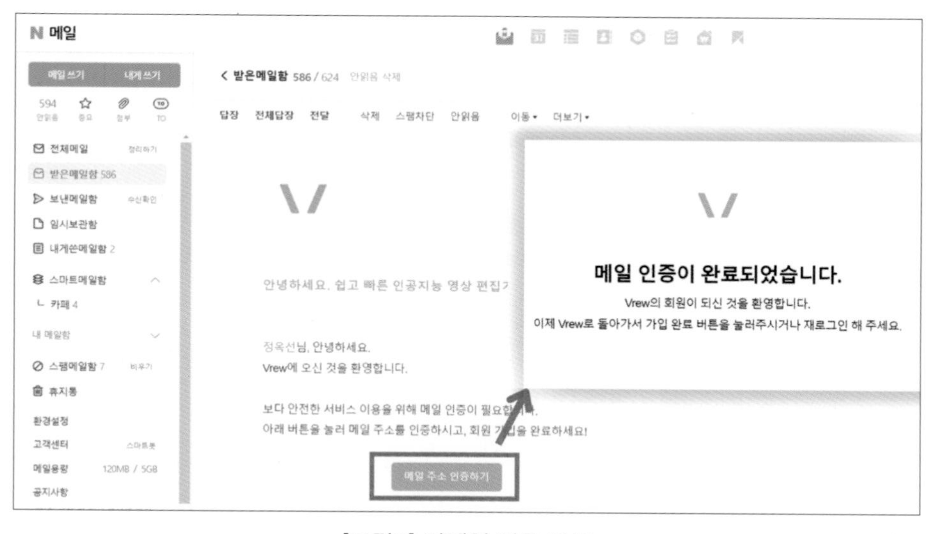

[그림8] 이메일 인증 완료

2) Vrew 구독 요금제

Vrew는 기본적인 영상 편집 기능을 무료로 제공한다. Vrew는 무료 버전에서도 음성 인식 기반 자동 자막 생성 기능 및 텍스트 입력을 통한 음성 합성 기능을 제공해 간단한 영상 편집이 가능하다. 상단 메뉴에서 프로필을 클릭해 이번 달 사용량을 확인 할 수 있다. 매월 1일이 되면 무료 사용량이 업데이트된다. 하지만 더 많은 기능 활용과 워터마크 삭제를 원한다면 유료 구독을 고려하는 것이 좋다.

[그림9] Vrew 무료 사용량 확인

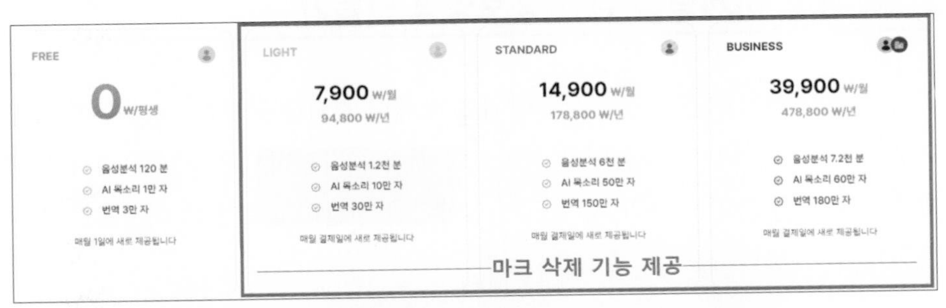

[그림10] Vrew 월 유료 요금제(출처 : Vrew 공지사항)

3) Vrew 화면 구성

Vrew는 사용자 친화적인 영상 편집 플랫폼으로 직관적인 인터페이스를 제공한다. 사용자가 쉽게 접근할 수 있도록 설계된 Vrew의 화면은 다음과 같은 주요 구성 요소로 이뤄져 있다.

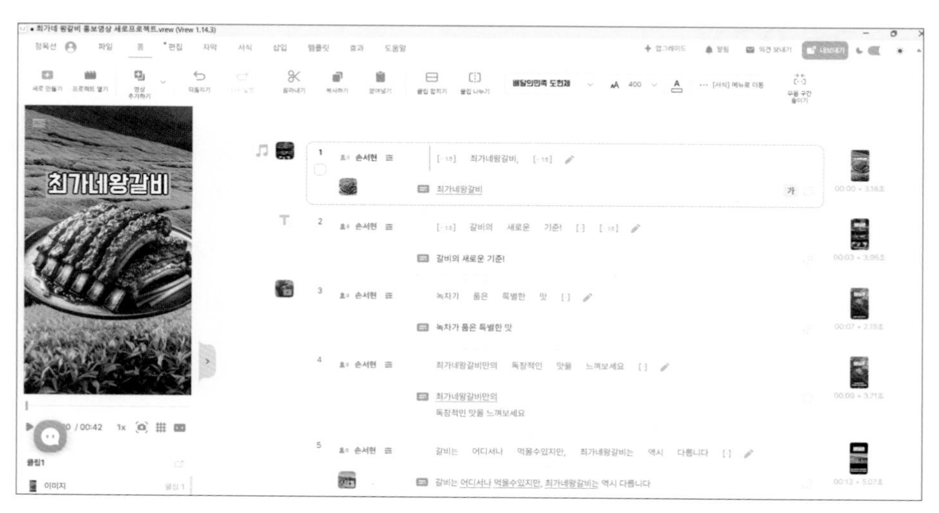

[그림11] Vrew 화면 구성

3. Vrew 활용 마케팅을 위한 홍보영상 만들기

Vrew를 활용한 영상 제작은 중소상공인에게 마케팅 효과를 극대화하는 데 있어 매우 중요한 도구로 자리 잡고 있다. 제품이나 서비스의 매력을 직접적으로 보여줄 수 있는 홍보영상을 제작할 수 있을 뿐만 아니라, 브랜드의 이야기를 전달하고 특별한 이벤트를 널리 알릴 수 있는 기회를 제공한다.

영상 편집 과정에서는 자막 추가, 배경 음악 및 효과음 삽입, 전환 효과와 애니메이션 적용 등을 통해 영상에 생동감을 더하고 메시지 전달력을 강화할 수 있다. Vrew의 사용자 친화적인 편집 도구를 활용해 복잡한 기술 지식이 없어도 전문가 수준의 영상을 제작할 수 있다. 제작된 영상은 다양한 포맷과 해상도로 내보낼 수 있으며 소셜 미디어, 유튜브, 기업 웹사이트 등 다양한 플랫폼에 쉽게 공유할 수 있다.

Vrew를 활용한 영상 제작은 중소상공인이 마케팅 목적으로 활용할 수 있는 강력한 수단이다. 이를 통해 비즈니스의 가치를 전달하고 브랜드 인지도를 높이며 최종적으로는 매출 증대에 기여할 수 있다.

1) 자료 준비

필요한 시각 자료를 준비한다. 이는 제품 사진, 서비스를 설명하는 영상 클립, 브랜드 로고, 그리고 이벤트 포스터 등이 될 수 있다. Vrew는 사용자가 이러한 자료를 쉽게 업로드하고 편집할 수 있게 하는 다양한 기능을 제공한다. 제품 생산 과정, 사업장의 외관 이미지 또는 위치를 나타내는 지도, 제품 후기 인터뷰 등 다양한 시각 자료를 활용할 수 있다.

2) 프로젝트 시작하기

메인 화면 상단 메뉴에서 '새로 만들기' 버튼을 클릭한 후 '텍스트로 비디오 만들기'를 눌러 시작한다.

[그림12] 상단 메뉴 중 파일 '새로 만들기' 선택

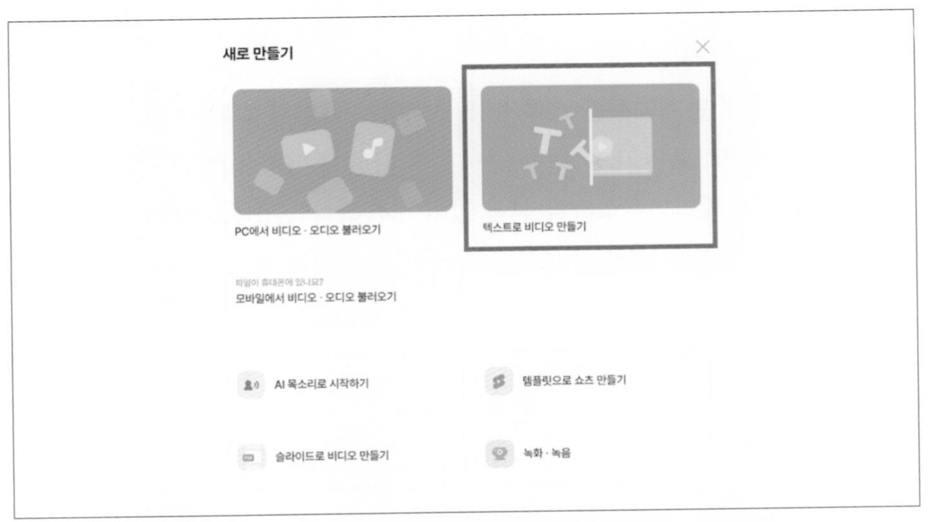

[그림13] 새로 만들기 화면에서 '텍스트로 비디오 만들기' 선택

(1) 화면 비율 정하기

'화면 비율 정하기'는 제작하고자 하는 영상의 유형에 따라 적절한 비율을 선택하면 된다. 광고 영상의 기본 비율 16:9를 선택 후 다음을 클릭한다.

[그림14] 화면 비율 선택

(2) 비디오 스타일 선택

'비디오 스타일 선택' 단계에서는 사용자가 선호하는 스타일에 따라 AI가 음성과 배경을 추천한다. 작성하는 텍스트의 내용 또한 선택한 스타일에 영향을 받게 된다. 만약 특정 스타일을 선택하고 싶지 않다면, '스타일 선택 없이 시작하기' 옵션을 선택할 수 있다. 홍보영상 제작을 목적으로 한다면, '제품 홍보영상 스타일'을 선택해 다음 단계로 넘어간다.

[그림15] 비디오 스타일 선택

3) 스토리보드 제작

(1) 영상 대본 작성 및 수정

홍보하고자 하는 내용의 주제를 입력란에 기재한 후, 'AI 글쓰기' 버튼을 클릭해 영상 대본을 작성한다. 주제 입력 시, 제품명, 브랜드명 또는 중요한 키워드를 포함하면 영상 대본 작성에 큰 도움이 된다. AI에 의해 생성된 영상 대본을 검토하면서 홍보하고자 하는 추가적인 내용을 삽입하거나 불필요한 부분을 제거해 글을 최적화한다. 사전에 준비된 홍보 이미지나 영상에 관한 내용을 넣어준다. 각 줄 바꿈은 새로운 클립으로 간주 되기에 적절한 곳에서 줄 바꿈을 한다.

[그림16] 주제 입력 후 'AI 글쓰기' 클릭해 영상 대본 생성

AI에 의해 생성된 영상 대본이 마음에 들지 않는다면 주제 입력란을 수정한 후 '다시쓰기'를 눌러 영상 대본을 재생성한다. 또는 생성된 영상 대본 내용을 좀 더 길게 작성하려면 하단에 있는 '이어쓰기' 버튼을 눌러 작성한다.

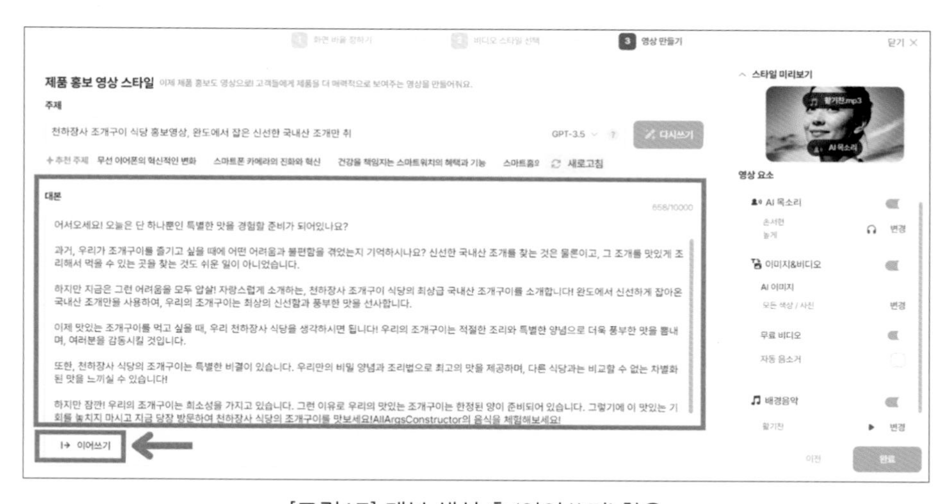

[그림17] 대본 생성 후 '이어쓰기' 활용

필요한 경우 사업장의 주소나 연락처도 대본에 포함할 수 있다. 특히 전화번호를 입력할 때는 음성으로 변환했을 때의 발음을 고려해 숫자 대신 발음 그대로를 텍스트로 전환해 작성하는 것이 중요하다. 예를 들어 전화번호 '375-1004'는 '삼칠오에 일공공공사번으로 연락 주세요'와 같이 표현한다. 영어 표기도 같은 원칙이 적용되며, 'AI'는 발음에 따라 '에이아이'로 기재해 AI 음성이 정확하게 읽을 수 있도록 한다.

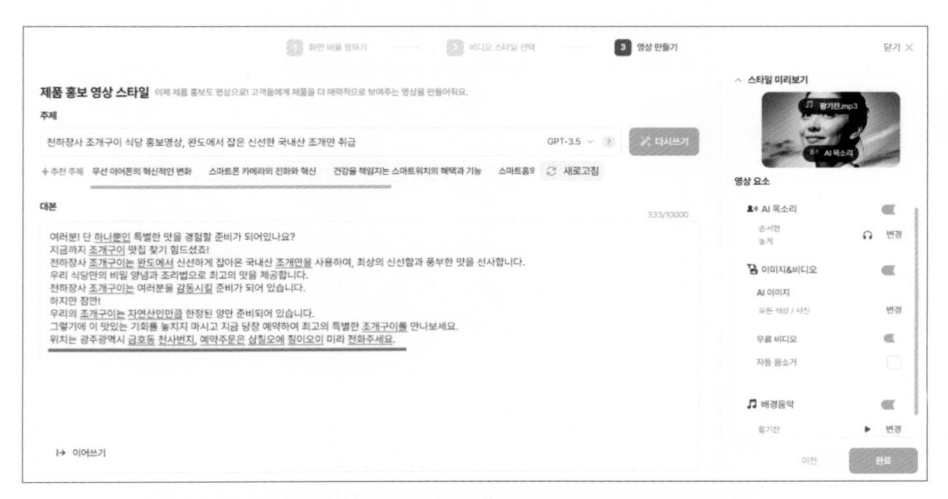

[그림18] 영상 대본 수정 (위치와 연락처 추가로 입력)

(2) AI 목소리 선택

오른쪽에 위치한 헤드셋 모양을 눌러 AI 목소리를 청취한 뒤, 다른 목소리로 변경하고 싶다면 '변경' 버튼을 클릭한다. 한국어 목소리 옵션 391개 중에서 성별과 연령대를 기준으로 선택해 원하는 목소리의 특성에 맞게 검색 범위를 좁혀나갈 수 있다. 각 목소리 옵션에는 고유의 이름이 부여돼 있으며 이름 오른쪽 '듣기' 버튼을 눌러 해당 음성을 미리 확인할 수 있다.

마음에 드는 음성을 선택한 후에는 상단 메뉴에서 음량, 속도, 높이 등을 세밀하게 조정해 영상에 적합한 목소리 수정할 수 있다. 수정한 목소리 설정은 '미리듣기' 버튼을 통해 실시간으로 확인이 가능하다. 목소리 선택과 설정이 마음에 든다면 '확인' 버튼을 눌러 선택을 완료한다.

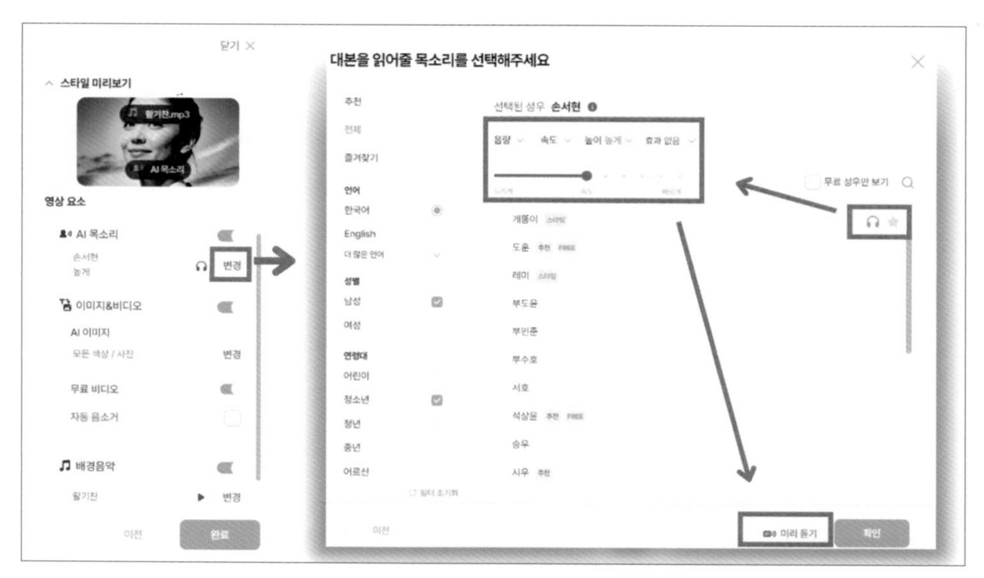

[그림19] AI 목소리 세부 설정

(3) 영상 만들기 완료

하단 '확인' 버튼을 눌러 영상 만들기를 완료하면 AI 이미지와 AI 음성을 생성하기 시작하며 생성이 완료되면 영상 편집창이 나온다.

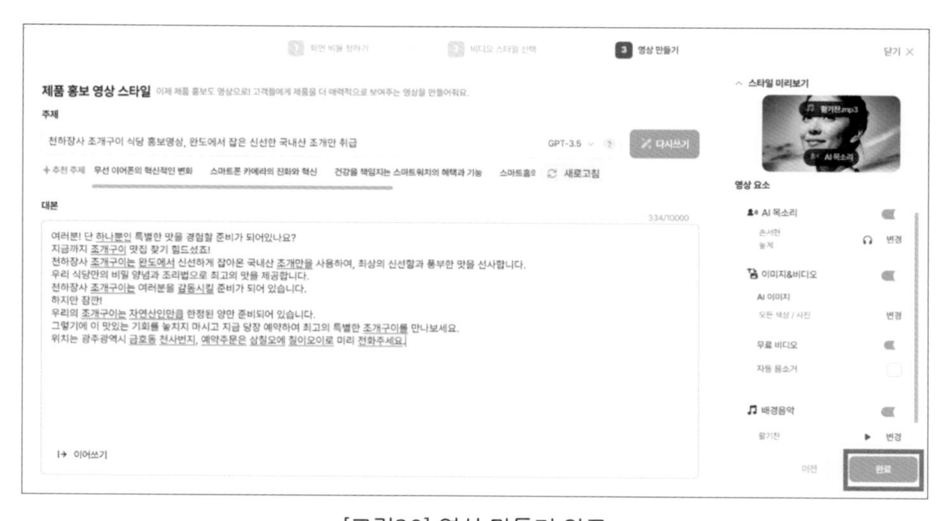

[그림20] 영상 만들기 완료

4) 영상 편집

(1) 영상 편집의 첫걸음

① 프로젝트 검토하기

제작된 영상을 처음부터 세심하게 검토하면서 스토리 라인과 내용이 처음 계획했던 목표와 일치하는지 확인한다. 이 과정에서는 영상과 대본의 일관성, 그리고 전달하려는 메시지의 명확성을 중점적으로 점검한다.

② 영상 미리보기 실행하기

툴바에 있는 '재생' 버튼을 클릭해 영상의 전체 미리보기를 실행한다. 이를 통해 영상의 흐름과 전반적인 구성을 확인할 수 있다.

③ 영상 길이 조정하기

스토리보드 아래에 위치한 타임라인을 통해 영상의 전체 길이를 조절한다. 필요하지 않은 부분을 잘라내거나, 추가적인 장면을 삽입해 영상의 길이를 조절할 수 있다. 클립을 삭제하고자 할 때는 해당 클립을 선택한 상태에서 '잘라내기(가위 모양)'을 누르거나 'Delete' 키를 눌러 쉽게 제거할 수 있다.

[그림21] 영상 길이 확인 및 클릭 삭제 기능

(2) 영상의 디테일을 세심하게 조정하기

① 이미지 및 영상 편집하기

만약 미리 준비한 이미지나 영상으로 기존 클립을 교체하고자 한다면 먼저 교체하고 싶은 클립을 선택한다. 이후 '교체하기' 버튼을 클릭해 저장된 이미지나 비디오 파일을 불러온다. 교체를 원하는 클립을 선택한 상태에서 새로 불러온 이미지나 영상을 선택하면 기존에 있던 클립 위에 새로운 미디어가 삽입된다.

새로 삽입된 이미지를 클릭하면 이미지 채우기 옵션들이 표시된다. 여기서 '잘라서 채우기' 옵션을 선택하면 이미지가 클립 영역에 맞게 조정된다. 이때 필요 없는 이미지는 선택해서 삭제하면 된다.

이미지 삽입하는 또 다른 방법은 클립을 선택한 상태에서 이미지 위 교체하기를 클릭하면 나오는 '다른 이미지 또는 비디오로 교체하기' 창에서 'PC에서 불러오기'를 클릭해 이미지나 비디오를 가져오거나 AI 이미지를 생성할 수 있다.

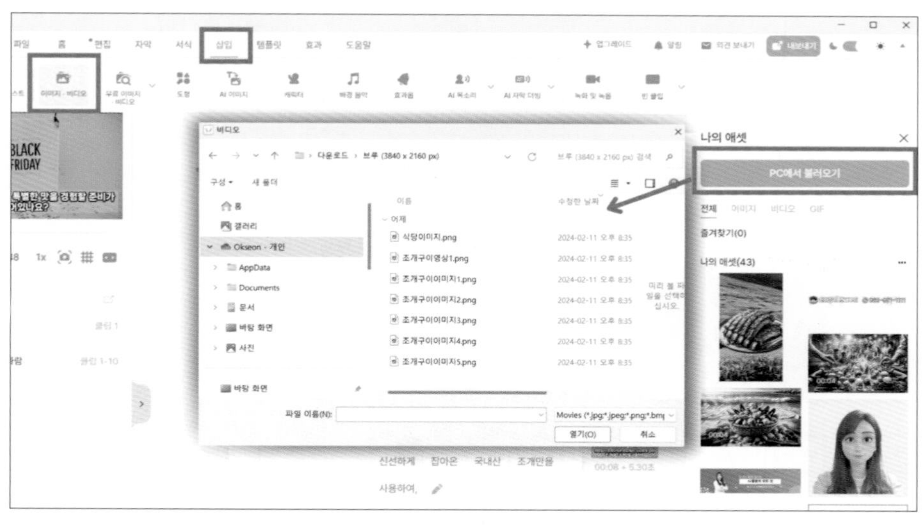

[그림22] 저장된 이미지나 비디오 파일을 불러오기

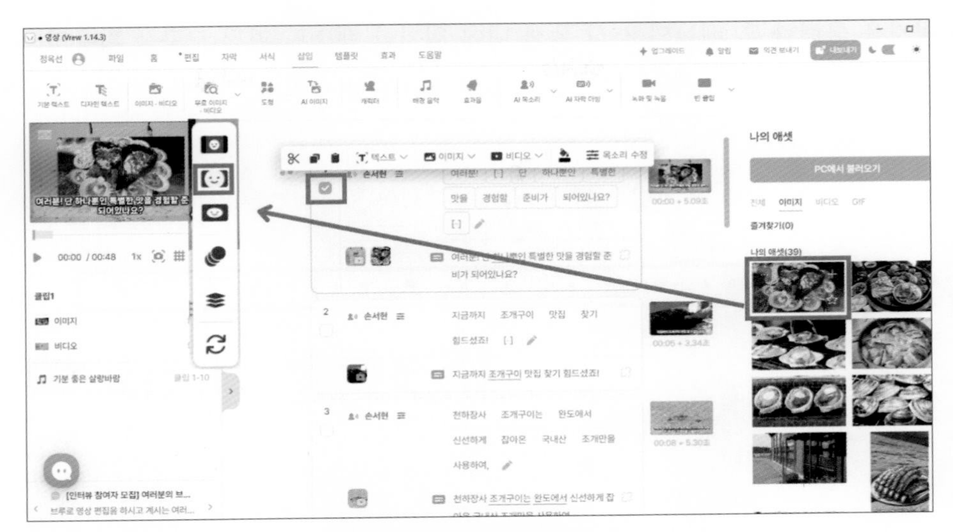

[그림23] 이미지 교체하기

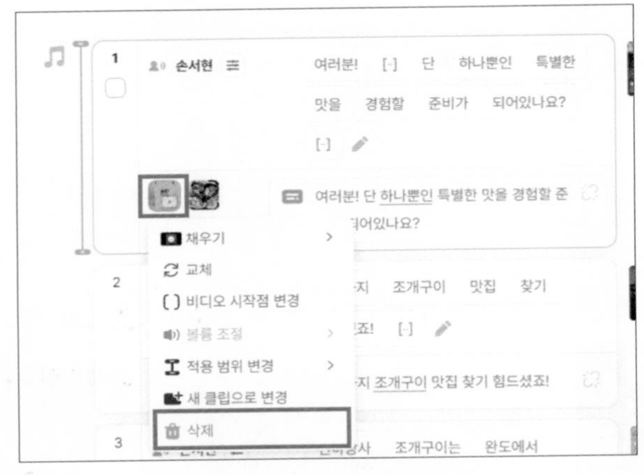

[그림24] 이미지 삭제하기

② 자막 및 텍스트의 세부 편집

영상에 포함된 자막이나 텍스트는 시청자의 이해도를 높이고 영상의 전체적인 디자인과 어우러지도록 조정할 수 있다. 텍스트의 폰트, 크기, 색상을 조절해 영상에 맞게 커스터마이징하고 텍스트 위치를 조정해 시각적 균형을 맞출 수 있다.

빈 공간을 클릭한 후 메뉴의 서식 옵션 내에 위치한 텍스트 편집 도구를 활용하면 전체 자막의 세부 조정을 수행할 수 있다. 클립의 일부 자막을 편집하고 싶다면 해당 클립을 선택해 텍스트 도구를 선택하면 된다.

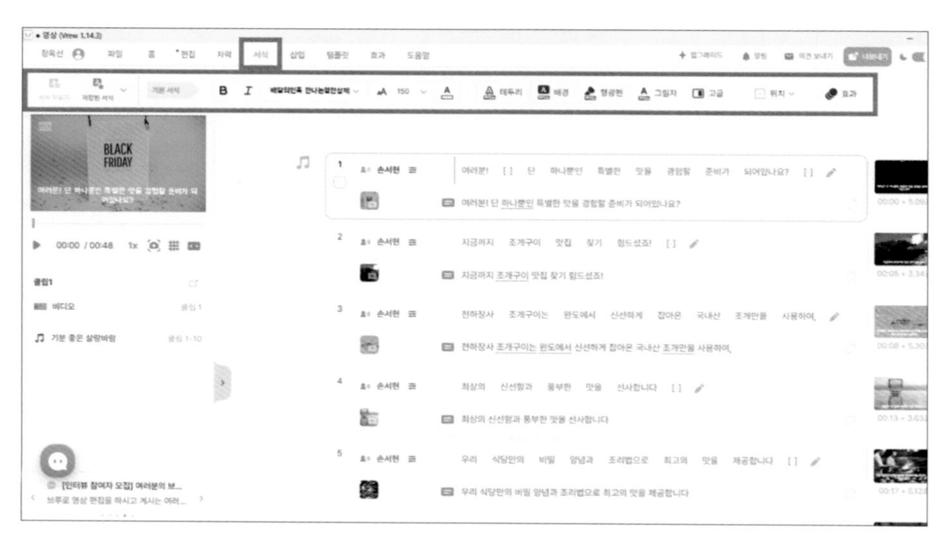

[그림25] 자막 텍스트 편집(1)

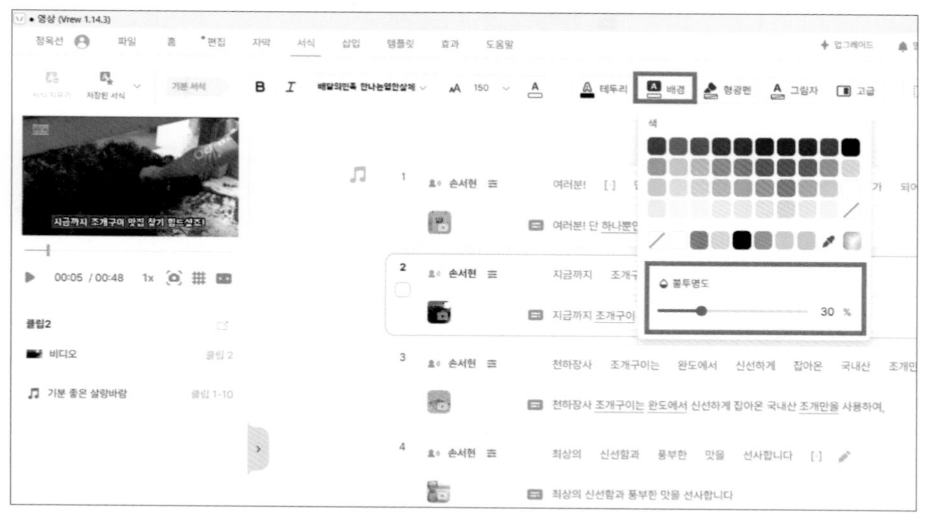

[그림26] 자막 텍스트 편집(2)

자막 편집 메뉴에서 '고급' 옵션을 선택하고, '현재 서식 저장'을 클릭하면 현재 적용된 자막 설정이 저장된다. 이렇게 저장된 자막 서식은 필요할 때마다 한 번의 클릭으로 쉽게 재사용할 수 있어 자주 사용하는 자막 스타일을 빠르게 적용하고자 할 때 매우 편리하다.

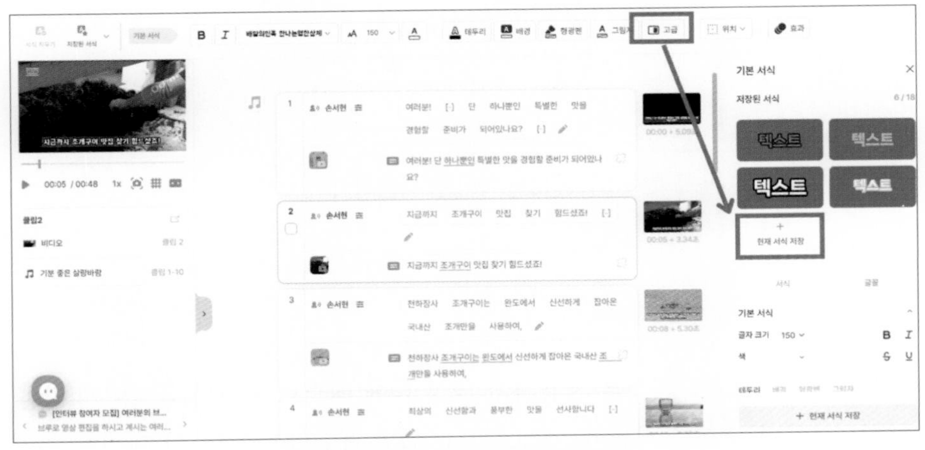

[그림27] 자막 고급 설정 '현재 서식 저장'

[그림28] 자막 고급 설정 저장된 서식 적용하기

자막의 가독성을 개선하기 위해서는 적절한 위치에서 줄 바꿈을 해주는 것이 좋다. 원하는 단어 앞에 마우스 커서를 위치시킨 후 엔터 키를 눌러줌으로써 줄 바꿈을 적용할 수 있다.

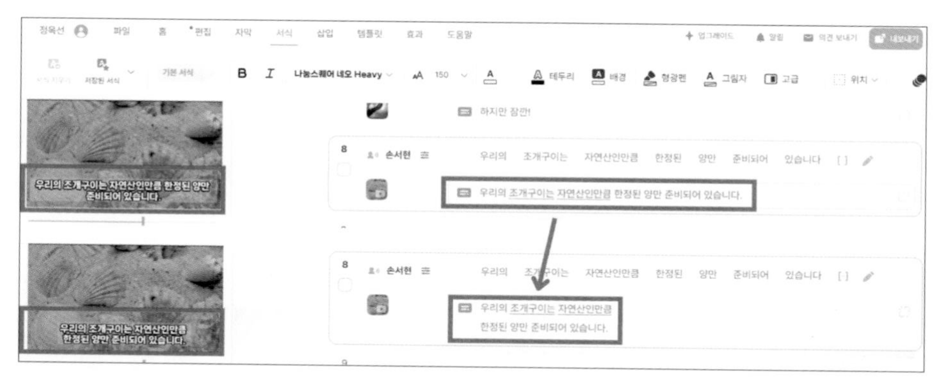

[그림29] 자막 줄 바꿈하기

③ 디자인 텍스트

Vrew의 '디자인 텍스트' 기능은 사용자가 영상 내에 텍스트를 보다 돋보이게 만들 수 있도록 다양한 디자인 요소를 적용하는 기능이다. 삽입 메뉴에서 '디자인 텍스트' 옵션을 찾아 클릭한다. 원하는 디자인 요소를 클릭하면 화면 한가운데로 삽입이 된다. 삽입된 텍스트를 클릭 후 화살표가 나오면 위치를 변경할 수 있고 폰트, 글자 크기, 변경할 수 있는 색상, 이모지, 애니메이션 등을 추가하거나 수정할 수 있다.

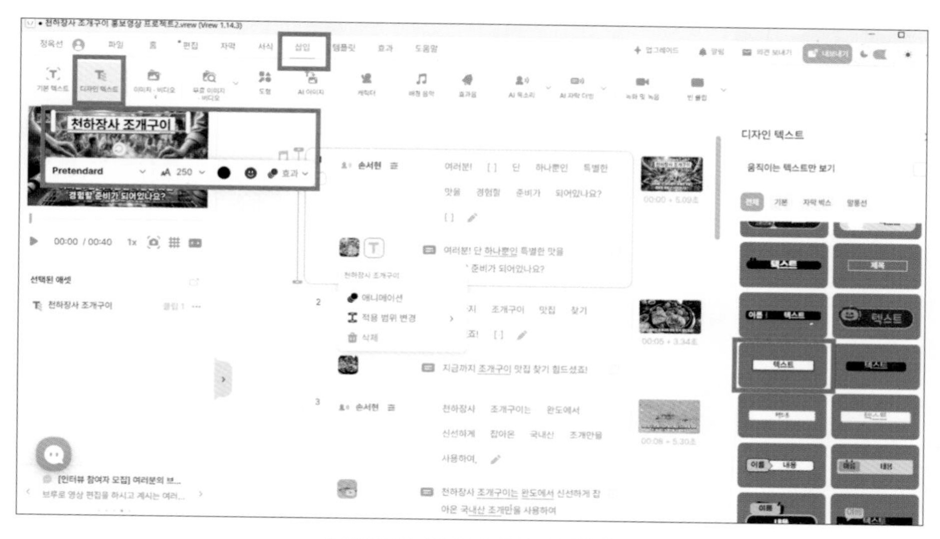

[그림30] 디자인 텍스트 선택

또한 디자인 텍스트가 선택이 된 상태에서 '적용 범위 변경'이 가능하다. 디자인 텍스트가 모든 영상에 나오기를 원한다면 적용 범위를 '전체 클립으로'를 선택한다.

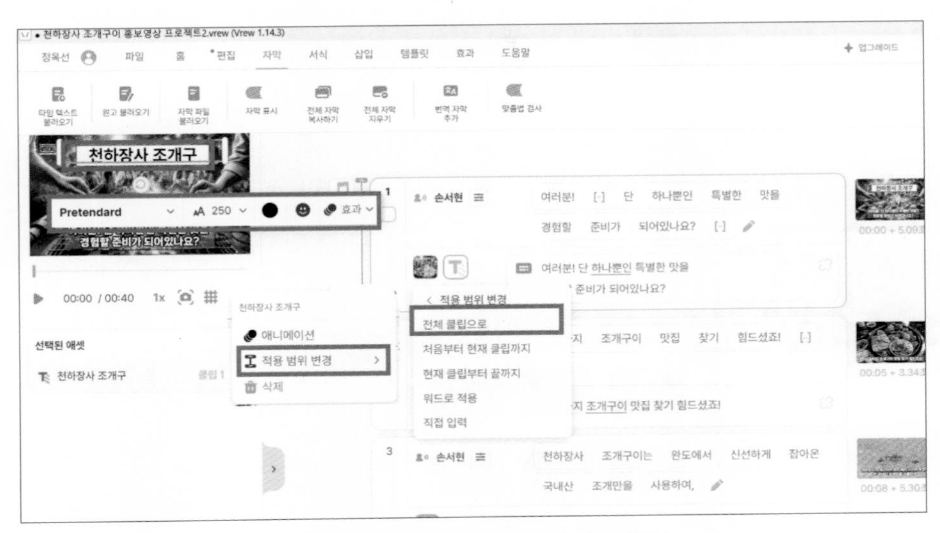

[그림31] 디자인 텍스트 세부 사항 설정

강조하고 싶은 자막이 있을 경우도 자막을 삭제하고 '디자인 텍스트' 이용하면 텍스트를 돋보이게 할 수 있다. 이때 '움직이는 텍스트만 보기'를 클릭해 움직이는 텍스트를 활용하는 것도 좋다.

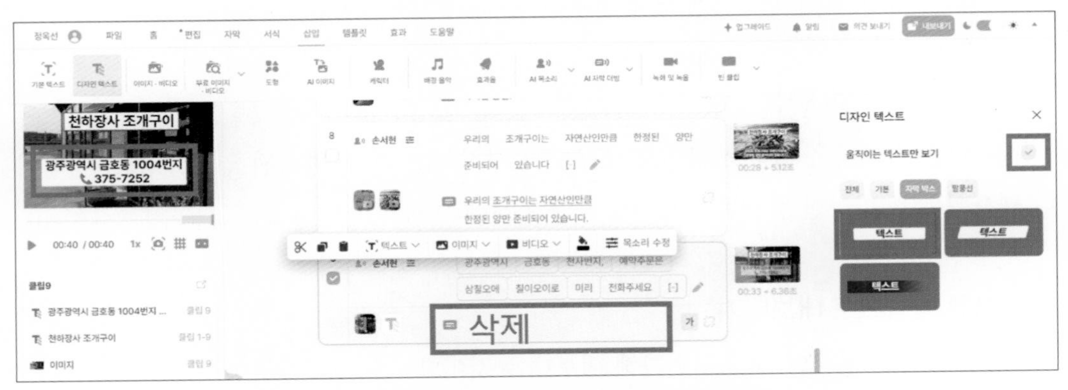

[그림32] 자막 강조를 위해 '디자인 텍스트' 활용

④ 전환 효과의 적용

영상에서 장면과 장면 사이의 전환을 부드럽게 만들기 위해 '등장/퇴장' 전환 효과를 추가한다. 또는 이미지를 강조하고 싶거나 생동감을 주기 위해 Vrew는 다양한 전환 스타일을 제공하므로 영상의 분위기에 맞게 적절한 효과를 선택할 수 있다.

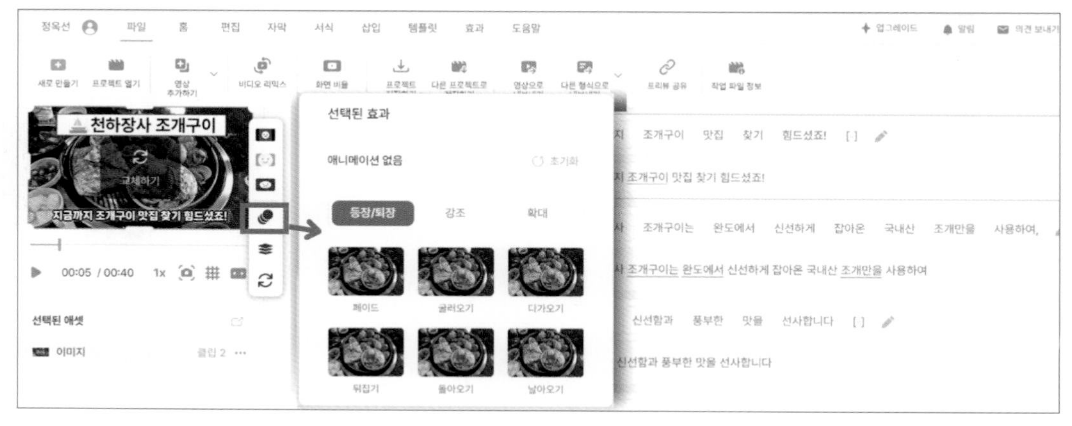

[그림33] 이미지 애니메이션 적용

(3) 영상 저장하기

① 프로젝트로 저장하기

작업 중인 영상을 프로젝트 파일로 저장하는 것이다. 이 방법은 향후 영상 편집을 계속하거나 작업 내용을 보존하기 위해 현재의 작업 상태를 모두 저장한다.

② 영상으로 내보내기

최종 편집된 영상을 비디오 파일로 내보내는 과정이다. 이제 완성된 영상을 소셜 미디어나 웹사이트 등 다양한 플랫폼에 업로드하고 공유해 보세요.

③ 다른 형식으로 내보내기

영상을 다양한 형식의 파일로 변환해 내보내는 것이다.

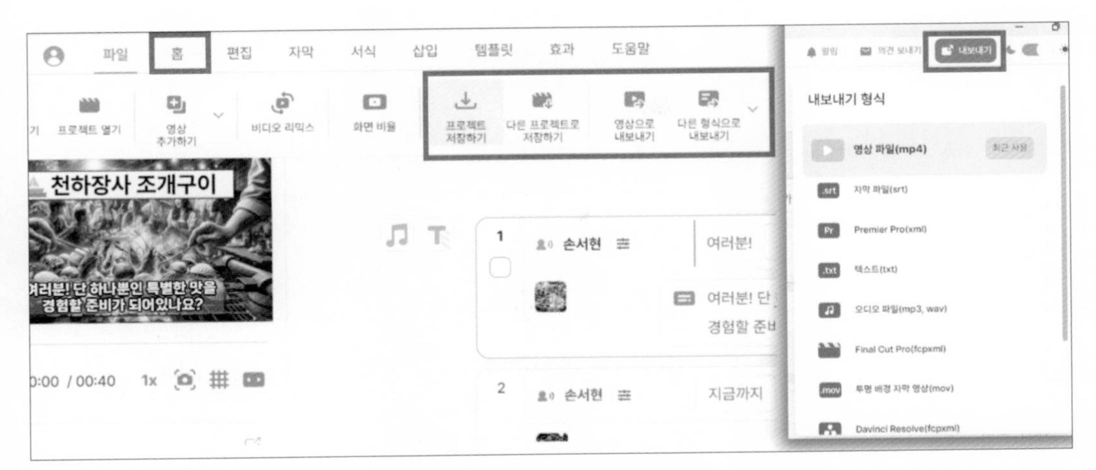

[그림34] 편집 완료 후 영상 저장하기

Epilogue

이 책의 마지막 페이지를 넘기며 우리는 쉽게 홍보영상을 제작하는 Vrew에 대해 깊이 있게 이해하게 됐다. 책에서 안내한 다양한 도구를 탐구하며 마케팅 전략을 한 차원 높은 수준으로 끌어올릴 수 있는 방법을 배웠다.

이 책을 통해 중소상공인이 디지털 마케팅의 혁신적 변화를 이끌어갈 수 있는 지식과 도구를 갖추게 되기를 바란다. Vrew를 활용한 홍보영상 제작 과정을 통해 우리는 복잡하고 고가의 장비 없이도 전문적인 영상을 제작할 수 있는 시대에 살고 있음을 명심해야 한다.

이제 여러분이 배운 지식을 바탕으로 자신의 비즈니스 홍보에 적용해 빠르게 변화하는 시장에 발맞추어 계속해서 성장하고 적응해 나가길 바란다. '챗GPT를 활용한 홍보영상 Vrew'가 여러분의 마케팅 여정에 있어 소중한 이정표가 되기를 희망한다.

11

챗GPT를 활용한 D-ID영상 만들기

이 화 선

AI

제11장

챗GPT를 활용한 D-ID영상 만들기

Prologue

인간의 상상력과 기술의 진보는 밀접한 관계를 갖고 있다. 우리는 자연스럽게 미래를 상상하며 현재를 넘어서는 창의적인 아이디어를 꿈꾸곤 한다. 이러한 상상력과 기술의 결합이 세상을 더욱 흥미롭고 진지하게 만들어 준다.

지난 수십 년간 컴퓨터 과학의 발전은 우리의 삶을 혁신적으로 변화시켰다. 특히 인공 지능의 발전은 많은 분야에서 혁신적인 변화를 이끌어 내고 있다. 그중에서도 생성형 인공 지능과 디지털 아이덴티티(Digital Identity)의 결합은 영상 제작 분야에서 놀라운 혁신을 이뤄 내고 있다.

아바타는 우리의 대리인이자 확장된 형상이다. 생성형 인공 지능과 D-ID를 활용해 아바타를 만들어 내는 것이 가능해졌다. 바로 이 책에서 다루고자 하는 분야다.

필자는 디지털융합교육원에서 '인공 지능 콘텐츠 강사 양성 과정'을 수료하고 인공 지능 콘텐츠 강사로 새로운 여정을 시작하면서 이 책을 쓰게 됐고 인공 지능 AI를 활용해 콘텐츠 생성에 관심 있는 사람들에게 전달하고자 한다.

책 구성은 '인공 지능 콘텐츠 생성'에 필요한 아바타를 만들 때 D-ID를 통해 회원가입, 결재, 아바타 생성하기, 언어 생성, 국가 선택, 성우 선택, 녹음된 오디오 파일 업로드를 통해 생성, 저장, 다운로드까지 모든 과정을 따라 하기 쉽게 구성했다. D-ID를 통해 홍보영상을 쉽게 만들어 보자.

1. D-ID 소개

1) D-ID 회사소개

'D-ID'는 2017년에 설립됐으며 Tier 1 VC의 지원을 받는다. D-ID는 생성적 AI 기반 상호작용과 콘텐츠 제작에 혁명을 일으키는 선두에 있다. NUI(Nature User Interface) 기술을 전문으로 하는 D-ID 플랫폼은 이미지, 텍스트, 비디오, 오디오 및 음성을 매우 매력적인 Digital People로 원활하게 변환해 독특한 몰입형 경험을 제공한다. D-ID는 얼굴 합성과 딥 러닝 전문 지식을 결합해 대화형 AI 경험을 여러 언어로 제공하고, 디지털 세계에서 연결하고 생성하는 방식을 향상시키고 확장한다. 회사의 기술은 고객 경험, 마케팅, 영업을 전문하는 기업은 물론 전 세계 콘텐츠 제작에게 솔루션을 제공한다.

[그림1] 창업 멤버 (왼쪽부터) CTO엘리란 쿠타, COO 셀라 블론드 하임, CEO 길페리

2) D-ID 아바타 생성의 특징

- 생성이 쉽고 안전하다.
- 다양한 언어와 성우 목소리 선택이 가능하다.
- 일반사진, 아바타 사진, 내 사진으로 원하는 영상을 생성할 수 있다.
- 법적인 측면, 윤리관에 적극적으로 참여해 안전성이 보장된다.

2. D-ID 시작하기

1) 구글에서 검색하기

[그림2]와 같이 구글 검색창에 'D-ID'를 입력해 검색한다.

[그림2] 구글에서 검색하기

2) 구글 홈 페이지로 이동하기

구글에서 D-ID 사이트 클릭 후 홈페이지로 이동한다.

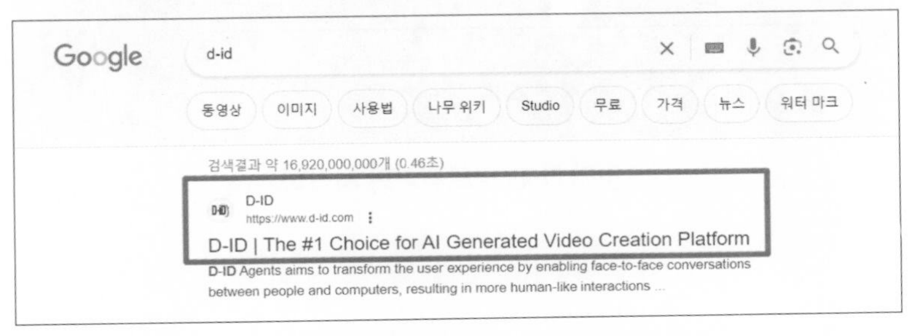

[그림3] 구글에서 D-ID 사이트 선택하기

3) 플랫폼 번역하는 방법 선택하기

사용하고자 하는 언어를 선택할 수 있다.

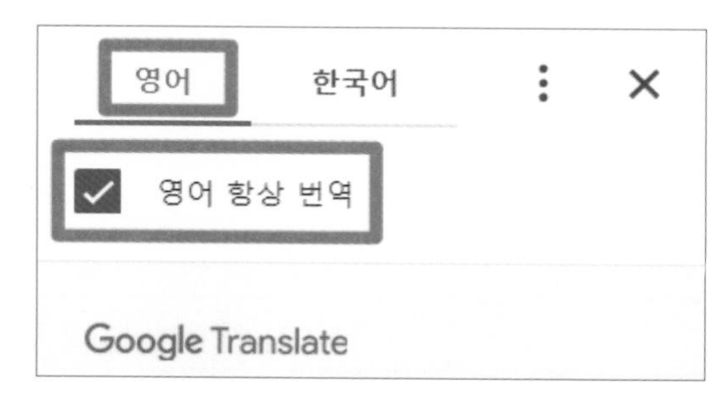

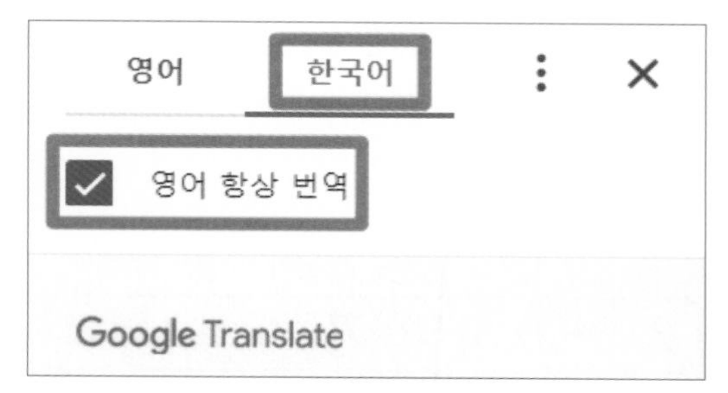

[그림4] 플랫폼 번역 방법

4) 회원가입 & 로그인

상단의 '무료 평가판 시작(START FREE TRIAL)'을 클릭한다.

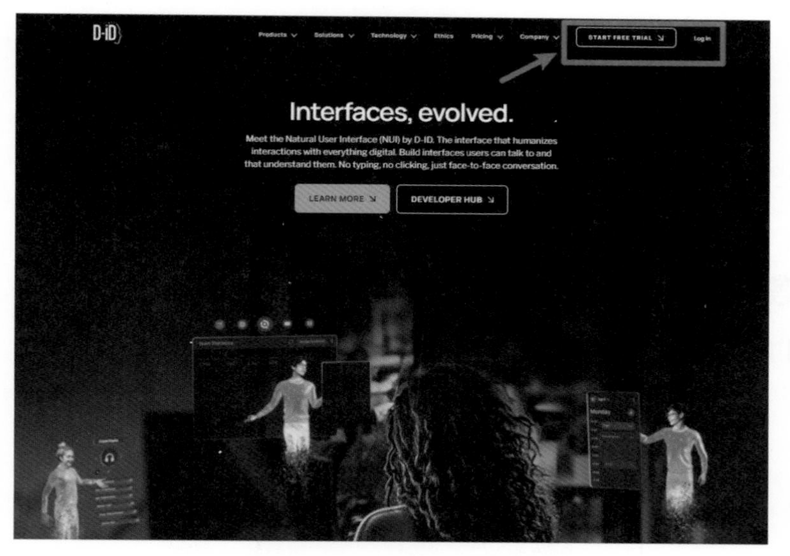

[그림5] D-ID 무료평가판 시작하기

5) D-ID 사용료 플랜 보기

사용료는 월/년으로 결재되며 영상 길이에 따라 금액이 달라진다, 사용 중 취소를 원하면 플랜 취소를 쉽게 할 수 있다.

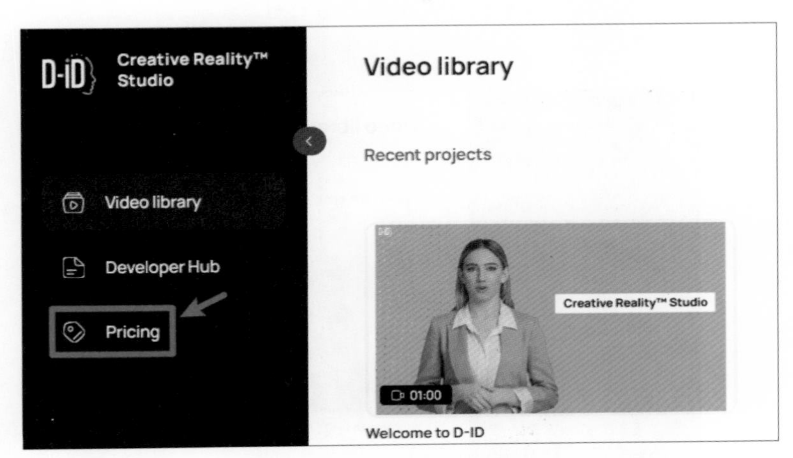

[그림6] 사용료 플랜 보기

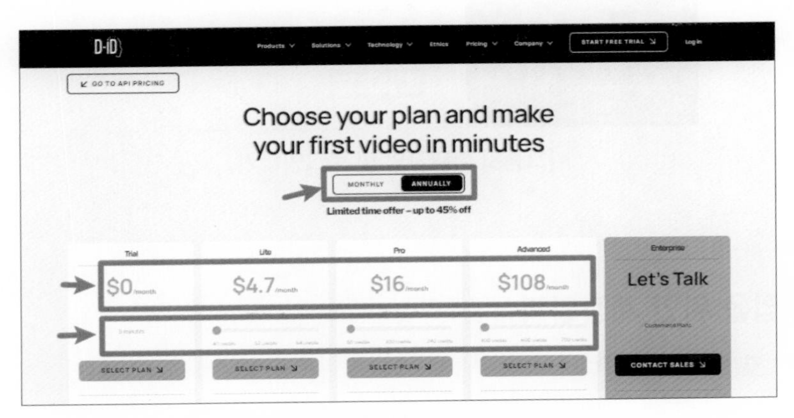

[그림7] 사용료 플랜 보기 & 선택하기

3. 회원가입 절차 알아보기

1) 회원가입 & 로그인 방법

게스트 클릭 후 회원가입(Login/Signup)과정을 진행한다.

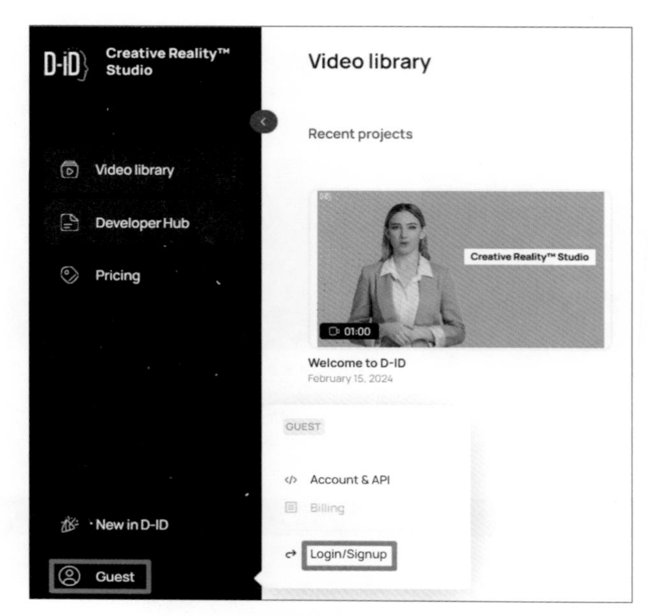

[그림8] 회원가입 및 로그인하기

2) 회원가입을 위한 계정입력

구글계정으로 회원가입한다.

D-ID

시작하려면 가입하세요

사진을 디지털 사람들의 이야기로 바꿔보세요

Google로 계속하기

LinkedIn으로 계속하기

Apple과 함께 계속하세요

또는

이메일 주소

계속하다

이미 계정이 있나요? 로그인

[그림9] 회원가입 과정

3) 계정 선택하기

계정을 선택한다.

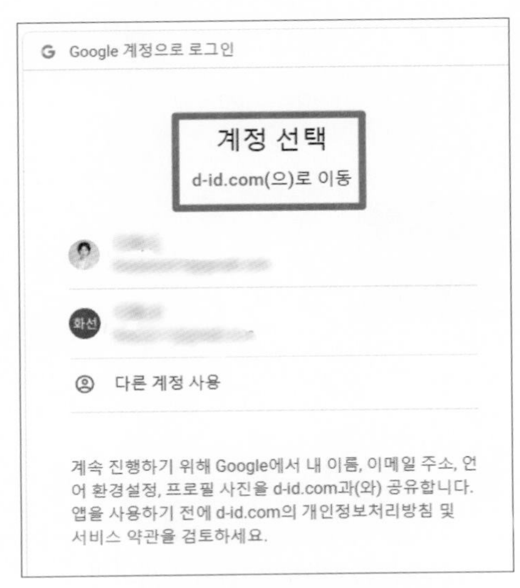

[그림10] 계정 선택

4) 회원가입을 위한 질문

회원가입을 위해 질문이 진행된다.
이 과정을 마치면 회원가입이 완료된다.

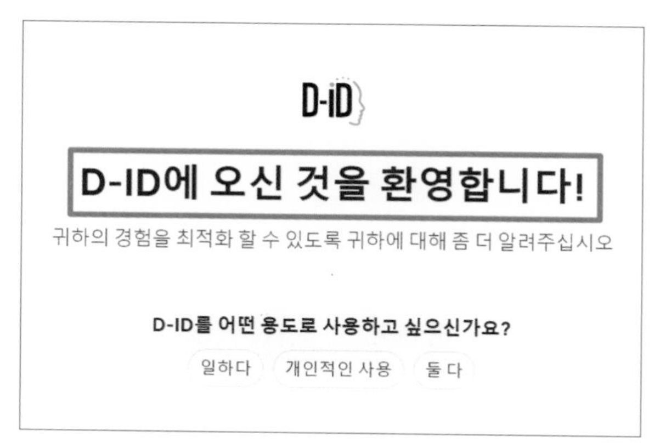

[그림11] 회원가입을 위한 질문

4. D-ID 비디오 만들기

우측 상단 '비디오 만들기(Create video)'를 클릭하고 시작한다.

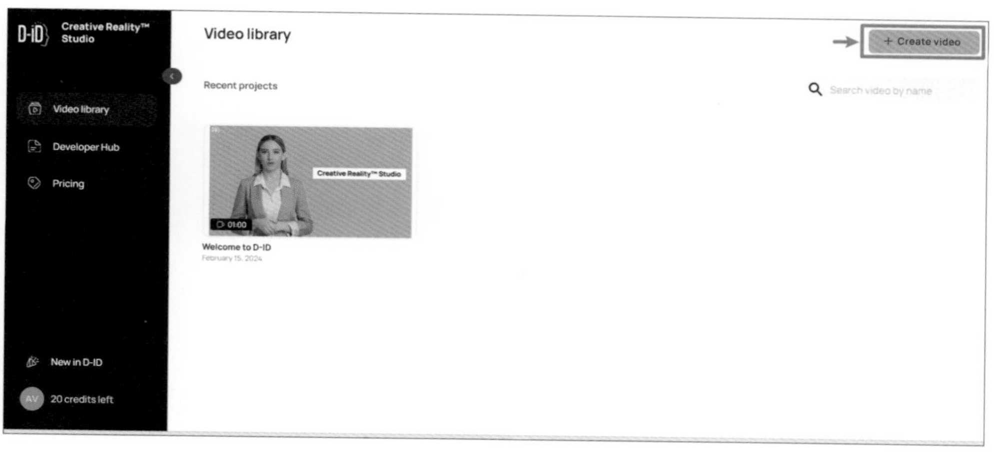

[그림12] 비디오 만들기 시작화면

1) 전체 구성 및 기능

(1) 발표자 선택하기

화면의 사진을 선택할 수 있다.

(2) AI 발표자 생성하기

발표자를 AI로 생성할 수 있다.

2) 발표자(아바타) 선택하기

발표자를 화면에 있는 사진(아바타)으로 선택할 수 있다.

[그림13] 발표자 선택하기 & AI 발표자 생성하기 선택

3) 영상 오디오 제작 순서

[그림14]에서 볼 수 있듯이 스크립트 작성, 언어 선택, 성우 선택하기, 미리듣기 순서대로 진행한다.

스크립트를 입력하고 스크립트에 맞는 언어를 선택한다. 성우(음성)를 선택하고 미리듣기를 선택한다.

[그림14] 제작 순서

4) 생성하기

앞의 과정을 완료 후 '생성하기(Generate video)'를 클릭한다. → 처음 시작할 때는 비디오 만들기 'Create video' 이고, 여기서의 생성하기는 'Generate video'이다.

[그림14]는 제작 순서를 설명하고, [그림15]는 제작 순서 진행 후 비디오 생성하기(Generate video)를 클릭하는 과정이다.

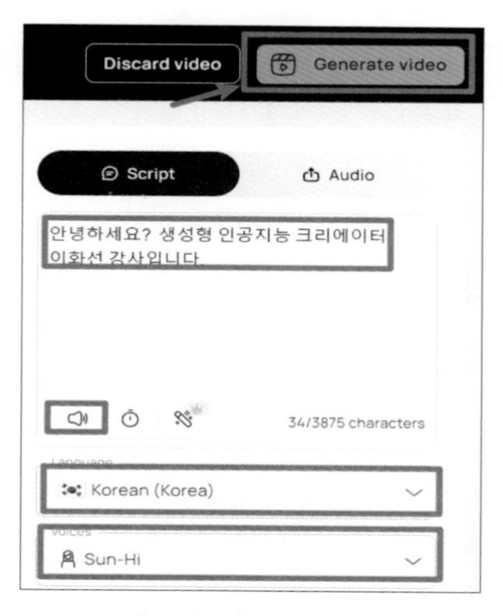

[그림15] 생성하기

[그림16] 비디오 생성하기

5) 언어를 외국어로 바꾸기

(1) 구글에서 'Deepl' 검색하기

외국어로 영상을 제작하려면 구글에서 대문자, 소문자 구분 없이 'Deepl'을 입력한다.

[그림17] 구글에서 deepl 검색하기

(2) deepl 사이트를 선택하기

검색해서 나온 'Deepl Translate' 사이트를 클릭한다.

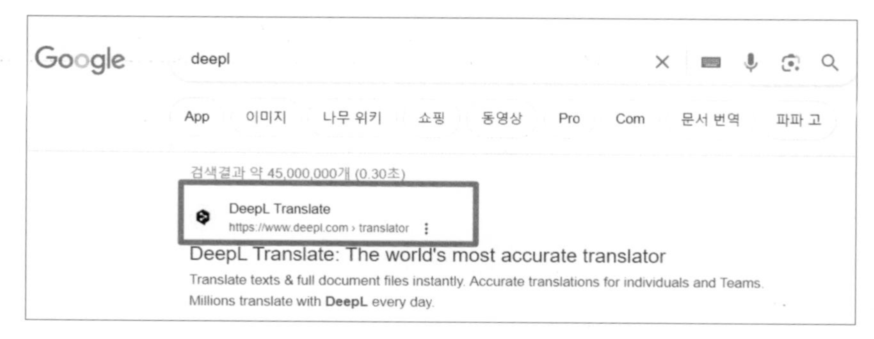

[그림18] deepl 사이트로 이동하기

(3) 번역하기

한국어 스크립트를 붙여넣기 한 다음 영어(외국어)로 번역한다. 번역한 외국어(영어)를 복사한다. D-ID 사이트로 이동해서 영문을 스크립트에 붙여넣기 한다.

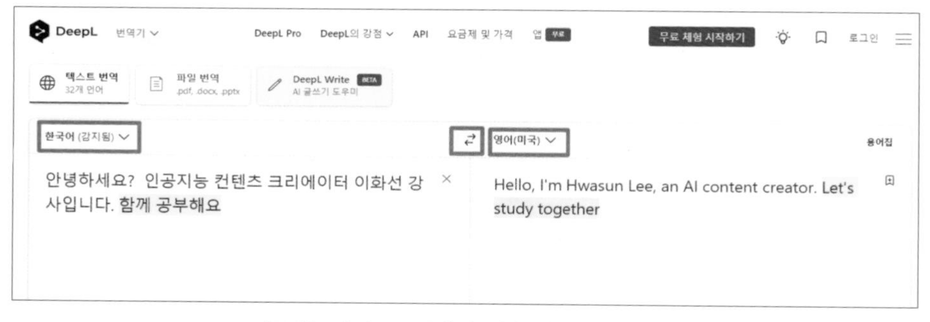

[그림19] deeopl에서 외국어로 번역하기

6) 붙여넣기, 언어 선택, 음성 선택, 미리듣기 후 생성하기

붙여넣기 후 언어선택, 음성선택, 미리듣기한 다음 생성하기(Generative video)를 클릭한다.

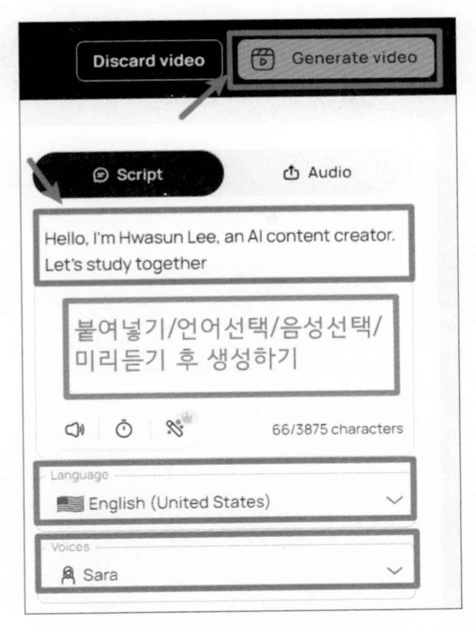

[그림20] 외국어(영어)로 생성하기

7) 다른 사진으로 비디오 생성하기

(1) 사진 추가하기

다른 사진으로 생성하고 싶다면 '추가하다(ADD)' 클릭한다.

[그림21] 다른 사진 추가하기

(2) 내 PC에서 원하는 사진 가져오기

D-ID로 영상 제작할 사진을 PC에서 업로드한다.

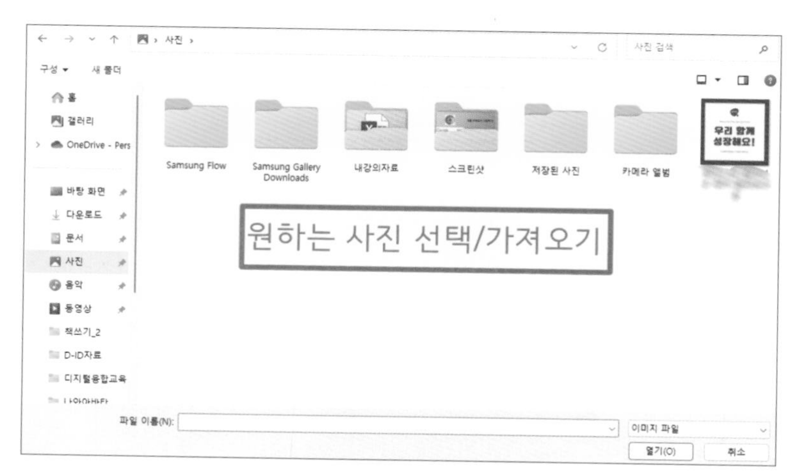

[그림22] 사진 추가하기(사진 업로드)

[그림23]은 내 PC에서 필요한 사진을 가져온 화면이다.

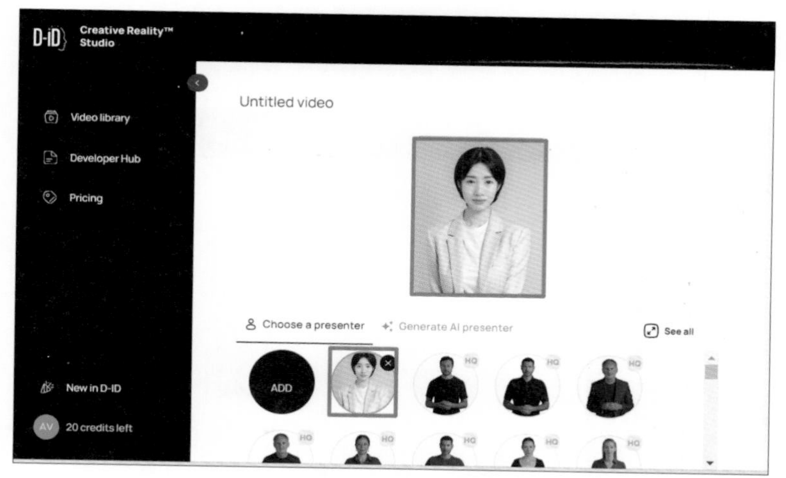

[그림23] 추가한 사진으로 영상 제작하기

8) 음성파일 업로드하기

자신의 음성으로 D-ID 영상을 제작하고 싶다면, 미리 녹음해 둔 음성파일을 내 PC에서 업로드한다.

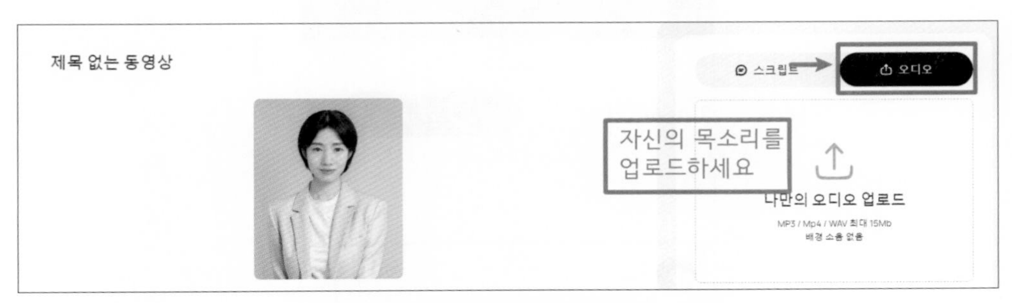

[그림24] 오디오 음성 업로드

(1) 음성 오디오 파일 내 PC에서 가져오기

미리 녹음된 '음성파일'을 가져온다.

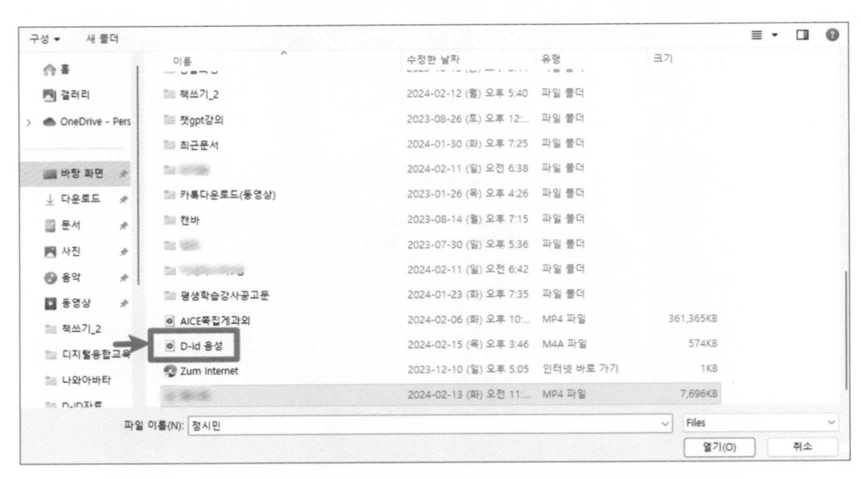

[그림25] PC에서 음성 오디오 업로드

(2) 업로드된 음성파일로 비디오 생성하기

음성파일 업로드 후 '비디오 생성' 클릭한다.

[그림26] 내 PC에서 업로드한 음성파일로 비디오 생성하기

9) 음성 오디오 업로드 후 비디오 생성하기 마지막 단계

비디오 길이, 크레딧, 학점 등을 확인 후 하단의 '생성하다'를 클릭한다.

[그림27] 음성파일 업로드 후 비디오 생성하기

5. D-ID 비디오 완성 & 저장, 공유하기

1) 비디오 완성하기

좌측의 '비디오 라이브러리'를 클릭한다.

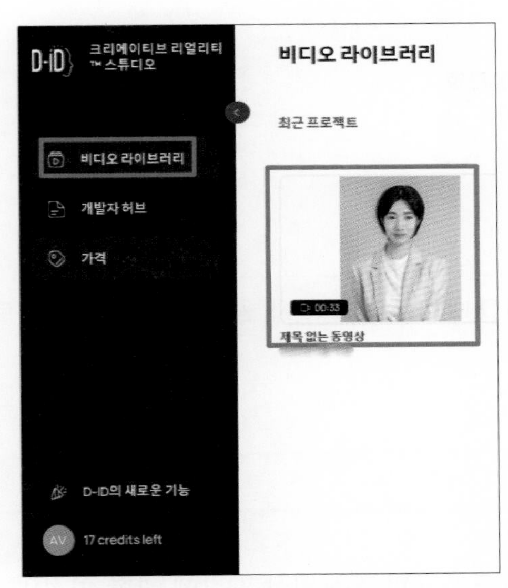

[그림28] 생성된 D-ID 비디오

2) 생성된 비디오 링크복사, 저장, 공유하기

D-ID 비디오에 마우스 오른쪽 클릭 → 점 세 개 클릭하면 링크복사, 공유하기, 이름바꾸기, 다운로드를 확인할 수 있다. 링크 복사, 저장, 공유하기를 통해 완성된 영상을 다양하게 활용할 수 있다.

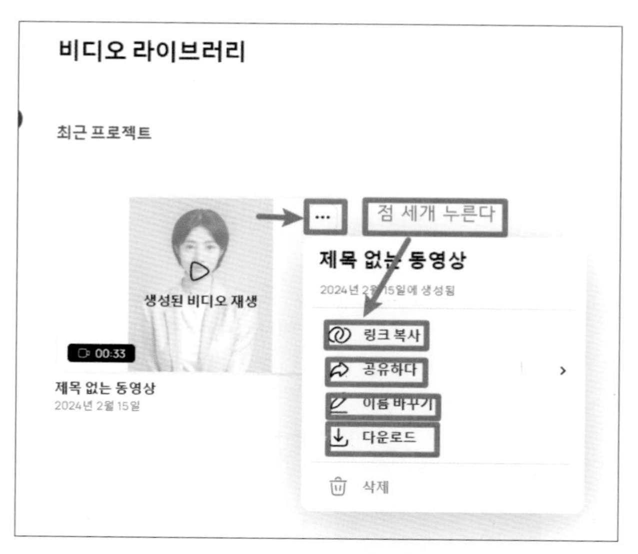

[그림29] D-ID 비디오 링크복사, 공유, 이름바꾸기, 다운로드 하기

Epilogue

생성형 AI, 특히 D-ID를 활용한 홍보영상 제작에 관한 여정의 마무리에서 우리는 새로운 기술의 잠재력을 탐구하고 그 경계를 확장했다. 본문은 단순히 새로운 도구를 사용하는 방법을 넘어서 창조적 사고와 기술적 혁신이 어떻게 결합할 수 있는지를 탐색했다.

이 여정을 통해 배운 교훈과 통찰을 반영하며 D-ID와 같은 생성형 AI 기술이 우리의 삶과 사회에 미칠 장기적인 영향에 대해 성찰해 본다. 우리는 이 기술이 개인과 기업에게 제공하는 무한한 가능성을 인식하고, 그것이 창의성을 자극하고, 커뮤니케이션의 새로운 형태를 가능하게 하며 결국은 인간 경험을 풍부하게 만들 수 있다는 것을 느꼈다.

D-ID를 통해 영상을 만드는 과정에서 얻은 지식과 경험을 다른 창조적인 노력에 적용할 수 있다고 기대한다. 기술은 끊임없이 발전하고 우리의 창의적인 가능성도 마찬가지다. 생성형 AI 기술의 미래는 우리가 어떻게 그것을 사용하고 탐구하는지에 달려 있다고 본다.

D-ID를 활용한 홍보영상 제작이라는 구체적인 주제를 넘어서 우리는 생성형 AI가 열어줄 새로운 세계에서 보다 창의적이고 다채로운 경험을 하게 됐다. 이 기술이 우리의 상상력을 어디로 이끌지, 그리고 우리가 어떻게 그 잠재력을 최대한 발휘할지는 오직 우리에게 달려 있다.

D-ID 활용을 통해 여러분들만의 창의적이고 다채로운 세계를 만들어 나가기를 바란다.